普通高等教育教材

安徽省教育厅教学质量工程项目

分子检测技术教程

何庆元　主编

FENZI JIANCE
JISHU JIAOCHENG

化学工业出版社

·北京·

内容简介

本书以分子检测技术的方法为主线，从核酸和蛋白质的基本理化性质，系统介绍了分子检测的原理及应用，包括核酸和蛋白质的分离纯化方法，分子杂交的原理和方法，聚合酶链反应（PCR）原理、检测技术和方法，核酸测序原理和方法，全基因组拼接的方法与策略，基因芯片技术的原理和方法，蛋白质的电泳、印迹、质谱技术，以及分子检测技术在转基因上的应用等内容。

本书既可以作为高等院校生物科学、生物工程、生物技术、生物医学工程、动植物检疫、卫生检验与检疫和农学等相关专业本科生教材，也可作为科研院所、检测机构、医院、生物企业的技术人员的参考书。

图书在版编目（CIP）数据

分子检测技术教程 / 何庆元主编. -- 北京 : 化学工业出版社，2026. 3. --（普通高等教育教材）.
ISBN 978-7-122-49927-1

Ⅰ. Q7

中国国家版本馆CIP数据核字第20260ZN314号

责任编辑：陈思逸　刘　军　　　　装帧设计：王晓宇
责任校对：田睿涵

出版发行：化学工业出版社
（北京市东城区青年湖南街13号　邮政编码100011）
印　　装：河北鑫兆源印刷有限公司
787mm×1092mm　1/16　印张13¾　字数341千字
2026年3月北京第1版第1次印刷

购书咨询：010-64518888　　　　售后服务：010-64518899
网　　址：http://www.cip.com.cn
凡购买本书，如有缺损质量问题，本社销售中心负责调换。

定　　价：58.00元

本书编写人员名单

主　　编：何庆元

副 主 编：张　维　徐荣华

编写人员：（按姓名汉语拼音排序）

陈先连　闯绍闯　盖江涛　何庆元　李正鹏
舒英杰　苏燕竹　汪　雁　徐荣华　杨　雪
张　维　郑曙峰

序

《教育强国建设规划纲要（2024—2035年）》明确指出增强高等教育综合实力，打造战略引领力量，培育壮大国家战略科技力量，按照研究型、应用型、技能型等基本办学定位，区分综合性、特色化基本方向，明确各类高校发展定位，打造一流核心课程、教材、实践项目和师资团队。在安徽省教育厅教学质量工程项目（2023jcjs106）对教材出版的支持下，为适应现代分子生物学在检测中的应用发展趋势，以何庆元教授为负责人的分子检测技术教学和研究团队总结了多年的理论和实践教学经验，编写出版了《分子检测技术教程》，这是对现代分子生物学发展及应用的一种很好的探索和尝试。

该书内容丰富而又层次分明，旨在为读者系统梳理并深入解析分子检测技术的原理与方法。以技术方法的演进与应用为主线，构建了一个从基础到前沿、从原理到实践的知识体系。开篇从核酸与蛋白质的基本理化性质谈起，随后详尽阐述生物大分子的分离与纯化技术，这是进行任何精细分子操作的首要且关键步骤。分子杂交作为特异性检测的经典手段，本书将剖析其原理并介绍其多样化的应用形式。而对于现代分子生物学乃至整个生命科学都具有革命性意义的聚合酶链式反应（PCR）技术，从其基础原理入手，逐步展开到各类衍生PCR技术及其丰富的检测应用方案。进入基因组学时代，核酸测序技术已成为核心引擎，重点介绍高通量测序技术的原理与方法，并进一步阐述如何将海量的短序列数据拼接成完整的基因组，揭开全基因组De novo测序与拼接的奥秘。同时，也将视野拓展至功能基因组学与蛋白质组学领域，基因芯片技术实现了对大量基因表达水平的并行检测；而关于蛋白质的研究，则涵盖了从传统的电泳、杂交印迹技术到先进的蛋白质质谱分析技术，系统介绍了蛋白质的分离、鉴定与功能研究的现代方法。最后，教材注重理论与实践的结合，专门设置了分子检测技术在转基因产品鉴定中的应用章节，通过这一具体而重要的应用场景，展示如何综合运用前述各项技术解决实际问题。

细读本书，其内容系统全面、讲解深入浅出、语言简洁明了，既注重基本原理的透彻讲解，也强调实验方法的实际操作与注意事项。无论是生命科学领域的高年级本科生、研究生，还是从事相关研究的科研人员、检验检测机构的技术工作者，都能从中获得所需的知识与启发。我很高兴将此书推荐给读者，是为序。

周文彬

中国农业科学院作物科学研究所所长

2025年10月

前言

20 世纪 70 年代以来，分子生物学迅猛发展，生物检测的技术手段也日新月异，带动了检测行业的不断革新，并催生了一批以现代分子生物学为基础进行检验检疫的技术，已深度融入医学诊断、食品安全、法医鉴定、农业育种、环境监测及生命科学基础研究等众多领域，其重要性日益凸显。《分子检测技术教程》旨在系统地介绍分子检测领域的关键技术与原理，构建一个坚实而全面的知识框架，并助力读者掌握一系列强大的实验操作流程。作者更希望读者能“知其所以然”，深入理解技术背后的分子机理与设计思路，从而具备根据实际需求设计、优化和评价分子检测方案的能力，并能够应对未来新技术带来的挑战与机遇。因此，为满足高等院校教学、科研人员研究及行业从业者的迫切需要，打造一本兼具系统性、科学性、前沿性与实用性的教材与工具书。

生命的密码储存在核酸（DNA 和 RNA）中，而生命活动的执行则依赖于蛋白质。因此，对这两类生物大分子进行精确的检测、分析与解读，是分子检测的终极目标。本书将从基础出发，首先详细阐述核酸和蛋白质的基本理化性质；随后系统地阐述了分离与纯化方法，如何从复杂的生物样本中高效、完整地提取出目标分子；最后，深入核心的检测原理。分子杂交是利用核酸碱基互补配对原则进行特异性检测的经典技术，广泛应用于基因鉴定；聚合酶链反应（PCR）技术已成为基因表达分析、病原体检测和基因分型的重要手段；对遗传信息最直接的解读来自于核酸测序。本书将从第一代 Sanger 测序的原理讲起，重点介绍新一代高通量测序（NGS）的原理与方法。读者将了解到大规模测序数据产生后，进行全基因组测序的拼接方法与策略，从而从海量的短序列中重构出完整的生命天书。与此同时，我们将探讨高通量的并行分析技术——基因芯片。其原理与方法使我们能够同时检测成千上万个基因的表达或变异情况，在功能基因组学和精准医疗中扮演着关键角色。在蛋白质研究层面，本书涵盖三大支柱技术：蛋白质电泳（如 SDS-PAGE）用于按大小分离蛋白质；蛋白质杂交与印迹技术（如 Western blotting）用于特异性检测目标蛋白；而蛋白质质谱技术则能够精确鉴定蛋白质的身份、修饰状态甚至相互作用，是现代蛋白质组学研究的核心工具。最后，我们将看到这些分子检测技术如何汇聚于一个重要的应用领域，即转基因产品的检测。从外源基因的 PCR 筛查到蛋白质水平的 Western 验证，本书将展示如何综合运用多种技术手段，确保检测结果的准确与可靠。

本书体系完整，逻辑清晰：遵循“性质→原理→方法→应用”的认知规律，由浅入深，层层递进。经典与前沿并重：在夯实分子杂交、PCR 等经典技术基础的同时，重点介绍了高通量测序、数字 PCR、蛋白质组学等前沿技术的最新进展。强调实践应用：书中包含大量实用的实验方案设计、注意事项和结果分析要点，并设有专门的应用章节，理论紧密联系实际。图文并茂，易于理解：通过精心绘制的原理示意图和流程图，将复杂抽象的技术过程可视化，助力读者理解和掌握。本书是集体智慧的结晶，使用了必要的专业术语，整体表述流畅，易于理解。

全书由何庆元负责大纲拟定和最终统稿。具体编写分工如下：第一章和第五章由何庆元编写，第二章由苏燕竹和李正鹏编写，第三章和第六章由闯绍闯编写，第四章由徐荣华编写，第七章由张维编写，第八章由杨雪编写，第九章由苏燕竹和盖江涛编写，第十章由陈先连编写，第十一章由汪雁、舒英杰和郑曙峰共同编写。非常感谢中国农业科学院作物科学研究所周文彬所长为本书作序，感谢研究生周琪琪、锁孝儒、黄倩倩、陈鑫鹏、许友周和付强为书稿进行了仔细修改和校对，也非常感谢化学工业出版社陈思逸编辑和江百宁为本书的顺利出版做的大量细致工作。非常感谢安徽省教育厅教学质量工程项目（2023jcjs106）对本书出版的支持，在此一并致以最诚挚的谢意。

由于分子检测技术发展日新月异，加之编者水平有限，书中疏漏与不足之处在所难免，恳请各位专家、同行和读者不吝指正，以便我们今后不断完善。

编者

2025 年 9 月

目录

第一章　绪论

第二章　核酸的基本性质及分离

第三章　核酸分子杂交技术

第四章　聚合酶链反应及其相关技术

第五章　核酸测序技术

第六章　DNA 芯片技术

第七章 蛋白质的理化分析技术

第八章 蛋白质的检测技术

第九章　质谱技术

第十章　转基因及基因编辑的检测

第十一章　实验指导

第一章 绪论

知识目标 1. 掌握分子检测技术的概念。
2. 熟悉分子检测技术的目标。
3. 了解分子检测技术的发展简史。

能力目标 1. 掌握分子检测技术的特点。
2. 理解如何运用分子检测技术完成相关生物学检测，培养学生熟练掌握分子检测技术的理论和方法，及解决医学、农业、食品检测等问题的能力。

思政目标 1. 以 Mullis 发明 PCR 技术的故事为例，培养学生专心致志、持之以恒的科研精神。
2. 通过分子检测技术的学习，提高专业能力，明确如何加快建立科学的检测体系，增强为祖国的医学、食品安全和农业生产发展贡献力量的主人翁意识。

第一节　分子检测技术的研究对象

自 20 世纪 50 年代 DNA 双螺旋被发现后，分子生物学作为一门新兴学科得到了突飞猛进的发展。传统的疾病诊断、微生物的分类鉴定、食品质量的安全评价和农作物品种鉴定等主要是以某些现象的变化作为诊断或检测的主要依据，依赖从业者的经验和熟练操作。如疾病诊断主要以体液中各种蛋白质、激素、脂类和糖的类型及含量变化作为诊断依据。随着分子生物学的发展，现在的分子检测技术能够通过对细胞亚结构包括细胞器、染色体乃至具体基因进行分析和鉴定，从而做出更加准确的科学判定。

分子检测技术是以分子生物学理论为基础，利用 DNA、RNA 或蛋白质作为检测材料，利用分子生物学技术和方法，检测生物大分子结构、功能及表达调控的存在、缺陷、差异或改变，为生物之间的亲缘关系鉴定，疾病预防、诊断、治疗提供依据，为基因挖掘奠定基础的一门学科。检测的范围包括微生物鉴定、植物种类和品种鉴定、人类疾病诊断、法医学证明、食品安全检测、公共卫生检疫等。其基本原理是检测 DNA、RNA 和蛋白质结构是否改变、量的多少以及表达功能是否异常，以确定受检对象在基因水平上的异常变化，对疾病预防、诊断、治疗，亲缘关系鉴定，新品种保护，病虫害和转基因检测，农产品安全和农药残留检测等都具有重要意义。

分子检测技术的主要任务是运用分子生物学技术和手段进行检测和判断。介绍分子检测的基本理论和技术被称为基础分子检测；而应用分子检测技术进行直接检测被称为应用分子检测，根据检验的对象可分为法医、兽医、畜牧、食品、工业等分子检测技术。特异性分子标志物能够作为临床、法医、兽医、农作物品种、转基因、食品、微生物和医疗卫生等的判断标准。

与以往的检测手段相比，分子检测技术能检测 DNA 或 RNA 水平的遗传多态性或剂量表现为核苷酸序列的任何差异，哪怕是单个核苷酸的变异，其标记在数量上几乎是无限的。分子检测具有许多特殊的优点，如不受表型效应、环境限制的影响等。目前，分子检测技术被广泛地应用于动物、植物和微生物的检测等各个方面。分子检测可以直接以 DNA、RNA 和蛋白质的分子作为检测目标，特别是以 DNA 作为最常规的检测目标。具有以下特点：①遗传多态性高；②共显性遗传，信息完整；③在基因组中大量存在且分布均匀；④选择中性；⑤稳定性，重现性好；⑥信息量大，分析效率高；⑦检测手段简单快捷，易于实现自动化；⑧开发成本和使用成本低。目前依托分子生物学手段已发展出十几种 DNA、RNA 和蛋白质检测技术，它们各具特色，并能为不同的研究目标提供丰富的技术手段和检测方法。

第二节 分子检测技术的发展史

长期以来，疾病诊断、物种鉴定等主要依赖表型的差异和变化作为指标，医学上应用酶谱、激素、脂类和糖类的变化以及应激反应的特异性改变作为检验依据。随着分子生物学的发展和技术的进步，可以将分子检测技术发展历程分为 5 个阶段。

一、分子检测技术的起步阶段

1953 年，沃森和克里克发现了 DNA 双螺旋的结构，开启了分子生物学时代，使遗传的研究深入到分子层次，“生命之谜”被解开，人们清楚地了解遗传信息的构成和传递的途径。近 50 年，分子遗传学、分子免疫学、细胞生物学等新学科如雨后春笋般出现，一个又一个生命的奥秘从分子角度得到了更清晰的阐明。DNA 双螺旋结构的出现是分子生物学发展历程的重要标志，伴随着一系列的 DNA 重组技术的基础物质（如 DNA 聚合酶、RNA 聚合酶、mRNA、质粒等）的发现，为人们认识蛋白质合成、DNA 复制和突变作出重要贡献，为分子检测技术的蓬勃发展奠定基础。

二、基于杂交手段的分子检测技术阶段

1961 年，Hall 等将探针与靶序列在溶液中杂交，通过平衡密度梯度离心分离杂交体。该法很慢、费力且不精确，但它开拓了核酸杂交技术的研究。1962 年，Bolton 等设计了第一种简单的固相杂交方法，称为 DNA-琼脂技术。将变性 DNA 固定在琼脂中，DNA 不能复性，但能与其他互补核酸序列杂交。20 世纪 60 年代中期，Nygaard 等的研究为应用标记 DNA 或 RNA 探针检测固定在硝酸纤维素（NC）膜上的 DNA 序列奠定了基础。

三、基于 PCR 手段的分子检测技术阶段

起初，Kary Mullis 只是美国某制药公司的研究员，从事 DNA 合成相关工作。1983 年，基于前人研究成果和其专业的工作积累，Mullis 发明了“聚合酶链反应”（polymerase chain reaction,

PCR）技术，并凭此发明于1993年获得了诺贝尔化学奖。PCR技术的发明开启了分子诊断的新时代，标志着传统的基因诊断向更灵敏、更全面的分子检测跨越。当前，该技术已被广泛应用于各类分子检测，如转基因检测、动植物品种鉴定、DNA指纹图谱分析和亲子鉴定等。

四、基于生物芯片技术的高通量分子检测技术阶段

1992年，美国Affymetrix制作出第一张基因芯片，标志着分子诊断进入生物芯片技术阶段。生物芯片技术是指采用光导原位合成或微量点样等方法，将大量生物大分子比如核酸片段等生物样品有序地固化于支持物的表面，然后与已标记的待测样品中的靶分子杂交，通过杂交信号的强度进行分析，目前最常见的便是基因芯片。生物芯片技术解决了传统核酸印迹杂交技术复杂、自动化程度低、检测目的分子数量少、低通量的问题。目前生物芯片已被广泛应用于遗传病候选基因、病原生物的筛选和诊断，恶性肿瘤基因分型、产前筛选和诊断，药物筛选与临床用药指导，大规模的品种和品系的分型，新物种的鉴定等。

五、基于测序的分子检测技术阶段

桑格完整测定了胰岛素的氨基酸序列，证明蛋白质具有明确构造；他在20世纪70年代提出快速测定脱氧核糖核酸（deoxyribonucleic acid，DNA）序列的技术“双脱氧法”，即双脱氧核苷酸链终止法，又称“桑格-库森法”。“双脱氧法”拉开了DNA测序的序幕（一代测序），为人类基因组的解析奠定了关键技术基础。Ronaghi分别于1996年与1998年提出了在固相与液相载体中通过边合成边测序的方法——焦磷酸测序。目前常见的高通量第二代测序平台主要有Roche 454、Illumina/Solexa、ABI SOLiD和Ion Torrent等，均通过DNA片段化构建DNA文库、文库与载体交联进行扩增、在载体上进行边合成边测序反应。上述测序平台使得第一代测序中最高基于96孔板的平行通量扩大至载体上百万级的平行反应，实现对海量数据的高通量检测。当前，三代测序蓬勃发展，检测效率大大提高，成本显著下降，随着技术发展，未来应用空间也越来越大。

我国分子检测技术在20世纪60～70年代开始萌芽，在20世纪80年代出现了以核酸探针的放射性核素标记、点杂交、Southern印迹和限制性片段长度多态性连锁分析为代表的分子诊断技术。北京、上海、广州等地的一些研究单位开始陆续建立了地中海贫血、苯丙酮尿症、血友病、杜兴型肌营养不良、G6PD缺乏症等几个常见遗传病的分子诊断方法。但在当时，分子诊断概念尚未被普遍接受，分子诊断技术尚未从大学、研究所走向临床实验室。90年代，PCR在国内开始推广应用，分子诊断技术从研究所走向临床试验，PCR成为肿瘤、感染性疾病、基因多态性、多基因遗传病诊断的重要手段。但由于缺乏严格监管，大量假阳性结果出现。1998年卫生部发文暂停了PCR的临床应用。2002年发布《临床基因扩增检验实验室管理暂行办法》，分子诊断重回发展正轨。目前分子检测技术已被国内广泛应用于临床医学、法医学等领域，也被应用于农作物新品种的鉴定和保护。

第三节 分子检测技术的应用及展望

分子检测技术是一门迅速发展且应用前景广阔的学科，是在分子生物学基础上发展起来

的新兴学科，并渗透到生命科学各个领域，广泛应用于基础研究、疾病诊断、法医鉴定、农作物品种鉴定、目的基因分离鉴定和克隆、转基因品种的鉴定以及食品卫生的检疫等方面。随着分子生物学的飞速发展，分子检测技术应用范围也越来越广泛，在预防等方面发挥越来越重要的作用，应用规模也越来越大。

一、在病原体诊断中的应用及发展

许多临床实验室已经将分子诊断产品组合到其服务项目中，包括诊断传染性疾病、遗传性疾病、癌症，协助法医进行检测以及个性化医疗等。传统的病原体诊断一般以病原体的生物学特性作为诊断标准，常采用显微镜观察、病原体培养、免疫学检验等手段，但这些方法存在检测速度慢、灵敏度和特异性低等缺点；而分子检测技术直接检测病原体基因的存在与否，具有更高的灵敏性、特异性，且快速及时。例如，结核杆菌的微生物学检测，传统方法需要通过细菌培养结合生化特性进行鉴定，周期长，操作复杂，并受限于检测人员的熟练程度；但 PCR 检测能够快速准确完成检测，并且可以进一步检测结核杆菌是否存在特异突变位点。如检测到结核分枝杆菌 ropB 位点突变在临床上就不能使用利福平；在金黄色葡萄球菌中检测到耐甲氧西林的 *mecA* 基因就需要选用万古霉素进行治疗；用荧光定量 PCR 可以检测乙肝病毒的载量，有效判断乙肝病毒的复制情况，给临床诊断和用药及耐药性分析提供依据；通过分子检测对人乳头瘤病毒（HPV）进行分型，判断病毒毒力，可以辅助临床医生对感染不同类型 HPV 的患者采取不同的诊疗措施和复查方案。目前分子检测已经成为医学实验室广泛应用于细菌、病毒、支原体、衣原体和寄生虫等病原生物鉴定、分型和耐药性分析的手段。

二、在遗传性疾病诊断中的应用及发展

遗传病的诊断是一项复杂的工作，传统诊断除通过了解病史、症状和体征以及进行必要的辅助性检查外，还必须应用遗传学的诊断手段，如家系分析、细胞水平的染色体检查、生化水平的酶和蛋白质的分析。对遗传病的诊断依赖于医生的临床知识和技术，并受到环境条件等因素的影响。分子诊断通过直接检测基因突变或染色体异常，直接确定遗传性疾病的类型和患病风险。根据遗传方式，遗传病又分为单基因遗传病和多基因遗传病。单基因引起的遗传性疾病容易检测，多基因遗传病受到基因和环境的相互影响，二者检测方法有一定的区别。

单基因遗传病可以通过基因突变的检测进行诊断，在基因功能信息确定的情况下，往往通过 PCR 扩增、测序的方法判断，也可以利用芯片技术进行检测。染色体结构异常往往是一段染色体的缺失、易位，常用的检测方法有荧光原位杂交（FISH）和比较基因组杂交（CGH）等，也可通过捕获微小染色体缺失、重复或等位异常进行判断。OMIM（Online Mendelian Inheritance in Man）数据库已收集了 8000 多种单基因遗传病，部分已阐明遗传机制。与传统诊断相比，分子检测技术直接通过检测患者的 DNA、RNA、染色体，揭示基因突变、基因型和染色体核型变化，具有更准确可靠和早期诊断的优势。通过早期诊断和早期治疗，可减少和控制相关遗传病的发生和发作。通过染色体检查和测序技术可以检测胎儿是否患 21 三体综合征、13 三体综合征、18 三体综合征等遗传病。

三、在肿瘤分子诊断中的应用及发展

肿瘤分子诊断已广泛应用于体检、筛查、肿瘤治疗效果评价中。肿瘤相关基因包括原癌基因（细胞癌基因）和抑癌基因，原癌基因是广泛存在于细胞内，序列高度保守，常处于低表达或不表达状态的基因。通过获得启动子与增强子、染色体易位、基因扩增、点突变、基因甲基化改变等机制激活表达的被称为癌基因，并可以生成核内转录因子、细胞内信号转导因子、跨膜的生长因子受体或细胞外生长因子等诱导细胞发生癌变。常见原癌基因家族有 *src* 家族、*ras* 家族、*myc* 家族、*sis* 家族、*myb* 家族等。抑癌基因是一类在正常表达时可抑制细胞过度生长，遏制肿瘤形成；当其受到抑制、失活、丢失或表达产物功能丧失时，使细胞失控而发生恶性转化的基因。抑癌基因的失活表现在抑癌基因点突变、抑癌基因启动子高甲基化、杂合性缺失、基因异常扩增及染色体异常等。常见的抑癌基因有 *Rb* 基因和 *P53* 基因。基因检测方法有原位杂交、荧光原位杂交、原位 PCR、Southern 印迹、Northern 印迹、比较基因组杂交等。例如，利用荧光原位杂交技术可以分析恶性淋巴瘤患者染色体的缺失、易位情况；*ras* 基因家族与多种肿瘤密切相关，采用 PCR-SSCP 及测序技术确定肿瘤患者 *N-ras* 原癌基因点突变位置等。

四、在动植物和微生物种质资源和新品种鉴定中的应用及发展

传统生物鉴定和分类主要是依据生物形态与生活习性等，将其进行比较从而确定分类。传统方法存在一定误差，因为即使是同一种生物，其形态及生理生化性状等也可能存在一定的差异，很难准确鉴定。通过对生物基于核酸水平的研究，从而进行鉴定和分类，其简便、快速、高效、可靠的特点是传统生物鉴定和分类方法所不具备的，其鉴定结果更具有说服力。目前利用分子生物学技术进行生物鉴定和分类的常用方法主要有 GC 含量测定、核酸杂交、核酸序列分析以及 DNA 分子标记等。原核生物常用 16S 核糖体 DNA（ribosomal DNA，rDNA）序列，真核生物常用 18S rDNA、内在转录间隔区（internal transcribed spacer，ITS）序列等。随着大规模测序技术的发展和成本降低，微生物的宏基因组分析、动植物大规模分子标记的开发和应用加快了分类鉴定的标准化进程，直接从基因组层面反映不同物种的差异。

五、在其他领域中的应用及发展

分子检测技术在法医学、基因改造、转基因动植物的检测、食品卫生中微生物及安全鉴定、基因分型和基因功能挖掘中都起到非常重要的作用。越来越多的国家采用分子检测的手段和方法，以达到准确、快速鉴定的目的。当前已经成立了诸多第三方检测机构，运用分子检测的手段，快速准确进行相关鉴定。我国诊断试剂行业市场规模庞大，对诊断试剂的需求不断上升；市场竞争激烈，竞争对手众多，企业需要具备强大的研发能力和市场推广能力才能立足；技术创新能力较强，一些企业已具备自主研发和生产高质量诊断试剂产品的能力；市场发展潜力巨大。

思考题

一、选择题

1. 具有里程碑意义的、标志现代分子生物学开端的是（　　）

A. 遗传规律　　B. DNA 双螺旋结构　　C. PCR 技术　　D. 基因编辑技术

2. 机体生理功能的直接执行者是（　　）

A. 基因　　B. mRNA　　C. 蛋白质　　D. 糖类

3. 以下哪个不是分子检测技术的优势（　　）

A. 表型直接鉴定　　B. 判断标准一致

C. 通量高　　D. 稳定性、重现性好

4. 以下不属于分子检测的内容的是（　　）

A. 微生物产酸指示剂颜色变化　　B. PCR 检测

C. 芯片检测遗传病　　D. 法医指纹图谱鉴定

5. 属于分子检测技术应用领域的是（　　）

A. 化学药物成分分析　　B. 微生物染色反应

C. 细胞形态观察　　D. 转基因检测

二、名词解释

1. 分子检测技术
2. 分子诊断

三、简答题

1. 简述分子检测技术的主要任务。
2. 简述分子检测技术的发展简史。
3. 简述分子检测技术的应用领域。

第二章

核酸的基本性质及分离

知识目标 1. 理解核酸的主要理化性质及其应用价值。

2. 掌握不同种类核酸的提取原理、步骤以及各种试剂的作用和配制。

3. 学会根据不同实验需求选择合适的核酸分离与纯化的方法。

能力目标 1. 深刻理解核酸分子的理化性质特点，并将这些理化性质同核酸分子的提取、纯化和检测技术进行有效关联，提高理论联系实际的能力。

2. 掌握核酸提取方法及其原理与应用，培养学生对核酸多方面分析的基础能力。

思政目标 1. 通过介绍 DNA 和 RNA 的理化性质，根据核酸的极性设计核酸提取的方法，培养学生热爱科学、追求真理的科学精神，强调学科交叉、创新需要继承和积累的重要性。

2. 通过“DNA 之父”James Watson 的事迹，培养学生树立正确的社会主义核心价值观。

第一节 核酸的理化性质

核酸（nucleic acid）是由许多核苷酸单体聚合而成的生物大分子化合物，又称多聚核苷酸，是生物遗传的基础物质，广泛存在于所有动植物细胞和微生物体内。核酸由 C、H、O、N 和 P 元素组成，其基本单位是核苷酸。核苷酸由戊糖、碱基和磷酸组成。根据核酸含有的戊糖种类可分为两大类：脱氧核糖核酸（deoxyribonucleic acid，DNA）和核糖核酸（ribonucleic acid，RNA）（图 2-1）。DNA 主要存在于细胞核中，也有少量存在于线粒体和叶绿体中，是遗传物质的主要携带者，蕴藏了合成 RNA 和蛋白质所必需的遗传信息。RNA 主要存在于细胞质中，仅有少数存在于细胞核中。通过 RNA 的转录和翻译，DNA 上携带的遗传信息在子代中得到传递和表达，病毒的 RNA 也可作为遗传信息的载体。组成核酸的含氮碱基有嘌呤和嘧啶，嘌呤包含腺嘌呤（adenine，A）和鸟嘌呤（guanine，G）两种，嘧啶包含胸腺嘧啶（thymine，T）、胞嘧啶（cytosine，C）和尿嘧啶（uracil，U）三种。核酸中也存在一些稀有碱基，大多是上述碱基的甲基化产物。DNA 的基本组成单位包括脱氧腺苷酸（dAMP）、脱氧胸苷酸（dTMP）、脱氧鸟苷酸（dGMP）和脱氧胞苷酸（dCMP）4 种类型，RNA 的基本组成单位包括腺苷酸（AMP）、鸟苷酸（GMP）、胞苷酸（CMP）、尿苷酸（UMP）4 种类型。DNA 的种类较多，根据结构不同可分为双链 DNA（dsDNA）和单链 DNA（ssDNA），绝大多数生物的 DNA 分子为双链结构，只有少数病毒是单链结构。根据 DNA 分子形状差异可分为线性结构和环状结构两类，绝大多数生物 DNA 具有线性结构，但某些病毒以及真核细胞的线粒体和叶绿体 DNA 分子呈环状。RNA 通常以单链形式存在，按其功能主要分为三类：信使 RNA（messenger RNA，mRNA）、转运 RNA（transfer RNA，tRNA）和核糖体 RNA（ribosomal RNA，rRNA）。

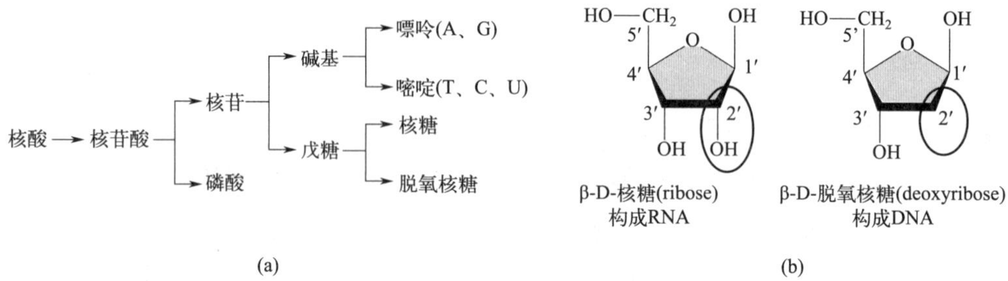

图 2-1　核酸水解图（a）和戊糖结构图（b）

核酸作为生物大分子，具有非常复杂的结构。核酸有两个末端，分别是含磷酸基团的 5′端和含羟基的 3′端，核酸链内的前一个核苷酸的 3′-羟基和下一个核苷酸的 5′-磷酸基团通过 3′,5′-磷酸二酯键（3′,5′-phosphodiester bond）相连而形成链状聚合物（图 2-2），极少数形成环形分子。核酸链具有方向性，DNA 和 RNA 的生物合成方向均是沿着 5′→ 3′进行的。DNA 具有一级、二级、三级和四级结构，分别为组成 DNA 的核苷酸按特定序列连接而成的多聚核苷酸线性结构（即碱基序列），两条多核苷酸链反向平行盘绕形成的双螺旋结构（double helix structure）（图 2-2），双螺旋结构进一步扭曲、折叠、盘绕形成的特定构象（主要表现为超螺旋），DNA 与蛋白质形成复合物。在双链 DNA 中，A 总与 T 配对形成具有两个氢键的碱基对，G 总与 C 配对形成具有三个氢键的碱基对。RNA 比 DNA 小得多，由数十个至数千个核苷酸组成，但也有复杂的局部二级结构或三级结构。RNA 的一级结构与 DNA 一样是指 RNA 分子的核苷酸排列顺序。RNA 单链分子在某些阶段可通过回折形成局部的双螺旋结构，不能形成双螺旋的碱基膨出形成突环，称为发夹结构，属 RNA 的二级结构。RNA 的二级结构进一步折叠形成三级结构（图 2-2）。RNA 形成局部双螺旋结构时，A 总与 U 配对，G 总与 C 配对。

这些复杂的化学结构赋予了核酸一系列独特的理化性质，如核酸的紫外吸收特征是其所含碱基引起的、核酸的变性和复性与双螺旋结构有关、核酸的糖苷键和磷酸二酯键可被水

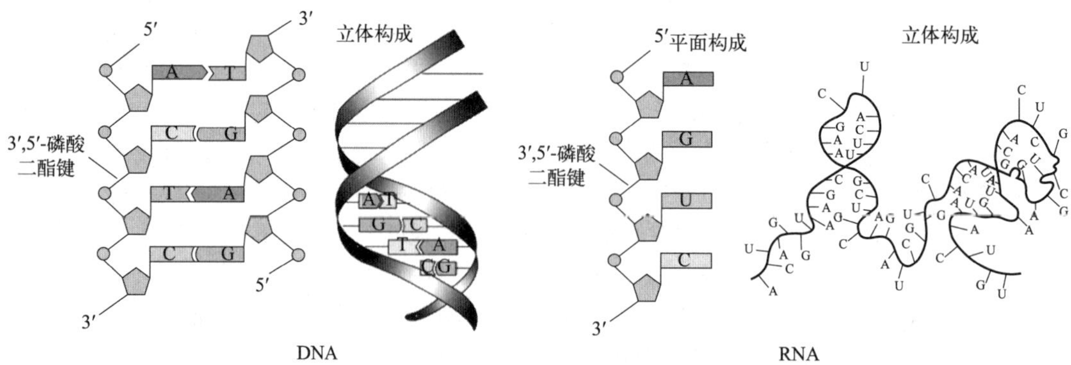

图 2-2　核酸结构图

解、核酸表现出的酸碱性质是含磷酸基和碱基的缘故。

一、核酸的一般物理性质

1. 核酸的分子大小

DNA 和 RNA 均为生物大分子，DNA 分子比 RNA 要大，分子量一般在 10^6～10^{10} 之间。不同生物和种属间 DNA 分子差异很大，如多瘤病毒 DNA 分子为 3×10^6，而果蝇染色体 DNA 分子为 8×10^{10}。RNA 分子变化范围较大，一般 tRNA 分子最小的为 10^4 左右，mRNA 约为 0.5×10^6 或更大些，rRNA 则在（0.6～1）$\times10^6$。核酸分子的大小除可用分子量表示，还可以用核苷酸（或碱基对）数目、沉降系数、长度等来表示。核酸分子从 21 个核苷酸［小干扰 RNA（siRNA）］到大染色体（人类 1 号染色体）约有 2.45 亿个碱基对不等。

2. 溶解度

纯品 DNA 为白色纤维状固体，纯品 RNA 为白色粉末或结晶，它们都是极性化合物，微溶于水，易溶于稀碱，其钠盐极易溶于水。它们可溶于 2-甲氧基乙醇，但不溶于乙醇、乙醚和氯仿等一般有机溶剂。

由于 DNA 和 RNA 在乙醇等中的溶解性差异，在核酸提取与纯化过程中，常用乙醇或异丙醇来沉淀分离核酸，DNA 在 50％酒精中易沉淀，当乙醇浓度达到 75％时 RNA 也被沉淀出来。此外，DNA 溶于苯酚而 RNA 不溶，可以用苯酚来沉淀 RNA。核酸在生物体内常以核酸-蛋白复合物（核蛋白）形式存在，而两种核蛋白在盐溶液中的溶解度不同。动植物的 DNA 核蛋白几乎不溶于 0.14mol/L 的低浓度 NaCl 溶液，可溶于 1～2mol/L 的高浓度 NaCl 溶液，在 1mol/L NaCl 溶液中溶解度要比纯水中高 2 倍。RNA 核蛋白在 0.14mol/L NaCl 溶液中溶解度较大，在 1～2mol/L NaCl 溶液中溶解度较小。因此，常用不同浓度的 NaCl 溶液将两种核蛋白从样品中分别抽提出来，分离后再用十二烷基硫酸钠（SDS）和氯仿等溶剂使 DNA 或 RNA 与蛋白质分离，获得纯化 DNA 或 RNA。核酸的提取及纯化方法将在本章第二节详细介绍。

3. 核酸的黏度

大分子溶液的黏度比普通溶液的黏度大，线性大分子溶液黏度又比环形大分子溶液大，特别是大分子形状不对称性越大其黏度越大，无规线团大分子溶液黏度又比规则的球形分子黏度要大。由于 DNA 分子细长且呈线状分布，其溶液的黏度极大；当 DNA 变性（由双链 DNA 分解成单链 DNA）时，分子形状由伸展的双螺旋变为较紧凑的线团，空间伸展长度变短，其黏度明显降低。很长的 DNA 分子也容易被机械力或超声波损伤打断，导致黏度降低。因此，可用黏度作为 DNA 变性和降解的指标。而 RNA 分子远小于 DNA，因此 RNA 溶液的黏度比 DNA 小得多。

4. 核酸的沉降特性

核酸的沉降特性主要包括沉降速度和浮力密度。在溶液中，核酸分子在强离心场中可以沉降，一般用沉降系数（sedimentation coefficient）来衡量核酸分子在离心过程中相对于其他溶液组分的沉降速度，即在单位离心场中核酸分子的沉降速度。根据 1924 年离心法创始人 Svedberg 对沉降系数的定义，沉降系数以每单位重力的沉降时间表示。核酸和蛋白质等生物大分子的沉降系数实际上时常在 10^{-13}s 左右，故把沉降系数 10^{-13}s 称为一个 Svedberg 单位，简写 S，量纲为秒（s），即 $1S=10^{-13}s$。一般较大核酸分子的沉降系数在 4～100S 之间，核糖体及其亚基在 30～80S，多核糖体在 100S 以上，更大的亚细胞结构在 30～500S。影响核酸沉降特性的因素包括构象（线性、开环、超螺旋结构）和分子量。不同构象的核酸沉降速度不同，线性分子的沉降速度较慢，而无规线团分子和球形分子的沉降速度较快。线性双螺旋 DNA、线性单链 DNA、超螺旋 DNA 沉降系数之比为 1∶1.14∶1.4。因此，通过测定沉降系数可以了解 DNA 的结构及其变化。此外，核酸的黏度也会影响其沉降特性，DNA 分子的黏度较大，而 RNA 分子的黏度较小。蛋白质及其他杂质在超速离心机的强离心场中，沉降的速率有很大差异，所以可以用超速离心法纯化核酸，或将不同构象的核酸进行分离，也可以测定核酸的沉降常数与分子量。

浮力密度是指通过用氯化铯等密度梯度离心法（平衡密度梯度离心法）所求的高分子物质的密度。不同大分子的浮力密度不同，DNA 一般在 $1.7g/cm^3$ 以上，RNA 为 $1.6g/cm^3$，蛋白质为 1.35～$1.40g/cm^3$，可根据核酸的浮力密度对其进行纯化和分析。应用不同介质组成密度梯度进行超速离心分离核酸效果较好。常用蔗糖梯度分离 RNA，氯化铯梯度分离 DNA。氯化铯（CsCl）是一种高密度溶液，它的密度可以通过改变溶液的浓度来调节。在离心管中，CsCl 溶液会随着离心力的增加而形成一个梯度，密度大的溶液在离心管的底部，密度小的溶液在离心管的顶部，从而形成一个从上到下的密度逐渐增加的梯度。当样品加入到离心管后，样品中的物质会在密度梯度中沉降，不同密度的物质会沉降到不同的位置，从而实现分离。CsCl 在水中有很大的溶解度，可制成高浓度（8mol/L）的溶液——此时溶液的密度与 DNA 密度大致相同（约 $1.7g/cm^3$）。将溶液高速离心，CsCl 趋于沉降于底部，从而建立密度梯度，而 DNA 最终会沉降于与其浮力密度相应的位置，形成区带，这种技术称为平衡密度梯度离心或等密度梯度离心。其中，氯化铯-溴化乙锭密度梯度离心法是分离质粒 DNA 和染色体 DNA 的常用方法。溴化乙锭可以插入 DNA 碱基之间，且与线状 DNA 和闭环 DNA 的结合存在差异。在氯化铯-溴化乙锭梯度溶液中，线状 DNA 的浮力密度与闭环 DNA 的浮力密度不同，因此离心后线状 DNA 和闭环 DNA 会停留在离心管的不同区域，实现闭环 DNA 的分离纯化。此外，该方法也可将 RNA 及蛋白质与不同构象的 DNA 分开（蛋白质漂浮在最上面，RNA 沉淀在底部）。碱基组成不同（GC 含量不同）的 DNA，其浮力密度也不同。DNA 的浮力密度与（G+C）的含量成线性关系，可用公式表示为：浮力密度（ρ）=1.66+9.8%（G+C），表明 DNA 的浮力密度随着（G+C）含量的增加而增加。核酸变性后，浮力密度会升高，沉降速度加快。

二、核酸的紫外吸收

紫外吸收是一种重要的光谱技术，可用于研究分子的结构和性质。研究表明，嘌呤碱和嘧啶碱具有共轭双键，使核苷、核苷酸和核酸在 240～290nm 的紫外波段有强烈吸收峰。在中性条件下，核酸在 230nm 处处于吸收低谷，260nm 处有最大吸光值（吸光度，absorbance，A），以 A_{260} 表示。A_{260} 是核酸的重要性质，可作为核酸及其组分定量和定性测定的依据，也可作为核酸变性和复性的指标。

不同核酸具有不同的吸收特性。核酸在 260nm 处的吸收强度与 DNA 或 RNA 的浓度成正比，对于纯的核酸溶液，可用紫外分光光度计测定其浓度。分子形状、双链与单链之间的转换也会导致吸收水平的改变，但这种偏差可通过特定公式校正，通常利用比吸光系数计算溶液中核酸的含量。核酸的比吸光系数是指浓度为 1μg/mL 的核酸水溶液在 260nm 处的吸光度：天然状态的双链DNA的比吸光系数为0.020，变性DNA和RNA的比吸光系数为0.022。此外，也可通过A_{260} = 1时的浓度进行估算：相当于50μg/mL双链DNA、40μg/mL单链DNA或RNA，或20μg/mL寡核苷酸。当核苷酸物质的量相同时，A_{260}的大小关系为：单核苷酸＞单链DNA＞双链DNA。紫外吸收法测定核酸浓度具有快速、简便、准确的特点，且不会浪费样品。

不纯的核酸样品不能用紫外吸收法进行定量测定。在生物样品中，除核酸外，蛋白质、糖类和苯酚等也对紫外线有吸收作用：蛋白质的最大吸光值在280nm处，酚类物质的最大吸光值在270nm处。因此，可利用紫外分光光度计测定样品溶液在260nm、280nm和230nm处的吸光值，通过A_{260}/A_{280}比值和A_{260}/A_{230}比值判断核酸样品是否为纯品。在实验检测中，纯品DNA的A_{260}/A_{280} = 1.65～1.85（理想值为1.8），A_{260}/A_{230}＞2.0；若DNA样品溶液中混有RNA，A_{260}/A_{280}的比值会明显升高（＞1.9）；若混有杂蛋白或酚类，A_{260}/A_{280}比值会明显降低（＜1.6）；A_{260}/A_{230}＜2.0时，表明溶液中残留盐和小分子杂质；此外，也可能存在既含有蛋白质又含有RNA的DNA溶液，其A_{260}/A_{280}比值仍为1.8的情况。纯品RNA的A_{260}/A_{280} = 1.7～2.0（理想值为2.0），A_{260}/A_{230}＞2.0；若有蛋白质或酚类污染，A_{260}/A_{280}比值会变小；当有盐和小分子杂质残留时，A_{260}/A_{230}＜2.0。对于不纯的核酸溶液，需先将其纯化后再进行检测。

三、核酸的酸碱性质及两性解离

核酸因最初从细胞核中分离且呈酸性而得名。实则核酸的碱基、核苷和核苷酸均能发生解离，解离后释放呈酸性的磷酸基团和呈碱性的碱基，因而核酸为两性电解质，可发生两性解离，主要表现在三个方面。①不同种类的核酸由于碱基组成的差异，其酸碱性也有所不同。碱基的解离：嘌呤和嘧啶为含氮杂环，又有各种取代基，均具有结合和释放质子的能力，使得碱基也具有两性解离的性质，但总体来看呈弱碱性。②核苷的解离：戊糖的存在使得核苷中碱基的酸性解离在一定程度上得到增强。③核苷酸的解离：磷酸基团的存在，使核苷酸具有较强的酸性。核苷酸中的磷酸是一个三元酸，可发生三级解离，除末端磷酸基团外，其他磷酸基团仍可解离出一个H^+，生成单酯或二酯，酸性增强。核酸的pK_a是衡量其在特定条件下解离程度的量化指标，通常用于描述核酸分子在水溶液中的解离平衡状态，它为核酸分子的酸性或碱性提供了定量的量度。当pK_a减小时，质子供体酸性增加；当pK_a增大时，质子受体碱性增加。在核苷酸中，磷酸基团的存在增加了酸性解离的部分。因此，核酸是具有较强酸性的两性电解质，在不同pH的溶液中解离程度不同，在一定条件下可形成兼性离子。可以利用核酸的滴定曲线确定参与酸碱反应的基团性质，了解核酸的酸碱变性。

当核酸分子在水溶液中发生两性解离，其酸性解离和碱性解离程度相等，所带的正电荷与负电荷相等，此时核酸溶液的pH就称为等电点（isoelectric point，pI）。核酸中磷酸基团的酸性远超过碱基的碱性，表现出明显的酸性，使得核酸的等电点偏酸性。核酸的等电点较低，DNA的等电点为4.0～4.5，RNA的等电点为2.0～2.5。RNA链中核糖基C2′-OH上的氢能与磷酸基团中的羟基氧形成氢键，促进磷酸基团中羟基质子的解离，使得RNA的等电点比DNA的低。根据核酸在等电点时溶解度最小的性质，把pH调至DNA或RNA的等电点，可使其从溶液中沉淀出来。

核酸的解离状态随溶液的pH而改变，在pH 3.5左右的缓冲溶液中，碱基上的氨基解离而三个磷酸基团中只有第一个磷酸解离，整个核酸分子带正电；在pH 8.0左右的缓冲溶液中，由于溶液 pH 远高于核酸等电点，碱基几乎不解离，而磷酸基团全部解离，整个核酸分子带负电荷。在不同 pH 溶液中，核酸能够以不同离子化状态存在，从而影响其溶解性，通常在中性或弱碱性条件下核酸的溶解度最好。此外，根据核酸的解离性质，用中性或偏碱性的缓冲液使核酸解离成阴离子，在外加电场作用下向正极移动，这就是在核酸检测中常用的电泳（electrophoresis）方法，可将分子量不同的核酸分离。目前，聚丙烯酰胺凝胶电泳（PAGE）和琼脂糖凝胶电泳（AGE）是核酸研究中最常采用的方法，检测简单、快速、灵敏、成本低。聚丙烯酰胺凝胶电泳常采用垂直式电泳，用于小片段 DNA 或 RNA 的分离与纯化；琼脂糖凝胶电泳常采用水平式电泳，常用于大片段 DNA 的分离与分析。不同的核酸分子的电荷密度大致相同，因此对泳动速度影响不大。在中性或碱性条件下，单链 DNA 与等长的双链 DNA 的泳动率大致相同。

四、核酸的水解

核酸水解是指在一定条件下，将核酸分子分解成其组成的单个核苷酸或更小分子的过程。生物体内核酸的主要水解方式包括酸水解、碱水解和酶水解三种类型，是生物体内核酸分解代谢的主要途径——通过使 DNA 或 RNA 链发生断裂和结构改变，将核酸分解成更小的分子，在生物体内和一些生物学研究中发挥着重要作用。核酸水解主要作用于两类化学键：核酸的 *β*-*N*-糖苷键和 3′,5′-磷酸二酯键。其中，核酸的 *N*-糖苷键由核糖或脱氧核糖的 C1′ 原子和嘌呤的 N9 原子或嘧啶的 N1 原子通过缩合反应形成［图 2-3（a)］；磷酸二酯键是 DNA 和 RNA 中连接两个相邻核苷酸的化学键［图 2-3（b)］，由两个核苷酸的五碳糖分子的羟基分别与同一个磷酸基团发生酯化反应形成的共价连接键（即磷酸脱去两个羟基，两个五碳糖的 3′-OH 和 5′-OH 各脱去一个氢，从而形成 3′,5′-磷酸二酯键），是连接两个核苷酸的桥梁，稳定性非常高。核酸水解过程经历初步水解和完全水解两个阶段，各阶段水解产物不同：DNA 初步水解产物是脱氧核糖核苷酸，完全水解产物是磷酸、脱氧核糖及两种嘌呤碱基（A 和 G）和两种嘧啶碱基（T 和 C)；RNA 初步水解产生核糖核苷酸，完全水解产生磷酸、核糖及两种嘌呤碱基（A 和 G）和两种嘧啶碱基（U 和 C）。核酸水解一般在适宜的温度和 pH 条件下进行，以保证水解效率和反应速率。

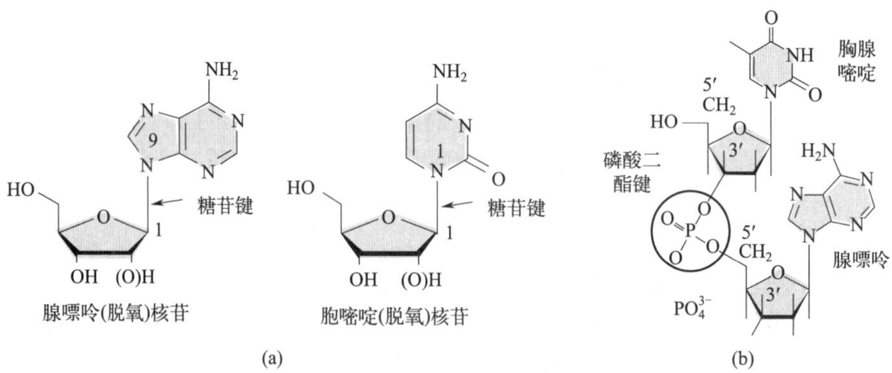

图 2-3　核酸糖苷键（a）和磷酸二酯键（b）结构示意图

1. 核酸的酸水解

在酸性溶液中，核酸分子中的糖苷键和磷酸二酯键对酸的敏感程度不同，糖苷键的结构特性和暴露程度使得酸易于接近并发生反应，糖苷键比磷酸二酯键更容易被水解，嘌呤碱基的糖苷键水解能力大于嘧啶碱基的糖苷键，其中嘌呤碱基与脱氧核糖的糖苷键最不稳定。因此，可利用酸水解并通过适当的分析方法（如高效液相色谱、质谱等）研究核酸的碱基组成和序列。核酸的糖苷键的断裂往往涉及质子化的C-O键，这使其对酸的攻击相对敏感。在天然条件下，核酸中的糖苷键均为β-糖苷键，且核酸中碱基与糖环平面呈垂直状态，这些构象使得糖苷键暴露于分子表面，酸溶液能够较容易地接触并作用于该部位，从而促进酸水解反应的发生。此外，由于空间位阻效应，核糖或脱氧核糖和碱基处于反式构象（尤其是嘧啶碱基的空间位阻较小），酸水解更迅速。例如：将核酸在pH值为1.6的室温或37℃下对水透析，或在pH值为2.8的100℃溶液中存放1h，多数嘌呤碱基即可脱落；而嘧啶糖苷键的水解需要较高的温度和更长时间，如用甲酸（98%～100%）密封加热至175℃，2h，无论RNA或DNA都能完全水解，产生嘌呤碱基和嘧啶碱基。由于对核酸进行酸水解时首先生成无嘌呤酸，因此对核酸进行部分水解时很少采用酸水解。

2. 核酸的碱水解

在碱溶液中，核酸的磷酸二酯键更容易被水解，而糖苷键相对较为稳定，尤其是RNA的磷酸二酯键对碱异常敏感，易被降解。例如：在0.3～1.0mol/L NaOH溶液中，室温条件下作用18～24h，RNA几乎可以完全水解，生成2′-或3′-核苷酸（可能伴随少量的核苷、2′,5′-或3′,5′-核苷二磷酸）；在同样条件下，DNA比较稳定，需在1.0mol/L NaOH溶液中加热至100℃，反应4h才能得到少量寡聚脱氧核苷酸。这种水解性能上的差别，与RNA核糖上2′-OH的参与作用密切相关：RNA核糖上的2′-OH非常靠近磷酸二酯键，在碱性条件下，2′-OH容易脱去H^+，O带上负电荷后易攻击邻近的磷酸二酯键使其断开，同时形成2′,3′环状磷酸酯中间体，继续水解产生2′-或3′-核苷酸混合物（图2-4）。DNA的脱氧核糖上没有2′-OH，在碱溶液中不能形成环状磷酸酯中间产物，故对碱有一定抗性。利用这一特性可以测定RNA的碱基组成，也可清除DNA溶液中混杂的RNA。

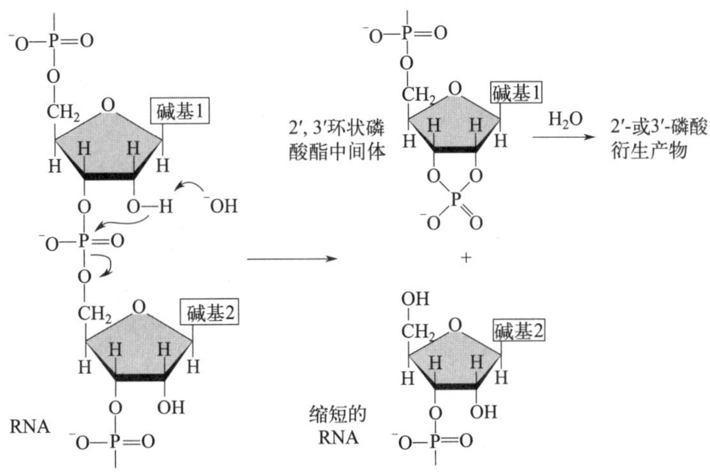

图2-4　RNA碱水解示意图

DNA和RNA水解稳定性上的明显差异有其重要的生物学意义。DNA作为遗传信息的携带者，在遗传信息的储存和传递中处于中心地位，要求其结构具有高度的稳定性；而RNA（主要是mRNA）在大多数情况下作为DNA的信使，完成任务后迅速降解，所以要求RNA具有容易被水解的性质。DNA的高度稳定性被认为是其作为遗传物质的重要原因之一。

3. 核酸的酶水解

酶水解是指在各种酶的催化作用下分解核酸的过程。生物体内，核酸的水解主要通过酶的催化作用来完成，这些酶能够切割核酸链产生低级多核苷酸和单核苷酸。生物体内存在多种核酸水解酶，最具代表性的是催化水解多聚核苷酸链中的磷酸二酯键的酶，统称为核酸酶（nuclease），实质是磷酸二酯酶。

不同来源的核酸酶，其专一性与作用方式存在差异。有些酶只能作用于 DNA，称为脱氧核糖核酸酶（DNase）（例如牛胰脱氧核糖核酸酶可以切割双链和单链 DNA）；有些酶只能作用于 RNA，称为核糖核酸酶（RNase）（例如牛胰核糖核酸酶，作用于嘧啶核苷-3′-磷酸与其他核苷酸键的连接键）；有些酶专一性较低，既能作用于 DNA 也能作用于 RNA，称为非特异性核酸酶（如蛇毒磷酸二酯酶，能逐个水解 DNA 或 RNA 链的游离 3′-OH）。根据核酸酶对底物作用的位置不同，可分为核酸外切酶（exonuclease）和核酸内切酶（endonuclease）。核酸外切酶是一类作用于多聚核苷酸链一端的 3′，5′-磷酸二酯键，将核苷酸逐个切下的酶，可分为 3′→ 5′外切酶和 5′→ 3′外切酶（例如蛇毒磷酸二酯酶是一种 3′→ 5′外切酶，水解产物为 5′-核苷酸；牛脾磷酸二酯酶是一种 5′→ 3′外切酶，水解产物为 3′-核苷酸）。按作用的链不同可分为单链核酸外切酶和双链核酸外切酶。来源于大肠杆菌（*Escherichia coli*，*E. coli*）的核酸外切酶Ⅰ（Exo Ⅰ）具有从 3′→ 5′方向降解单链 DNA 的外切酶活性，多用于 PCR 扩增后降解消化引物，对双链 DNA 无活性；核酸外切酶Ⅶ（Exo Ⅶ）能从 3′→ 5′和 5′→ 3′两个方向切割单链 DNA，是唯一不需要 Mg^{2+} 的活性酶，对线性或环状双链 DNA 无活性。有些 DNA 聚合酶也有外切酶活性，在 DNA 复制过程中既可以切除错配的碱基，又能保证 DNA 生物合成的精确性。核酸内切酶是作用在多聚核苷酸内部的 3′,5′-磷酸二酯键，生成寡核苷酸的酶。与外切酶类似，核酸内切酶也有 3′-内切酶和 5′-内切酶，大多不具核酸序列特异性。然而，也有一些核酸内切酶对磷酸二酯键一侧的碱基有专一要求，例如核糖核酸酶 A（RNase A）是一种高度专一性核酸内切酶，它识别并切断嘧啶核苷酸 C3′处的羟基与下一个核苷酸 C5′处的磷酸形成的 3′,5′-磷酸二酯键，形成以 3′-嘧啶核苷酸结尾和以 5′-核苷酸开头的低聚核苷酸。小球菌核酸酶既有外切酶功能又有内切酶功能。

生物体内存在一类特殊的核酸内切酶——限制性核酸内切酶（restriction endonuclease），能够识别双链 DNA 中特定核苷酸序列，具有严格的碱基序列特异性，能够降解外源 DNA（限制外来 DNA 的侵入并使之降解，失去活力），但对自身的 DNA 无损害作用，可保护细胞原有的遗传信息。目前，在分子生物学研究过程中，发展最迅速且最具应用价值的限制性核酸内切酶是从原核生物（尤其是细菌）中分离出来的。根据酶的结构及辅因子的需求、切割位点与作用方式，可分为三种类型：Ⅰ型、Ⅱ型和Ⅲ型。Ⅰ型限制性核酸内切酶为复合功能酶，具有限制-修饰两种功能，但在 DNA 链上没有固定的切割位点，一般在离识别位点约 1kb 的地方随机切割，不产生特异性片段。Ⅲ型限制性内切酶与Ⅰ型限制性内切酶基本相似，水解 DNA 需要消耗 ATP，全酶中的部分亚基以甲基化或其他方式修饰 DNA，不同的是Ⅲ型限制性内切酶的切割位点在识别位点约 25bp 的位置，因此这两类酶对基因工程技术意义不大。通常使用的限制性内切酶是指Ⅱ型限制性内切酶，它能够识别与切割 DNA 链上的特定碱基序列，产生特异性的 DNA 片段，是 DNA 分子序列测定、基因克隆和基因体外重组等基因工程技术研究中不可或缺的工具酶。Ⅱ型限制性内切酶特异识别及切割 4～8 个核苷酸（多数具有回文对称序列，该部位的核苷酸序列呈 180°旋转对称）的 DNA 片段，主要产生黏端（3′-或5′-）和平端两种切割类型。黏端（图 2-5）是指经酶交错切割后产生的具有碱基互补性的 3′端突出和 5′端突出的两条单链结构，产物的 5′端带磷酸单酯基团，3′端含羟基。平端（图 2-5）指酶垂直切割后，片段为齐头末端结构。在 DNA 体外重组时，黏端是 DNA 连接酶的有效底物，连接效率很高。一些特殊性质的Ⅱ型限制性内切酶虽来源不同，但能识别和切割相同的位点，称为异源同工酶（同裂酶），如 *Hpa* Ⅱ和 *Msp* Ⅰ是一对异源同工酶，均能识别的靶序列为 5′-CCGG-3′。

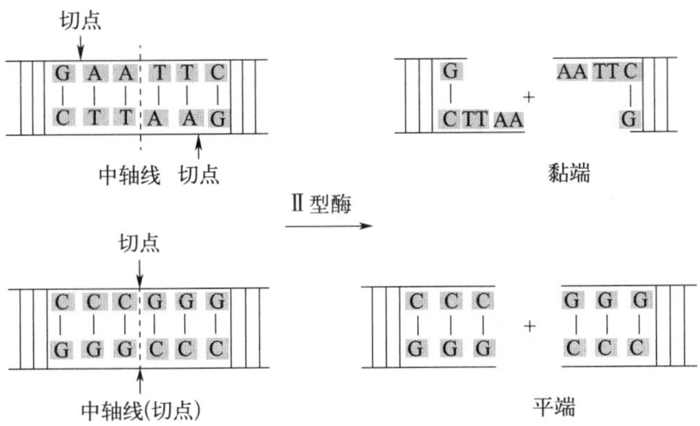

图 2-5　Ⅱ型限制性内切酶切割示意图

核苷酸进一步由核苷酸水解酶（如磷酸单酯酶）水解成核苷和磷酸。至此，磷酸二酯键被彻底水解。随后，核苷被核苷磷酸化酶分解为碱基和戊糖-1-磷酸。核糖-1-磷酸可被磷酸核糖变位酶催化为核糖-5-磷酸，进入磷酸戊糖途径，或合成 5-磷酸核糖-1-焦磷酸（PRPP），进入嘌呤与嘧啶核苷酸从头合成途径，再次参与核酸合成与代谢循环。

除水解核酸外，核酸酶还参与细胞内多种生物过程，如 DNA 的复制、重组、修复，RNA 的成熟、加工等。

五、核酸的变性、复性与杂交

1. 核酸的变性

核酸变性是指在某些理化因素的作用下，核酸双螺旋区的多聚核苷酸链间的氢键及碱基堆积力被破坏，解链为单链结构的现象。核酸的变性不涉及磷酸二酯键（共价键）的断裂，只破坏其空间结构，所以它的一级结构（碱基序列）保持不变。核酸中 RNA 以单链形式存在，只在局部形成双链，而绝大部分 DNA 以双链形式存在，所以变性所引起的 RNA 性质变化没有 DNA 明显，核酸的变性一般指 DNA 的变性，以下主要对 DNA 变性做介绍。

引起核酸变性的因素主要有高温、强酸、强碱、有机溶剂和超声波等。随着 DNA 分子变性的发生，空间构象被破坏，许多理化性质也发生明显的变化。①结构改变：天然的 DNA 分子具有双螺旋结构的线性分子或共价闭合环状超螺旋结构，变性后发生分子解链，变成无规则的单链线团，生物活性丧失。②黏度降低：天然线性 DNA 分子的直径与长度之比可达 $1:10^7$，它的水溶液具有很大的黏度，变性后，发生了螺旋-线团转变，黏度显著降低。③浮力密度增加：将变性的 DNA 分子和天然的 DNA 分子放在氯化铯溶液（8.0mol/L）中进行密度梯度离心，可观察到 DNA 变性后其浮力密度大大增加。④沉降系数增大：DNA 变性后相互聚集，体积增加；沉降速度与被离心物质的体积、密度差成正比，与摩擦系数成反比，因此 DNA 变性后沉降系数增大。⑤紫外吸收增加：天然 DNA 在 260nm 波长处具有强烈的紫外吸收；DNA 变性使原来位于双螺旋内部的碱基暴露，使 260nm 处的紫外吸收值增高（可增加25%～40%），产生增色效应（hyperchromic effect）。⑥旋光性改变：DNA分子具有旋光性，旋光方向为右旋；由于DNA分子的高度不对称性，旋光性很强；当DNA分子变性时，整个DNA分子的对称性及分子局部的构象改变，比旋光度明显降低。⑦酸碱滴定曲线改变：DNA变性后碱基被暴露出来，溶液所带电荷发生改变，导致酸碱滴定曲线发生变化。

最常用的变性方法为热变性。当DNA稀盐溶液连续加热到80～100℃时，双螺旋结构发生解体，两条链彼此分开，形成无规则线团。在DNA热变性过程中，以温度相对于A_{260}作图，所得曲线呈S型，称为解链曲线或熔解曲线（图2-6）。曲线显示温度对DNA变性的影响是爆发性的，变性过程在很窄的温度范围内完成。一般来说，DNA的AT碱基间有两个氢键，GC间有三个氢键，热变性时，AT间的氢键先解开，GC间氢键后解开。通常将DNA双螺旋结构失去一半时所对应的温度（或A_{260}达到最大值一半时的温度）称为解链温度或熔解温度（melting temperature，Tm）。DNA的Tm值一般在85～95℃之间，影响其大小的因素主要有：

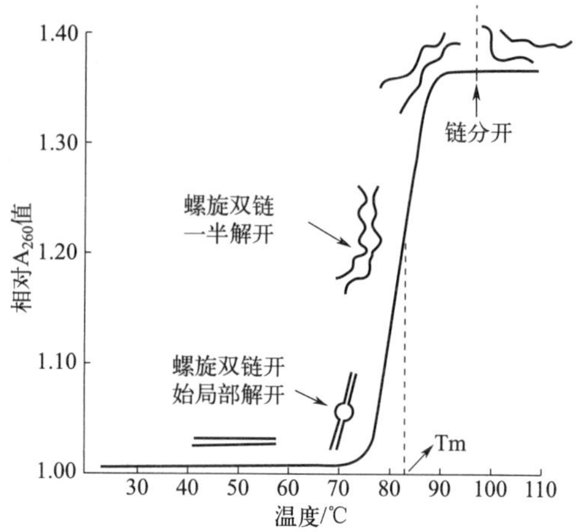

图2-6　DNA热变性解链曲线图

（1）样品均一性　均一性越高的DNA样品，熔解过程中温度范围越窄。

（2）DNA分子的长度和（G+C）的含量　在相对较短的核酸分子中，Tm值与DNA分子的长度有关，DNA分子越长，Tm值越大。而一定条件下，Tm值与其（G+C）所占总碱基数的百分比正相关，（G+C）含量越高，Tm值越大，反之越小。最简单的计算Tm值的方法表示为T_m=4℃ ×(G+C) + 2℃ ×(A+T)，即每增加一个A或T碱基，Tm值就增加2℃，每增加一个G或C碱基，Tm值就增加4℃，一般适用于小于20bp的寡核苷酸片段。通常使用（G+C）含量（%）=（Tm−69.3）×2.44来估算Tm和（G+C）的含量，通过测定Tm值可以大致推算出DNA分子中的碱基含量。

（3）DNA分子的结构　一般具有三级结构的DNA分子涉及更复杂的空间排列和相互作用，包括碱基对之间的堆积作用、范德华力等，其熔解温度比二级结构的高很多。

（4）介质中的离子强度　Tm值不仅与DNA本身特性有关，还与溶液的条件有关，与溶液离子强度成正比。溶液中离子强度低时，Tm较低，熔解温度范围较宽；离子强度高时，Tm较高，熔解温度范围较窄。因此，DNA制品一般在离子强度较高的溶液中较稳定，实验室常用1mol/L NaCl溶液保存DNA制品。

此外，还与溶液pH值和变性剂的使用等因素有关。由于RNA只有局部的双链结构，因此变性不明显，变性曲线较平缓，Tm值较低。tRNA具有较多的双螺旋区，所以具有较高的Tm值，变性曲线也较陡。双链RNA的变性几乎与DNA变性相同。Tm值的测定与变性条件的研究可提供有关DNA核苷酸组成的信息，同时也有助于判断DNA的纯度与数量。

2. 核酸的复性

核酸的变性在一定条件下是可逆的，变性的DNA在适当条件下两条互补的单链重新结合并全部或部分恢复为天然双螺旋结构的现象称为复性（renaturation）。DNA 复性是生命演化过程中的一项重要适应性特征，在分子生物学研究中具有广泛应用。DNA 复性后，其理化性质和生物活性得到恢复或部分恢复，如紫外吸收值下降，复性后双螺旋结构使碱基对的 π 电子云发生重叠，减少了对紫外线的吸收，这种现象称减色效应（hypochromic effect），与变性后的增色效应相对应。常根据紫外吸收值的变化来评判复性的指标。热变性的 DNA 一般经缓慢冷却的复性称之为退火（annealing）。温度是影响 DNA 复性的最重要的因素，一般认为比 Tm 值低 25℃的温度是 DNA 复性的最佳条件，此温度称为退火温度（annealing temperature），越远离此温度，复性速度就越慢。复性过程降温要缓慢，如果温度骤然下降到 4℃以下，两条单链间的碱基来不及适当配对形成氢键，复性则不能正常完成，利用这一特性可保持 DNA 的变性状态。

DNA 复性是非常复杂的过程，影响 DNA 复性速度的因素很多。① DNA 浓度。单链片段浓度越高，互补链间随机碰撞配对概率越大，复性速度越快。② DNA 分子大小。DNA 分子较大，单链片段在溶液中扩散困难，两条单链间错配频率增加，复性较慢。③ DNA 的组成和结构。单链片段中的重复序列多，容易形成配对碱基，复性速度快。真核生物的重复序列就是通过复性动力学研究发现的。序列复杂的 DNA 分子复性较慢，病毒 DNA 比哺乳动物 DNA 容易复性。因此可以通过变性速率的研究，了解 DNA 序列的复杂性。④离子强度。维持溶液中一定的离子强度，消除磷酸基团负电荷造成的斥力，有利于复性。⑤适当的温度。在很低的温度（如 4℃以下）下，分子的热运动明显减弱导致互补链配对的概率减少，使温度维持在 Tm 以下的较高温度，更有利于复性，一般为 60℃。⑥适当的 pH 值。常用 pH 值为 6.8 缓冲溶液。⑦适当的复性时间。

真核 DNA 存在一种特殊途径的自发复性而形成发夹结构。对单链而言，要求碱基序列中存在回文结构。在复性发生时，DNA 单链片段的碱基序列如果在同一单链中识别到互补的碱基序列，就会形成发夹结构。如果存在很多重复回文结构，在部分复性时就能通过形成 DNA 侧链而出现十字结构。DNA 回文结构使 DNA 片段出现旋转对称性。这种结构常常出现在 DNA 和蛋白质相互作用的地方，特别是后者起控制作用时。

3. 核酸的杂交

不同种类的两条核酸单链在一定条件下按照碱基互补配对的原则形成杂交双链的现象称为杂交（hybridization）。这种杂交双链可以在不同来源的 DNA 单链间形成，也可以在 RNA 单链间形成，甚至可以在 DNA 单链和 RNA 单链之间形成，其分子基础是核酸分子的变性和复性。

核酸分子的杂交作为一项常规实验技术，广泛应用于生物化学、分子生物学和医学相关领域，用于研究核酸分子中特定基因或 DNA 片段的位置，确定两种核酸分子间序列的相似性，检测某些特异序列在待检样品中是否存在、拷贝数及表达丰度，是基因芯片技术等现代检测技术的基础。常用的分子杂交法有 Southern 印迹法、Northern 印迹法、菌落杂交、斑点杂交和原位杂交等。Southern 印迹法（Southern blotting）主要分析变性后经凝胶电泳分离且转移至硝酸纤维素膜上的 DNA 分子。Northern 印迹法（Northern blotting）主要分析变性后经凝胶电泳分离后转移到硝酸纤维素膜上的 RNA 分子。菌落杂交主要用于检测固定在膜上，经裂解从细菌菌体释放的 DNA 分子。斑点杂交主要用于检测固定在膜上的 DNA 或 RNA 分子。原位杂交主要用于检测细胞或组织中的 DNA 或 RNA 分子。此外，用类似方法也可以分析蛋白质，这种方法称为 Western 印迹法（Western blotting）。

第二节 核酸提取及分离纯化

核酸提取及分离纯化是分子生物学实验中的重要步骤，它是从细胞或组织中提取核酸并纯化的过程。核酸提取的质量和纯度是保证后续实验成功的关键，因此选择适合的提取方法非常重要。目前并非所有的核酸检测方法都需要从原始样品中提取核酸，但如果不对核酸进行提取和纯化而采取直接检测，样品中的杂质可能会影响检测结果的准确性。例如，如果某病毒样品中存在过多的 RNA 酶等杂质，可能会使病毒 RNA 发生降解，导致检测失败。此外，杂质还可能与检测试剂发生非特异性反应，干扰检测过程，降低检测敏感度，甚至可能造成假阳性或假阴性结果。因此，为了实现目标样品的高灵敏度、高精度检测，核酸提取和分离纯化是至关重要的步骤。

一、核酸提取及分离纯化的步骤、原理及注意事项

核酸是复杂的生物大分子，包括 DNA 和 RNA，在细胞中与各种蛋白质结合而存在。核酸提取和纯化主要是指将核酸与蛋白质、多糖、脂肪等大分子物质分开，基本原理是利用不同物质的理化性质差异实现核酸的分离和纯化。

（一）步骤及原理

核酸提取方法根据样品类型及核酸下游应用的差异而略有不同，但主要包含样品准备、细胞裂解、核酸溶解、核酸分离、核酸纯化和核酸沉淀 6 个核心步骤。

1. 样品准备

新鲜的动植物组织材料需清洗去掉非组织材料杂质，少量样品可用液氮速冻，然后快速碾磨成粉末状。动物细胞培养物有的需用胰酶消化，再离心沉淀，必要时用预冷的 PBS 液漂洗，收集沉淀的细胞。液体培养的单细胞微生物可直接离心沉淀收集菌体，在含有 EDTA 的葡萄糖低渗液中重悬浮，以避免细胞裂解。

2. 细胞裂解

细胞裂解是核酸提取与纯化的第一步，目的是将细胞破坏，释放出细胞内的核酸分子，主要采用机械裂解、化学裂解和酶解。机械裂解借助物理力量破坏细胞结构，包括搅拌裂解、超声裂解、颗粒裂解等。化学裂解是在一定 pH 条件下，利用化学物质破坏或溶解细胞壁、细胞膜，可加入酸、碱、缓冲液（TE、STE），表面活性剂［十二烷基硫酸钠（SDS）、十六烷基三甲基溴化铵（CTAB）］和强离液剂（异硫氰酸胍、盐酸胍）等。缓冲液中的一些金属离子螯合剂（EDTA 等）可螯合维持核酸酶活性所必需的金属离子 Mg^{2+} 和 Ca^{2+} 等，从而保护核酸不被降解，使蛋白质变性沉淀，核酸释放到水相。酶解则需要特定的酶降解细胞壁、细胞膜、核膜、蛋白质等以释放核酸，如蛋白酶（蛋白酶 K、植物蛋白酶、链霉蛋白酶）、溶菌酶等。其中，蛋白酶 K 不仅能催化水解多种多肽键，其在 65℃及有 EDTA、尿素（1～4mol/L）和表面活性剂（0.5%SDS 或 1%Triton X-100）存在时仍保留酶活性，有利于提高高分子量核酸的提取效率。机械裂解相对彻底，适用于样品量大且具有细胞壁或者细胞外膜的较硬的样品，但容易破坏核酸分子的完整性，不适用于高分子量长链的核酸分子。超声裂解提取的核酸片段长度为 20～500bp，颗粒匀浆法提取的核酸长度一般＜ 10kb。化学裂解

过程相对温和且稳定，适用于对质量要求不高的样品，但少部分裂解液对人体皮肤有腐蚀性。酶解适用于对质量和纯度要求高的核酸样品，然而大部分酶催化反应需要加热，在某些情况下加热会产生具有污染性的气溶胶。在实际工作中，酶解、机械裂解、化学裂解经常联合使用。具体选择哪种或哪几种方法可根据细胞类型、待分离的核酸类型及后续实验目的来确定。

3. 核酸溶解

核酸从细胞中释放后，需要将其从一定温度、pH 值和离子浓度的溶液中与其他组分分离。常见的核酸溶解缓冲液有 Tris-HCl 缓冲液、EDTA 缓冲液和含盐的缓冲液，能够提供适当的环境使核酸稳定并溶解。

4. 核酸分离

核酸溶解后，利用差速离心、柱层析或电泳等方法将其与杂质分离。差速离心利用不同物质沉降速率的差异，在不同离心速度下将核酸沉降分离。由于核酸分子量较大，在离心过程中沉降速度较快，从而与其他杂质分离。柱层析利用柱状填料的吸附、分配和排除等原理，通过溶液在柱中的流动将核酸分离。电泳则利用不同核酸分子在电场中的迁移速度的差异进行分离。

5. 核酸纯化

核酸与其他组分分离后多数情况下还存在杂质，需要进一步纯化。常用的纯化方法有酚 / 氯仿法、层析法（硅胶柱法和磁珠法等）。酚 / 氯仿法是经典的核酸纯化方法，采用酚-氯仿-异戊醇混合液（体积比为 25∶24∶1）。混合液溶解蛋白质、脂肪和糖类，离心后收集水相。硅胶柱法利用硅胶填料将核酸吸附和释放。磁珠法则是利用具有亲和性的磁珠选择性地富集核酸后，利用外加磁场将磁珠从混合物中分离，并用低盐缓冲液或水洗脱。目前，已有多种层析法商品化试剂盒可供选用，其操作快速简便、成本较低，经该方法纯化的核酸质量优良、产量较高，且易于实现自动化操作，便于大批量样品的核酸纯化，因此已被广泛推广应用。

6. 核酸沉淀

纯化后的核酸一般溶于溶液中，需要进行浓缩和固定，常用盐溶液和乙醇沉淀。在低浓度盐溶液中，核酸分子上的负电荷与溶液中的阳离子相互作用，形成一层水膜，增加了核酸分子间的相互作用，从而使溶解度降低。在低浓度盐溶液中，乙醇可以以任意比例与水混合，当乙醇加入核酸溶液时，乙醇分子与水分子相互作用形成氢键，夺取了核酸分子周围的水分子并暴露带负电荷的磷酸基团，这些负电荷与溶液中的阳离子结合，使核酸分子带更多的负电荷从而排斥作用增强，排斥作用增加到一定程度时，核酸分子被沉淀下来。

（二）一般原则与注意事项

1. 一般原则

为保证获得的核酸样品满足后续实验要求，核酸提取时应遵循以下原则：

（1）保持核酸分子一级结构的完整性，这是核酸结构和功能研究的最基本要求。一级结构储存了全部的遗传信息，决定着其高级结构的形式以及与其他分子结合的方式。

（2）排除蛋白质、脂类、糖类等生物大分子对核酸的污染，且保证样品中不包含有机溶剂和高浓度的金属离子等杂质，保证核酸的纯度。

（3）排除除目标核酸外其他核酸分子的影响，如提取 DNA 时排除 RNA 的干扰，反之亦然。

2. 注意事项

（1）为保证核酸的完整性，实验中应注意尽量简化步骤，缩短提取时间以减少各种因素对核酸的破坏。

（2）不同的核酸样品（如提取 RNA 或 DNA）可能需要使用不同的试剂和方法进行分离纯化，选择合适的方法和试剂能够提高核酸的产量和纯度。

（3）防止过高的温度使核酸变性失去生物活性，保持溶液中一定的离子强度，同时减少物理因素对核酸的机械剪切力。

（4）减少物理和化学因素对核酸的降解，尽量保持 pH 5～9。

（5）防止核酸的生物降解。首先，取样尽量新鲜，若不能马上进行提取应立即用液氮速冻存放在−80℃低温冰箱，且避免长时间保存和反复冻融；其次，防止来自细胞内或其他来源的各种核酸酶降解核酸链中的磷酸二酯键，从而破坏一级结构，因此实验中所用的耗材和试剂需要高温灭菌，缓冲液中需要加入核酸酶抑制剂。

二、核酸提取及分离纯化的主要方法及操作

核酸提取及分离纯化技术是现代生物化学、分子生物学、临床诊断及相关学科研究的一项基本实验技术，对物种起源、物种鉴定、物种多样性研究、疾病诊断等具有重要作用。1869 年，Friedrich Miescher 首次成功提取了核酸，之后一些研究者在材料、试剂和仪器的应用上不断地探索，发展出多种新方法，改良了传统经典方法，并推出了商品化试剂盒，极大地推动了分子生物学等的发展。

（一）常见的核酸提取方法

1. 苯酚-氯仿抽提法

核酸提取的经典方法。通过苯酚-氯仿处理细胞破碎液或者组织匀浆，利用不同物质在有机相和水相中的溶解度差异，实现核酸与杂质（如蛋白质、多糖等）的分离。核酸主要溶解在水相中，多糖和脂类物质主要溶解在有机相中，蛋白质则沉淀于两相之间。离心分层后取出水层，多次重复操作，最后合并含核酸的水相，利用核酸不溶于醇的性质，用乙醇沉淀核酸，经离心收集白色的 DNA 沉淀。乙醇沉淀的优点在于它与盐类的共沉淀较少，而且 DNA 沉淀中所含的痕量乙醇易蒸发除去，不影响后续实验的进行。经乙醇沉淀后再离心分离和纯化溶解即可得到高纯度核酸。该方法成本低，对实验条件要求较低，提取的核酸能保持天然状态，且纯度高、片段大、效果好，但操作烦琐。

2. 高盐沉淀法

是酚 / 氯仿抽提方法的变种，省略了酚 / 氯仿抽提操作的麻烦，更快速、更简便地去除蛋白质等杂质，可用于大规模的核酸抽提。然而得到的 DNA 的纯度不够稳定，4℃条件下蛋白质的沉淀效率会更好。

3. 碱裂解法

用于提取细菌质粒 DNA。这种方法是利用共价闭合环状质粒 DNA 与线性染色体 DNA

在拓扑学上的差异将其分离。在强碱（pH 12.0～12.6）条件下，用 SDS 破坏和裂解细胞，使染色体 DNA 的氢键断裂，双螺旋结构解开而变性，而质粒 DNA 虽大部分氢键也会断裂，但超螺旋共价闭合环状互补链不会完全分离。当 pH 调至中性并有高浓度盐存在时，变性的质粒 DNA 又恢复自然状态并溶解在溶液中，细胞碎片、线性 DNA、不稳定的大分子 RNA 和蛋白质会形成表面覆盖 SDS 的复合物而沉淀。离心后溶液分层，质粒 DNA 溶解在上清液中，之后可用酚 / 氯仿抽提进一步纯化质粒 DNA。该方法对细菌的裂解、细菌染色体 DNA 及蛋白质变性充分，提取的质粒 DNA 产量高、纯度好；但是质粒 DNA 如果长时间暴露在强碱条件下容易发生不可逆的变性，导致酶切困难，也不适用于大片段质粒（＞ 15kb）的抽提。

4. 煮沸裂解法

主要适用于提取细菌质粒 DNA。细菌染色体 DNA 比质粒 DNA 分子大得多，且多为线性分子，而质粒 DNA 为共价闭合环状分子。当加热处理样本溶液时，细菌染色体 DNA 容易发生变性，而共价闭合环状的质粒 DNA 在冷却时就可恢复其天然超螺旋结构。变性染色体 DNA 片段与变性蛋白质和细胞碎片会结合形成沉淀，而复性的超螺旋质粒 DNA 分子则以溶解状态存在于液相中，此时可通过离心将两者分开，回收上清液中的质粒 DNA。该方法获得的质粒 DNA 量少，杂质多，DNA 可能会出现断裂，主要适用于一些粗略的实验。

5. Trizol 法

提取 RNA 的经典方法，适用于普通的植物组织、动物组织以及真菌、细菌等的 RNA 提取，同时可有效分离一个样品中的 RNA、DNA 和蛋白质。Trizol 是一种酸性试剂，能从细胞和组织中快速分离 RNA，其主要成分为异硫氰酸胍（GITC）和苯酚。裂解细胞后，GITC 能使蛋白质和 RNase 变性，有利于保护 RNA 的完整性；加入氯仿离心后，样品分为水相和有机相，RNA 存在于上层水相中，而 DNA 和蛋白质则存在于中间层及下层有机相中，从而达到分离的目的。用异丙醇沉淀上层水相可回收 RNA，用乙醇沉淀中间层可回收 DNA，用异丙醇沉淀下层有机相可回收蛋白质。该方法适用范围广，操作体系大，效率高；但对样品的处理和操作技巧要求较高，容易受外界因素干扰（温度、pH、湿度等），且在提取过程中容易丢失小 RNA，对于某些实验来说是一种限制。

6. 十六烷基三甲基溴化铵（CTAB）法

CTAB 法是植物 DNA 提取的经典方法。CTAB 是一种阳离子表面活性剂，易溶于乙醇、异丙醇，可溶于水，微溶于丙酮，几乎不溶于乙醚和苯。它能使核酸和酸性的多糖从低离子强度的溶液中沉淀出来，而蛋白质和中性多糖等杂质仍留在溶液中。在高离子强度的溶液中（＞ 0.7mol/L NaCl），CTAB 与蛋白质和中性多糖形成复合物，但不会沉淀核酸，因此对产生大量多糖的植物和某些革兰氏阴性菌的核酸提纯非常有用。该方法提取纯度高、使用试剂相对安全、实验成本低，但实验步骤多且操作烦琐。

7. 十二烷基硫酸钠（SDS）法

是一种阴离子表面活性剂，具有良好的脱水、解聚和去除蛋白质的能力，并能破坏细胞壁和裂解核酸。为避免核酸酶和机械振荡对 DNA 的降解，在细胞悬液中加入含 SDS 的缓冲液，并加入广谱蛋白酶（如蛋白酶 K），使细胞蛋白质全部降解，然后用苯酚抽提，去除蛋白酶和蛋白质的部分降解产物。DNA 制品中的少量 RNA 可用纯的 RNase 分解除去。用上述方法制得的 DNA 为粗提物，须进一步纯化才能得到纯品。如用蔗糖密度梯度离心可将分子量大小不等的线性 DNA 分开；用氯化铯密度梯度离心可将双链 DNA 和单链 DNA 分开；用羟基磷灰石（HA）柱色谱或甲基化白蛋白硅藻土（MAK）柱色谱可分离变性 DNA 和天然 DNA 等。该方法操作简单、温和，可提取到较高分子量的 DNA，但所得产物含糖类杂质较多。

8. 离心柱纯化法

是试剂盒提取广泛使用的方法。离心柱中含有特殊硅基质吸附材料，对核酸有较强的亲和力和吸附力，而对蛋白质、多糖、脂类等生化组分及不亲和液不吸附，从而使蛋白质等杂质顺利通过。例如提取 DNA 时，硅胶膜表面的硅醇基团呈弱酸性，水化后带负电，当溶液中存在一定浓度的阳离子时，形成的阳离子桥能够中和 DNA 和硅醇基团之间的表面负电荷，从而使 DNA 牢固地吸附在硅胶膜表面。反之，在低盐水溶液状态下，由于硅胶膜的硅醇基团与 DNA 磷酸基团之间的静电排斥，硅胶膜会释放 DNA，即高盐低 pH 结合核酸，低盐高 pH 洗脱。之后通过离心分离和纯化 DNA。可用类似的原理提取和纯化 RNA。该方法价格较低、操作相对简单，但具有样品需求量大，损失多，珍稀样本无法采用，不便于高通量自动化操作等劣势。

9. 磁珠提取法

依据与硅胶膜离心柱相似的原理，磁珠表面连接了可特异地与 DNA 发生作用的功能基团，具有可逆吸附 DNA 的特性，通常采用带有氨基、巯基、环氧基等基团的活化试剂对磁珠表面包覆的高分子进行化学修饰。带有活性基团的磁性颗粒能在微观界面上与核酸分子特异性地识别和高效结合，而样品中的其他杂质则被很好地去除。在外加磁场作用下，磁性颗粒与液体分开，最后回收磁珠-核酸混合物，再用洗脱液洗脱即可得到纯净的核酸，获得质量较高的核酸模板。磁珠法不需要离心，无需加入多种试剂，操作简单，安全无毒，灵敏度高且获得的核酸纯度高，符合核酸自动化提取要求。但是该方法成本较高，且磁珠的选择和表面功能基团的修饰需要根据具体应用进行优化，以实现对目标物质的特异吸附。

10. 其他方法

除了上述常用的方法之外，还有树脂法、二氧化硅基质法、超声法、反复冻融法、酶解法及低渗裂解等多种方法。

综上所述，核酸提取方法多种多样，具体选择哪种方法取决于样品的类型、实验目的以及实验条件等因素。在实际操作中需要根据具体情况进行优化和调整，以获得最佳的提取效果。

（二）不同类型核酸提取的具体操作步骤

在分子实验过程中，核酸提取主要包括真核细胞基因组 DNA、质粒 DNA、总 RNA 等。

1. 基因组 DNA 的提取

基因组 DNA 的提取是构建基因组文库、Southern 印迹（包括 RFLP）及 PCR 等的重要环节。以植物中基因组 DNA 制备为例，介绍基因组 DNA 的提取过程。CTAB 法是植物 DNA 提取的经典方法。提取基因组 DNA 时，植物各个部位都可以作为材料，常以幼嫩的新鲜叶片为材料。

（1）CTAB 法的配方及作用原理

① 1mol/L 的 Tris-HCl 缓冲溶液（pH 8.0）：称取 121.1g Tris（三羟甲基氨基甲烷）放入

800mL 重蒸水（ddH_2O）中，缓慢加入 42mL 浓 HCl（盐酸），搅拌均匀后，用浓 HCl 调 pH 值至 8.0，然后用 ddH_2O 定容到 1000mL。Tris-HCl 缓冲溶液提供一个稳定的缓冲环境，防止核酸被破坏；由于 Tris 溶液 pH 值随温度的变化差异很大，温度每升高 1℃，pH 值大约降低 0.03 个单位，因此用浓盐酸调节溶液 pH 时，应在溶液冷却后进行。高温灭菌。

② 0.5mol/L pH 8.0 的 EDTA 溶液：将 186.1g EDTA-Na_2 · H_2O（乙二胺四乙酸二钠）和 20g NaOH 在 800mL ddH_2O 溶解（只有在 pH 值约为 8.0 时 EDTA-Na_2 · H_2O 才能完全溶解），待完全溶解后搅拌均匀，用 NaOH 调至 pH 8.0，然后用 ddH_2O 定容到 1000mL。EDTA 螯合 Mg^{2+} 或 Mn^{2+}，抑制 DNA 酶（DNase）活性，防止 DNA 被降解。

③ 氯化钠（NaCl）：提供高盐环境，使 DNA 稳定存在于液相中。

④ 体积分数为 1% 的 β-巯基乙醇（使用前加入）：β-巯基乙醇是抗氧化剂，CTAB 法通常使用机械研磨来破碎植物组织和细胞，由于植物匀浆含有多种酶类（尤其是氧化酶类），影响 DNA 的提取，在植物匀浆中加入抗氧化剂 β-巯基乙醇以降低酶类的活性。

⑤ 质量分数为 2% 的 CTAB 混合试剂：20.0g CTAB，100.0mL Tris-HCl 缓冲溶液，100.0mL EDTA 溶液，82.0g NaCl，溶解后定容到 1000mL。高压灭菌，室温保存。CTAB 溶解细胞膜和核膜蛋白，从而使 DNA 分离出来。

⑥ 氯仿∶异戊醇（24∶1，体积比）：500mL 氯仿中加入 21mL 异戊醇，轻轻混匀。氯仿可使蛋白变性和提取液分相，DNA 溶于上层水相，经离心后可分离去除下层植物组织和细胞碎片及大部分蛋白质；异戊醇能降低表面张力，有助于消除抽提过程中产生的气泡。同时异戊醇有助于分相，使离心后的上层水相、中层变性蛋白以及下层有机相保持稳定。

⑦ 异丙醇：使用前预冷。能使 DNA 快速沉淀，但易使盐类、蔗糖与 DNA 共沉淀，且难以挥发去除，因此后续用 75% 的乙醇多次漂洗。

⑧ 75% 乙醇：375mL 无水乙醇中加入 125mL 蒸馏水，混匀。乙醇能使水相中的纯化 DNA 沉淀。乙醇对盐类沉淀少，沉淀中所含有的痕量乙醇易挥发去除，不影响后续实验。

⑨ 3mol/L 的醋酸钠（NaAC）：称取 40.8g NaAC · H_2O 置于烧杯中，加入约 40mL 的 ddH_2O 搅拌溶解，用冰醋酸调节 pH 值到 5.2，定容至 100mL。高压灭菌，室温保存。中和反应混合物的 pH 值，使混合物的 pH 值降低，使 DNA 分子间的负电荷减少，从而促进 DNA 的聚集和沉淀。

⑩ 10×TE 缓冲液：100mL 1mol/L 的 Tris-HCl 缓冲溶液和 20mL 0.5mol/L pH 8.0 的 EDTA 溶液，混合均匀，用 ddH_2O 定容至 1000mL，高压灭菌，室温保存。溶解核酸，并使核酸稳定存储。

⑪ RNA 酶（RNase）：降解 DNA 中混有的 RNA 杂质，再用氯仿除去 RNase，得到较纯的 DNA 制品。

（2）CTAB 法操作步骤

① 预热：2% CTAB 提取缓冲液在 65℃水浴中预热溶解。

② 研磨：研钵加入酒精灯烧冷却至室温后加入液氮预冷，取约 0.1g 新鲜的叶片（或植物其他组织）置于研钵中，加入液氮充分研磨至粉状（全程保持有少量液氮），全部转移至预冷的 2.0mL 离心管中；若大批量提取可将植物叶片放入 2.0mL 离心管中并加入一颗 4mm 的钢珠，放入液氮中冷冻，然后迅速用磨样仪研磨 30s。

③ 水浴：加入 700μL 65 ℃ 预热的 CTAB 和 10μL β-巯基乙醇，混匀，65 ℃ 水浴 30～60min，每隔 10min 上下颠倒摇匀 1 次，使样品充分裂解。

④ 萃取：水浴结束取出稍冷却后在通风橱内加入等量的 24∶1 的氯仿∶异戊醇（体积比），

上下颠倒数次混匀，静置 5min；常温，12000r/min，离心 10min。

⑤ 沉淀：用移液枪轻轻吸取 400～600μL 上清液（切勿吸取杂质），转入一新的 1.5mL 灭菌离心管中（若对 DNA 质量要求高可 2 次加入 24∶1 体积比的氯仿∶异戊醇，混匀后离心），同时加入等体积预冷的异丙醇，将离心管慢慢上下摇动 30s，使异丙醇与水层充分混合至能见到 DNA 絮状物，放入−20℃，静置 30min 以上，使 DNA 充分沉淀；4℃，12000r/min，离心 10min。

⑥ 清洗：缓慢倒掉上清液（注意勿将白色 DNA 沉淀倒出），加入 1mL 75% 乙醇和 1/10 体积的 3mol/L 的 NaAC 溶液，轻轻颠倒混匀使 DNA 块状物的不纯物溶解，高速离心 3～5min，去掉上清液，可再次加入 1mL 75% 乙醇将 DNA 沉淀物再清洗一遍，然后置于常温下自然风干或超净台内吹干；

⑦ 溶解：将晾干的 DNA 用 200μL 的 ddH_2O 溶解 24h，如果对 DNA 纯度要求高可用 TE 缓冲液溶解并加入 0.5μL RNase (50ng/μL)，37℃孵育 30min，使 RNA 消解。

⑧ 浓度和纯度测定：用紫外分光光度法测定 DNA 浓度及质量（在本章第一节核酸理化性质的紫外吸收部分已做详细介绍）。

⑨ 完整性检测：用 1% 琼脂糖凝胶电泳检验基因组 DNA 的完整性。

⑩ 保存：确保提取的 DNA 没有降解且没有杂质污染，放 4℃或者−20℃冰箱保存备用，若长期保存样品可加入 1 滴氯仿。

（3）注意事项

① CTAB 在 15℃以下会沉淀，裂解和萃取操作时不可在低温下进行。

② 水浴时要注意摇晃，10min 左右一次，使细胞充分裂解。

③ 转移 DNA 溶液的枪头最好剪掉尖部，避免 DNA 机械损伤。

④ 取上清液时不要贪多，以免混入杂质。

⑤ 所得 DNA 应为白色或灰白色，若呈褐色则说明污染了多酚物质。对于多酚物质含量多的材料，在提取缓冲液中可加入 1% 的 PVP。对于多糖含量高的材料，CTAB 的浓度可增至 3% 或更高。

2. 质粒 DNA 的提取

质粒 DNA 是染色体外小型（1～200kb）的共价闭合环状的双链 DNA 分子（cccDNA）。它不像染色体 DNA 那样和其他结构紧密相连，而是由单独的分子组成，独立于染色体存在，因此它易被改造，可以在宿主（如细菌）中复制和传播，能够较快地产生大量 DNA 样本并稳定遗传，也具有可促进细胞内 DNA 复制的基因，从而使它成为生物技术领域中重要的一环。质粒提取方法很多，主要包括 3 个步骤：细菌的培养、细菌的收集和裂解、质粒 DNA 的分离和纯化。碱裂解法是其中应用最广泛的质粒 DNA 提取方法，所得纯化的质粒 DNA 已可满足细菌转化、DNA 片段的分离和酶切、常规亚克隆及探针标记等要求。

（1）碱裂解法的配方及作用原理

① LB 培养基：称取蛋白胨 10g，酵母提取物 5g，NaCl 10g，溶于 800mL ddH_2O 中，用 NaOH 调节 pH 值至 7.0，定容到 1000mL，高温高压灭菌后 4℃保存。提供目的细菌稳定的生长环境，使菌种成倍扩增，达到使用要求。

② 100mg/mL 氨苄青霉素（ampicillin，Amp）：称取 5g Amp 置于 50mL 离心管，用 40mL 灭菌水充分溶解，定容至 50mL，然后用 0.22μm 过滤器过滤除菌。可小份分装后−20℃

保存。抑制不抗 Amp 的细菌（杂菌）生长，而带有抗 Amp 的目的细菌能正常生长。

③ 溶液Ⅰ：12.5mL 1mol/L Tris-HCl（pH 8.0），10mL 0.5mol/L EDTA（pH 8.0），4.730g 葡萄糖用 ddH_2O 溶解并定容至 500mL。高温高压灭菌后 4℃保存。注意使用时每 50mL 溶液Ⅰ加入 4～5mg/mL 溶菌酶和 2mL RNase A（20mg/mL）。在碱性条件下，溶菌酶能水解细菌细胞壁的主要化学成分肽聚糖中的 β-1,4 糖苷键。葡萄糖能增加溶液的黏度，维持渗透压，防止 DNA 受机械力而降解。

④ 溶液Ⅱ：50mL 2mol/L NaOH，50mL 10% SDS 溶液，混匀后定容至 500mL。最好使用前临时配制。NaOH 能提供强碱环境（pH ＞ 12），使双链 DNA 变性。SDS 能溶解细胞膜、细胞内脂类和蛋白质，并与蛋白质、染色体 DNA 等形成 SDS 复合物而沉淀。

⑤ 溶液Ⅲ：300mL 5mol/L NaAC，57.7mL 冰醋酸，混匀后定容至 500mL。高温高压灭菌后 4℃保存。溶液Ⅲ中的冰醋酸把溶液的 pH 值调节到 4.8，用来中和溶液Ⅱ中 NaOH 形成的强碱环境，使质粒 DNA 复性。酸性条件下质粒 DNA 复性，变性的 SDS 复合物沉淀。

⑥ 酚-氯仿-异戊醇（25∶24∶1）：将 500mL 苯酚、480mL 氯仿和 20mL 异戊醇轻轻混匀。酚通常是无色透明的结晶，如果酚结晶呈现粉红色或者黄色，表明其中含有酚的氧化物，如醌和二酸。氧化物会破坏核酸的磷酸二酯键，因此变色的酚不能用于核酸提取实验。

⑦ TE 缓冲液：DNA 保存液，由 Tris-HCl 和 EDTA 溶液配制。

⑧ RNase A 母液：将 RNase A 溶于 10mmol/L Tris-HCl 缓冲液与 5mmol/L NaCl 溶液中，配制成 10mg/mL 的溶液；置于 100℃加热 15min，使溶液中混有的 DNA 酶彻底失活；待溶液冷却后分装，于−20℃条件下保存备用。

（2）碱裂解法操作步骤

① 培养细菌：选择含目标基因质粒的宿主细菌（如大肠杆菌），在固体 LB 培养基上划线，37℃倒置过夜培养至长出单菌落。用无菌牙签挑取单菌落，接种于含氨苄青霉素（Amp）的 20mL 液体 LB 培养基中，37℃、200r/min 摇床过夜（12～14h）培养，使细菌达到对数生长期。

② 收集细菌：吸取 1.5mL 菌液，12000r/min 离心 1min 收集菌体，弃去上清液；若菌体产量不足，可重复上述步骤再次收集。将离心管倒置在卫生纸上静置几分钟，使管内残留液体尽可能流尽。

③ 溶解细菌：向离心管中加入 300μL 溶液Ⅰ和 5μL RNase A（10mg/mL），剧烈振荡充分混匀以重新悬浮细胞，室温静置 5min。加入 250μL 溶液Ⅱ（裂解液），轻轻颠倒离心管混匀，冰浴 5min 至溶液清亮（离心管内菌液逐渐变清）。再加入 180μL 溶液Ⅲ，轻轻颠倒混匀，冰浴 10min 使杂质充分沉淀，最后 12000r/min 离心 10min。

④ 质粒 DNA 分离和纯化：吸取 500～600μL 上清液（记录准确体积）转移至干净离心管中，加入等体积酚-氯仿-异戊醇混合液（体积比 25∶24∶1），振荡混匀后室温静置至分层，12000r/min 离心 10min。吸取上层水相（记录准确体积），加入 2 倍吸取水相体积的预冷（−20℃）的无水乙醇，混合均匀后室温静置 2～5min，12000r/min 离心 10min。弃去上清液，将离心管倒置在卫生纸上沥干液体，加入 70% 乙醇洗涤 DNA 沉淀一次，离心 2min 后倒尽乙醇，室温干燥沉淀。

⑤ 质粒 DNA 的保存：向干燥后的沉淀中加入 20μL TE 缓冲液（若溶液Ⅰ中未添加 RNase A，需在 TE 缓冲液中补充 4μL RNase A），使沉淀充分溶解，于−20℃保存。

（3）注意事项

① 使用处于对数期的新鲜菌体，老化的菌体导致开环质粒增加；培养时应加入选择压

力，否则菌体易污染；尽量选用高拷贝的质粒，若为低拷贝或者大质粒，需要加大菌体用量；菌株不要频繁转接，易导致质粒丢失。

② 严格控制碱变性的时间，不超过 5min。如果质粒处于强碱性环境中的时间过长，可发生不可逆变性，导致限制性内切酶切割困难。

③ 提取过程应尽量保持低温；加入溶液Ⅲ后，要充分混匀并置于冰上。如未见大量白色沉淀，说明实验失败，应立即重做。

④ 弃上清液时，必须除尽离心管内的液体。在最后一步乙醇沉淀时，应尽量将乙醇挥发完全，若残留较多乙醇，在后续酶切鉴定时，乙醇会使限制性内切酶失活。但此步的时间不宜过长，一般在 10～15min，可用滤纸条小心吸净离心管壁上的乙醇液滴以节省时间。

⑤ 针对不同材料的特点，在提取时应使用相应的去杂方法。

3. 总 RNA 的提取

DNA 的遗传信息决定生命的主要性状，而 RNA 在信息传递和基因调控中起着重要的作用。RNA 是存在于生物细胞以及部分病毒、类病毒中的遗传信息载体。RNA 种类繁多，大家熟悉的 mRNA，可以作为模板翻译成蛋白质；rRNA、tRNA 等参与构成细胞器的基本结构；微 RNA 是一类长度在 20～22nt 的小 RNA 分子，可以通过互补配对结合到 mRNA 上，参与基因调控过程；此外，生物体中还存在大量长链非编码 RNA 分子，它们参与细胞分化、癌症发生、端粒长度维持等多个生物学过程。RNA 分子作为中心法则中的重要一员，发挥着重要的作用。

总 RNA 中，75%～85% 为 rRNA［主要包括 28S、18S、5.8S、5S rRNA（真核生物）和 23S、16S、5S rRNA（原核生物）］，其余为分子量与核苷酸序列各异的 mRNA 及小分子 RNA［如 tRNA、miRNA、siRNA、核内小 RNA（small nuclear RNA，snRNA）、核仁小 RNA（small nucleolar RNA，snoRNA）等］。

根据所用蛋白质变性剂种类的差异，主要有 3 种提取总 RNA 的方法：热苯酚抽提法、Trizol 法和 LiCl/ 尿素法。其中以 Trizol 法效果最好，在 RNA 提取中，细胞破碎和蛋白质变性是同步进行的。

（1）Trizol 法的配方及作用原理

① 磷酸缓冲盐溶液（PBS）：是生物化学研究中使用最为广泛的一种缓冲液，主要成分为 Na_2HPO_4、KH_2PO_4、NaCl 和 KCl，一般作为溶剂，起溶解保护试剂的作用。由于 Na_2HPO_4 和 KH_2PO_4 有二级解离，缓冲液的 pH 值范围很广，而 NaCl 和 KCl 主要作用为增加盐离子浓度。称取 8.0g NaCl、0.2g KCl、1.44g Na_2HPO_4、0.24g KH_2PO_4，溶于 800mL 蒸馏水中，用 HCl 调节溶液 pH 值至 7.4，最后加蒸馏水定容至 1000mL，即可得到 0.01mol/L PBS 缓冲液。

② Trizol：是一种相对新型的 RNA 提取试剂，主要成分是苯酚，主要作用是裂解细胞，使细胞中的蛋白质、核酸物质解聚并得到释放。酚虽能有效使蛋白质变性，但它不能完全抑制 RNA 酶，因此 Trizol 溶液中还加入 8-羟基喹啉、异硫氰酸胍、β-巯基乙醇等物质来抑制内源和外源 RNase。8-羟基喹啉与氯仿联合使用可增强对 RNase 的抑制。异硫氰酸胍属于解偶联剂，是一类强力的蛋白质变性剂，可溶解蛋白质并使蛋白质二级结构消失，细胞结构降解，核蛋白迅速与核酸分离。β-巯基乙醇通过其还原性能与 RNase 活性中心中的-SH 基团反应，从而抑制 RNase 的活性，保护 RNA 的完整性。

③ 焦碳酸二乙酯（DEPC）水：是用 DEPC 处理过并经高温高压灭菌的超纯水，无色液

体。经检测不含杂质 RNA、DNA 和蛋白质。DEPC 水可以用于 RNA 沉淀的溶解，以及其他各种要求无 RNase、DNase 和蛋白酶的反应体系。

④ 75% 的乙醇：用 DEPC 水配制。

（2）总 RNA 的提取步骤

① 样品的制备：

a. 细胞样品：取 0.5mL（约 5×10^6 个细胞）细胞悬浮液移入 1.5mL 离心管，12000r/min 离心 5min，弃去上清液；用预冷的 PBS 缓冲液洗涤细胞两次，弃尽 PBS 后加入 1mL Trizol 试剂，混匀后室温静置 5min。

b. 组织样品：取 50～100mg 新鲜或超低温冰箱保存的组织，用液氮速冻后研磨，将研磨后的组织粉末置于 1.5mL 离心管中，加入 1mL Trizol 试剂并在冰上充分混匀，裂解 5～10min。

② 氯仿抽提：每 1mL Trizol 试剂中加入 200μL 氯仿，盖紧管盖后充分混匀 15s，室温孵育 10min。4℃、12000r/min 离心 15min，小心转移上层水相（建议 400μL）至新离心管中（操作时需缓慢吸取，避免接触中间层，以防 RNA 污染）。若需分离 DNA 和蛋白质，可在除去水相后进一步处理：向中间层加入乙醇可沉淀析出 DNA，向有机层加入异丙醇可沉淀析出蛋白质。

③ 异丙醇沉淀：每 1mL Trizol 试剂中加入 500μL 预冷的异丙醇，轻轻混匀管内液体后室温孵育 10min，4℃、12000r/min 离心 10min，弃去上清液，管底白色沉淀即为 RNA。

④ 乙醇洗涤：加入 1mL 预冷的 75% 乙醇（每 1mL Trizol 试剂对应体积），轻轻洗涤 RNA 沉淀，4℃、7500r/min 离心 5min，重复洗涤一次。

⑤ 溶解：弃去上清液，于通风橱内干燥 RNA 沉淀 5～10min，用约 50μL DEPC 水溶解沉淀（注意干燥时间不可过长，过度干燥会导致沉淀难以溶解，且部分溶解的 RNA 其 $A_{260/280}$ 比值会显著降低，甚至低于 1.6；也可采用 60℃金属浴加热 5min 辅助溶解）。

⑥ RNA 浓度和纯度检测：同 DNA。

⑦ RNA 完整性检测：通过琼脂糖凝胶电泳分析，紫外灯下可见三条特征条带，从上至下依次为 28S rRNA、18S rRNA 及 5S rRNA。正常情况下，5S rRNA 条带极淡（甚至不可见），28S rRNA 条带亮度应为 18S rRNA 条带的 2 倍，且无拖尾现象，表明 RNA 纯度合格；若 5S rRNA 条带明显，28S rRNA 与 18S rRNA 条带亮度无显著差异，甚至出现涂抹状条带，则表示 RNA 已降解。

⑧ 保存：RNA 溶液于−80℃保存。

（3）注意事项

① 样品量和 Trizol 的加入量一定按照步骤①的比例，不能随意增加样品量或者减少 Trizol 的量，否则会使内源 RNase 的抑制不完全，导致 RNA 降解。

② 单链的 RNA 没有中间的氢键，空间结构简单，稳定性差，也容易产生突变和断裂，所以提取时操作一定要温和，除特殊要求外，勿剧烈振荡。

③ 严格防止 RNase 污染。RNA 比 DNA 更不稳定，而且 RNase 无处不在，因此 RNA 的分离更为困难。所有用于制备 RNA 的玻璃器皿都要经过高温焙烤，塑料用具要经过高压灭菌，不能高压灭菌的用具要用 0.1% DEPC 处理，再煮沸以除净 DEPC。实验室最好设置专门的 RNA 操作区，定期消毒和清洁。

④ 样本组织需新鲜或迅速液氮速冻超低温冻存。

⑤ 所有过程低温操作，提取后避免 RNA 样品的反复冻融。

思考题

一、名词解释

1. 浮力密度
2. 核酸等电点
3. 限制性核酸内切酶
4. 解链温度
5. 增色效应
6. 减色效应
7. 核酸杂交

二、填空题

1. 核酸的基本结构单位__________。
2. 核酸的黏度由大到小依次是__________、__________、__________。
3. 影响核酸沉降特性的因素包括__________、__________。
4. 核酸__________溶于水，__________溶于稀碱，__________溶于一般有机溶剂。
5. 在DNA碱基对中，T总是与__________配对，C总是与__________配对。
6. 核酸在240～290nm处有强烈的紫外吸收峰是因为____________________。
7. 核酸水解主要作用于__________键和__________键，在酸性溶液中__________键更容易水解。
8. 核酸提取的主要步骤__________、__________、__________、__________、__________、__________。
9. 提取核酸常用的方法__________、__________、__________、__________等。
10. TE缓冲液由__________和__________配制而成。
11. Trizol法提取总RNA时，氯仿抽提离心后，RNA溶解在__________层，DNA在__________层，蛋白质在__________层。

三、问答题

1. 在碱水解核酸时DNA与RNA哪个更不稳定，为什么？
2. 核酸在多少波长处有最强紫外吸收峰，如何利用紫外吸收特性来判断核酸的纯度？
3. 何为变性？DNA在变性后其理化性质会有怎样的变化？
4. 何为复性？影响核酸复性的因素有哪些？
5. 核酸提取的一般原则有哪些？
6. 核酸提取的注意事项有哪些？
7. 碱裂解法提取质粒DNA的原理是什么？
8. 磁珠提取法的原理是什么？
9. CTAB法提取基因组DNA主要包括哪些步骤和注意事项？
10. Trizol试剂中主要包括哪些成分，分别有什么作用？
11. 提取总RNA时的注意事项有哪些？

第三章

核酸分子杂交技术

知识目标 1. 掌握核酸分子杂交技术的基本原理及常用核酸探针的种类。

2. 熟悉 Southern 印迹法、Northern 印迹法、菌落杂交、原位杂交等技术的基本原理及应用。

3. 了解常用的探针标志物及其制备与标记方法。

能力目标 1. 深入理解核酸分子杂交的基本原理，熟悉各种核酸分子杂交技术的操作流程，识别不同类型的核酸探针，并了解它们在分子检测中的应用和优势。

2. 具备分析核酸分子杂交结果的能力，能够将核酸分子杂交技术应用于解决实际问题过程中，同时培养良好的实验习惯和科学态度。

思政目标 1. 结合我国在分子检测技术领域中诸如国产杂交试剂盒研发等自主创新成果，增强学生的民族自豪感，同时引导学生关注全球公共卫生问题。

2. 结合核酸分子杂交技术在疾病诊断中的应用，引导学生理解生命科学的目标之一是服务人类健康，培养学生对生命的敬畏之情。

第一节 核酸分子杂交技术的基本原理

一、核酸的变性

在生理条件下，DNA 分子通过互补碱基对之间的氢键形成稳定的双链螺旋结构，这种双链核酸的结合具有可逆性和序列特异性，属于非共价相互作用，可在特定条件下解离，且严格遵循碱基互补配对原则。当环境中 pH 异常、高温或存在某些变性剂（如尿素、甲酰胺、胍类化合物等）时，DNA 分子双链间的氢键会发生断裂，导致双链解离为两条无规卷曲的单链 DNA，这一过程称为变性（denaturation）。DNA 变性本质上是其二级结构的破坏过程，仅涉及氢键等非共价键的断裂，共价键并不断裂，有别于 DNA 一级结构破坏引起的 DNA 降解过程。

核酸中的嘌呤和嘧啶碱基均含有共轭双键，具有特征性的紫外吸收光谱，最大吸收峰位于波长 260nm 附近。当 DNA 发生变性时，其双螺旋结构解体导致碱基堆积作用消失，原本藏于螺旋内部的碱基得以暴露，使变性后的 DNA 对 260nm 紫外光的吸收能力显著增强，这种现象称为增色效应（hyperchromic effect）。双链 DNA 在完全变性后的吸光度（A_{260}）可提高 25%～40%；而 RNA 因仅含局部二级结构，其增色效应较弱，通常不足 10%。因此，增色效应可作为监测 DNA 热变性过程的有效指标。

DNA 分子在加热条件下稳定的双螺旋结构会解离为两条单链，这一过程被称为热变性（thermal denaturation）。实验表明，DNA 热变性过程发生在一个相对狭窄的温度区间内，其双链解离程度与温度变化呈现特征性关联（图 3-1）。通常将 DNA 样品因热变性导致增色效应达到其最大变化值的 50% 时对应的温度称为解链温度或熔解温度（melting temperature），用 Tm 表示。

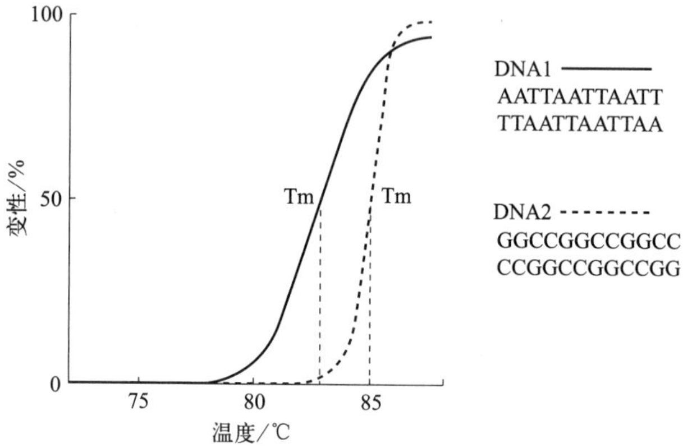

图 3-1 DNA 热变性的熔解曲线

Tm 值可直观反映 DNA 分子的热稳定性，该值并不是一个固定常数，受许多因素影响。

（1）DNA 的碱基组成 DNA 分子的 GC 含量越高，其熔解温度（Tm）越高；AT 含量越高，则 Tm 值越低。这是因为 GC 碱基对含有三个氢键，对维持 DNA 双螺旋结构的稳定作用比含有两个氢键的 AT 碱基对更强。在标准条件下（0.15mol/L NaCl，0.015mol/L 柠檬酸钠溶液中），Tm 值与碱基对组成之间的经验公式为：Tm=69.3+0.41（G+C）%。

（2）溶液的离子强度 Tm 值随溶液离子强度的增大而增大，且变性温度范围变窄，这是因为 DNA 双链骨架中的磷酸基团带负电荷，导致双链间存在静电排斥，成为双链不稳定的主要因素之一。溶液中的阳离子（如 Na^+、K^+ 等）可通过静电作用中和磷酸基团的负电荷，减少双链间的排斥力，从而稳定 DNA 双螺旋结构。

（3）溶液的 pH 在 pH 5～9 范围内，核酸的 Tm 值变化不明显，即中性至弱酸性或弱碱性环境对 DNA 双螺旋结构的热稳定性无显著影响，氢键与碱基堆积力维持稳定。当 pH ＜ 4 时，嘌呤和嘧啶碱基上的氮原子发生质子化；当 pH ＞ 11 时，则发生去质子化。这两种极端 pH 条件均会破坏碱基配对所需的氢键，从而显著降低 Tm 值。

（4）变性剂 变性剂干扰碱基堆积力和氢键的形成而降低 Tm 值。常见变性剂包括尿素、甲酰胺、胍盐及高浓度盐类等，其变性效果通常与浓度呈正相关。

除紫外吸收显著增加外，DNA 变性过程还伴随一系列物理化学性质的变化，包括溶液黏度下降、沉降系数增大、比旋光度降低，以及生物学功能丧失（如作为模板进行复制或杂交的能力）。

二、核酸的复性

当变性条件（如高温、极端 pH 或变性剂）被移除后，解链后的单链 DNA 分子可通过碱基互补配对原则重新结合为稳定的双链螺旋结构，此过程称为复性（renaturation）。复性是变性的可逆过程，其本质是 DNA 二级结构的重建，伴随理化性质与生物学功能的恢复。复性过程符合二级反应动力学，可划分为两个阶段。第一阶段相对缓慢，因为两条互补单链依靠随机碰撞，在局部区域形成短片段碱基配对，为复性过程的限速阶段。第二阶段快得多，尚未配对的其他部分按碱基配对相结合，以类似“拉链式”的方式像拉链一样迅速重建双螺旋结构。

DNA 的复性效率显著依赖温度变化速率，热变性后不同的冷却方式可导致显著不同的结果甚至完全相反的分子行为。将热变性的 DNA 骤然冷却（如直接插入冰浴）的处理过程称为淬火（quench）。在此条件下，由于温度突然降低，单链 DNA 分子失去碰撞的机会，DNA 不能复性，仍然保持单链变性的状态。利用淬火原理可获得放射性同位素标记的单链杂交探针。当热变性的 DNA 缓慢冷却时，DNA 可以复性，这一过程称为退火（annealing）。

DNA 复性的动力学速率受多种因素影响。

（1）DNA 的大小与序列复杂性 DNA 复性速率显著依赖其分子特性，其中 DNA 片段的大小与序列复杂性是核心影响因素。DNA 片段越小、序列越简单，复性速率越快。因为片段越大、复杂性越高，单链 DNA 分子相互碰撞的概率越小。

（2）DNA 的浓度 DNA 复性速率同样依赖溶液中单链 DNA 的浓度，其动力学机制可通过分子碰撞理论进行解释，即 DNA 浓度越大，两条互补链相互碰撞的可能性越大，复性的速率也越快。

（3）温度 DNA 复性过程对温度高度敏感，其效率取决于温度对双链形成与解离的双重影响。温度过高，不利于 DNA 的复性；温度过低，则少数碱基配对形成的局部双链不易解离，难以继续寻找正确的配对。一般适宜的复性温度比 Tm 低 25℃。

（4）溶液的离子强度 溶液离子强度对 DNA 复性过程的影响，其本质在于离子对 DNA 单链表面电荷的屏蔽作用。盐能屏蔽 DNA 单链中磷酸基团的负电荷，减少互补链的负电荷相斥作用，因此提高盐浓度可加速两条互补链重新结合的速度。

根据核酸变性和复性的原理，不同来源的核酸单链（如来自不同物种或基因组的 DNA/RNA），在退火条件下可形成 DNA-DNA 异源双链、DNA-RNA 杂合双链或 RNA-RNA 双链。这种不同来源的单链核酸分子（DNA 或 RNA），在合适的理化条件下，通过碱基互补配对形成双链杂交体的过程，称为核酸分子杂交（nucleic acid hybridization）（图 3-2）。核酸分子杂交过程具有的高度特异性源于核苷酸分子碱基间的严格配对规则，即 A 与 T（或 U）、G 与 C 之间的沃森-克里克碱基配对。

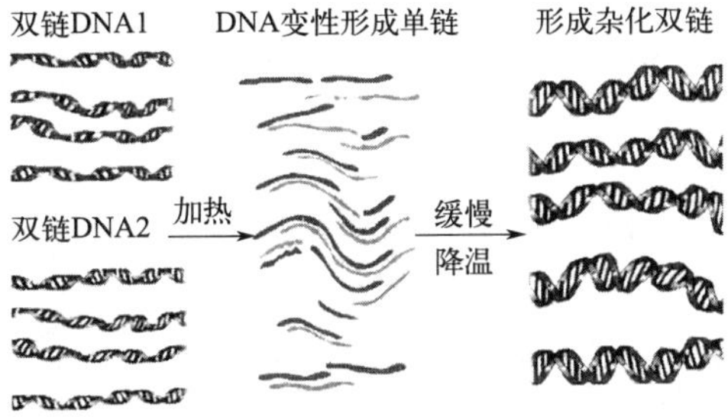

图 3-2 DNA 的变性、复性与分子杂交

在核酸分子杂交过程中，完全互补的碱基配对（如 DNA 中的 A-T、G-C，或 DNA-RNA 中的 A-U、G-C）是形成稳定双链杂交体的理想条件，但在实际杂交反应中允许一定程度的

碱基错配，即非完全互补的碱基配对。错配的杂交体比序列完全互补的杂交体稳定性差，其解链温度（Tm）较低，在相同条件下更易解离。在杂交反应中允许错配的程度称为杂交严格性（hybridization stringency），即系统区分完全匹配与部分匹配杂交体的能力。杂交严格性是由反应体系中的盐浓度、甲酰胺浓度和温度来决定的。降低盐的浓度，增加甲酰胺浓度以及提高温度会提高杂交严格性。

第二节　核酸探针

在核酸分子杂交实验中，常存在未参与反应的单链核酸分子，为此需要对参与杂交反应的核酸分子进行标记以便区分，而这一段被标记的核酸分子就是探针（probe）。广义的探针是指所有能与特定靶分子发生特异性相互作用（如碱基互补、抗原-抗体结合、配体-受体结合等），并可以被检测的分子。核酸探针则特指能与靶核酸序列发生碱基互补杂交，且其标记信号可通过仪器或化学方法特异性检测的核酸分子（图 3-3）。探针的设计与标记需根据实验的具体需求灵活选择，不应局限于某一种方法。

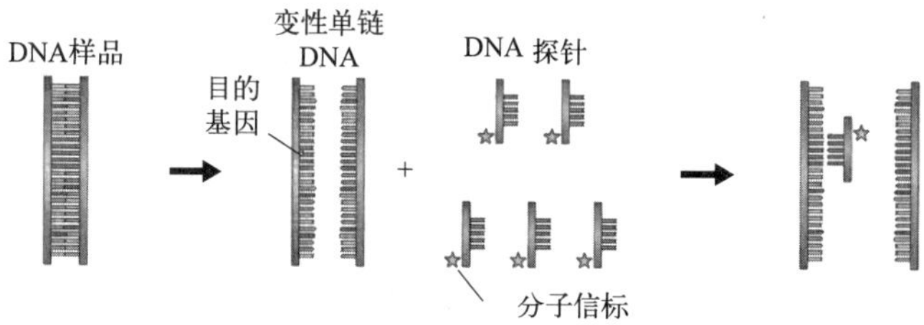

图 3-3　核酸探针杂交示意图

一、探针种类

从理论上来说，任何一种核酸，如双链 DNA（dsDNA）、单链 DNA（ssDNA）、寡核苷酸（oligonucleotide）以及 RNA，均可以作为探针使用。探针可以是单一的核酸，也可以是多种核酸的混合物。如果核酸杂交的目的是寻找或确定在基因组中存在的单核苷酸多态性（single nucleotide polymorphism，SNP）或点突变，则需要设计寡核苷酸探针，探针的长度通常为 15～25 个碱基。如果是为了检测基因的表达水平，就需要设计长一些的核酸探针，长度通常为 100～500 个碱基。

（1）DNA 探针　DNA 探针是分子生物学实验中最常用的核酸探针类型，其本质为人工制备或天然提取的长度在几百个碱基对以上的双链 DNA 或单链 DNA 片段。DNA 探针的序列来源广泛，涵盖从原核生物到真核生物的基因组片段，这类探针多为某一基因的全部或部分序列，或某一非编码序列。这些 DNA 片段是特异的，如细菌的毒力因子基因探针和人类 Alu 探针。

单链 cDNA（complementary DNA）探针是与 mRNA 互补的 DNA 分子，是由 mRNA 经过反转录酶催化而产生的反转录产物。在合成 cDNA 单链的基础上，用 RNase H 将 mRNA 消化掉，加入大肠杆菌 DNA 聚合酶 Ⅰ 催化合成另一条 DNA 链，从而完成与 mRNA 序列互补的双链 DNA 的反转录过程。

DNA 探针（包括 cDNA 探针）在分子生物学研究中具有三大优点：①这类探针大多可

通过分子克隆技术整合至质粒载体中，可以无限扩增，制备方法简便；② DNA 探针相对不易被降解，一般 DNA 酶活性能有效地被抑制；③ DNA 探针的标记方法较成熟，通过化学或酶促方法引入标志物，如缺口平移法、随机引物法、PCR 标记法等，能用于放射性同位素和非放射性物质（如荧光素和生物素）标记。

（2）RNA 探针　RNA 探针是一类单链 RNA 分子核酸探针，可以是标记的分离 RNA，但常用的是重组质粒在 RNA 聚合酶作用下的产物。由于 RNA 是单链分子，复杂性低，也不存在互补双链的竞争性结合，所以它与靶序列的杂交反应效率极高。早期采用的 RNA 探针主要依赖天然分离的细胞 mRNA 或病毒 RNA，这些 RNA 探针在基因转录或病毒复制过程中被标记，受多种因素的限制，标记效率往往不高，因此这类 RNA 探针主要用于研究而不是临床检测。

随着体外反转录技术的不断完善，已成功建立了基于新型载体的单向和双向体外转录系统，该系统以 pSP 系列（如 pSP64、pSP65）和 pGEM 系列（如 pGEM-3Z、pGEM-4Z）载体为核心，通过在多克隆位点两侧分别整合 SP6 启动子与 T7 启动子，在 SP6 RNA 聚合酶或 T7 RNA 聚合酶作用下，实现以 DNA 双链中任意一条为模板的 RNA 定向合成。这种体外转录反应效率很高，只要在底物中加入适量的放射性同位素或生物素标记的核苷酸（dUTP），所合成的 RNA 就可以获得高效标记，该方法能有效地控制探针的长度并具有较高的标记利用率。RNA 探针的优点是杂交效率高，稳定性高，非特异性杂交较少，未杂交探针可用 RNase 降解，减少本底的干扰。缺点是易降解，标记方法复杂。

（3）寡核苷酸探针　寡核苷酸探针通常由 17～50 个核苷酸（nt）组成，可以是寡聚脱氧核糖核酸（ODN）、寡聚核糖核酸（ONA），也可以是修饰后的肽核酸（PNA），其化学组成与修饰类型直接影响杂交性能。寡聚脱氧核糖核酸是常用的寡核苷酸探针，可利用寡聚核苷酸合成仪合成，易于大批量生产和标记。寡核苷酸探针的最大优势是可以区分仅仅一个碱基差别的靶序列，适用于基因分型（如 SNP 芯片）、突变检测（如 ARMS-PCR）及微 RNA（miRNA）分析；最大的缺陷是寡核苷酸不如长杂化核酸分子稳定，需要优化杂交和洗脱条件以保证寡核苷酸探针杂交的特异性。

高特异性寡核苷酸探针的设计需要遵循以下原则。①当 DNA 或 RNA 样品的核酸序列已知时，可通过搜索探针序列来确定其在靶序列中的唯一性。②探针序列需避免形成自身互补结构，以免干扰探针的标记和杂交。③探针的 GC 含量需控制在 40%～60%，以平衡杂交特异性与效率。④针对 SNP 或突变位点检测，需设计等长配对探针（和靶序列完全互补）与错配探针。此时，错配碱基的位置很重要，应尽量使其位于探针的中央，从而最大程度地降低 Tm 值。同时要注意尽量避免 G-T 或 A-G 错配，因为这种错配十分稳定。此外，探针序列需排除基因组高频重复元件（如 Alu 序列、LINE 元件），以防止非靶序列的杂交。在人类基因组中，平均每 4～6kb 就含有一个 Alu 序列，如果探针中含 Alu 序列，此序列会和非靶核酸结合，从而影响探针杂交的特异性。如果探针来源于克隆载体（如 pUC19、pGEM-T），则需要通过酶切或 PCR 纯化剔除载体的核酸序列，否则也会影响探针的特异性。

DNA 探针因其制备的便捷性与检测的可靠性而得到广泛应用。RNA 探针和 DNA 探针在基因表达分析、病毒检测等应用范围基本相同，但如果用于 Northern 印迹和 RNA 点杂交，则必须注意 RNA 探针的序列和靶序列是反义序列。寡核苷酸探针被广泛地应用于重组文库的筛选、斑点杂交和狭缝杂交，因其具有单碱基分辨率与合成可控性，在精细检测中表现出独特优势，还可应用于 SNP 和点突变的检测。

二、探针标记

（一）核酸探针标志物

放射性同位素标记（如 ^{32}P、^{3}H、^{125}I）是早期分子检测中高灵敏度探针标记的经典方法。它可以检测出 1～10μg 高等生物基因组 DNA 中的单拷贝序列，但存在环境污染和半衰期短等缺点。为克服放射性同位素标记的缺陷，生物素（biotin）、地高辛（digoxigenin，DIG）等非放射性标志物成为主流替代方案，取得了较为理想的结果，但灵敏度和特异性较放射性标志物差。

1. 放射性标记

^{32}P 标记的放射性探针灵敏且可靠，可以检测到极微含量的核酸分子（如 1μg DNA 中可以检测出单一拷贝的 DNA 靶序列）。^{32}P 标记不改变核酸分子的空间构象，不影响其与靶序列的杂交，通过酶促反应将 ^{32}P 掺入 NTPs、dNTPs 和 ddNTPs 中制备放射性探针，操作简单高效，使其成为常用的方法。放射性探针可以在任何一种固相介质上使用，且易于去除，便于介质上的靶序列再次与其他探针杂交。

放射性同位素（如 ^{32}P、^{35}S）通过共价键掺入核酸分子（DNA/RNA）后，其化学性质与天然核苷酸完全一致，对碱基配对的特异性和稳定性无影响，其检测灵敏度和特异性也高于任何非放射性标志物，特别适用于单拷贝或低丰度 mRNA 的检测。放射性探针最大的缺点是需要放射性防护，并且有些同位素半衰期较短，探针稳定性差，需要重复制备，如 ^{32}P 的半衰期只有 14.3 天，用它标记探针需要随用随制。

2. 非放射性标记

非放射性核酸探针通过共价结合或非共价吸附方式引入报告分子，多由生物素、地高辛或荧光素标记。生物素是一种小分子水溶性维生素，地高辛是一种强心苷类植物固醇，荧光素是一类如异硫氰酸荧光素（FITC）等的荧光染料。报告基团常为碱性磷酸酶和辣根过氧化物酶。非放射性探针标记技术可以分为三类，其原理和放射性标记报告分子的方法基本一致。①可以利用光化学法将生物素和地高辛交联到核酸上，产生全程标记的探针；②也可以用 PCR 的方法标记探针，即采用预先标记好的引物扩增核酸，制备末端标记的探针，如 5′端标记 Cy3 荧光素或 FITC；③还可以将 FITC-dUTP 或羟基香豆素-dNTP 掺入扩增的核酸序列形成荧光探针。非放射性核酸探针的优点是无环境污染，可较长时间贮存。

（二）核酸探针标记方法

放射性同位素标记通过同位素置换反应实现，裂变原子只是简单地掺入探针的天然结构而取代非放射性同系物。非放射性标记技术通过化学法（共价修饰）或酶促法（酶促掺入）将标志物引入探针，根据反应机制可分为两种类型：①将非放射性标志物与核酸进行化学反应而连接到核酸上；②将非放射性标志物预先连接于 NTP 或 dNTP 上，因此可像放射性同位素标记的核苷酸一样用酶促聚合方法掺入探针中，如生物素、地高辛等的标记。

化学法是利用标志物分子中携带的活性功能基团（如 *N*-羟基琥珀酰亚胺酯、马来酰亚胺基团或光敏交联剂）与核酸分子中的特定化学基团（如 5′端磷酸基团、3′端羟基或碱基侧链的氨基 / 巯基）发生定向偶联反应，形成稳定的共价键（如磷酸酯键、硫醚键），从而将标志物结合到探针分子上，多用于非放射性标记，如光敏生物素的标记、辣根过氧化物酶或碱性磷酸酶等的标记。这种方法的优点是简单、快速、标记均匀。

酶促法是将标志物（放射性同位素或非放射性标志物）预先标记在核苷酸分子上，然后通过酶促反应将标记的核苷酸掺入探针分子中，或通过酶转移反应将标志物从供体分子转移至探针分子，实现探针的特异性标记。该方法因反应条件温和、标记效率高、产物均一性强，已成为实验室核酸探针标记的主流技术。核酸探针的酶促标记方法种类较多，如缺口平移法、随机引物法、cDNA 探针的标记、DNA 探针的末端标记、RNA 探针以及寡核苷酸探针的标记等，可根据不同的实验需要加以选择。

1. 酶促法标记核酸探针

（1）缺口平移法（nick translation） 缺口平移法是一种常用的核酸探针制备方法，利用大肠杆菌 DNA 聚合酶 Ⅰ 同时具有 5′→3′ 的核酸外切酶活性和 5′→3′ 聚合酶活性，将已被放射性同位素或非放射性标志物修饰的 dNTP 掺入新合成的 DNA 探针中的一种核酸探针标记方法。

基本操作过程如下：DNA 双链在适当浓度的 DNA 酶 Ⅰ（DNase Ⅰ）和 Mg^{2+} 存在的条件下，被随机切开若干个缺口；随后利用大肠杆菌 DNA 聚合酶 Ⅰ 具有的 5′→3′ 外切酶活性，在缺口处将原来的 DNA 链从 5′ 端向 3′ 端逐步切除；同时利用大肠埃希菌 DNA 聚合酶 Ⅰ 的 5′→3′ 聚合酶活性，以 dNTP（其中一种被放射性同位素或非放射性标志物标记）为原料，以碱基互补的原则将 dNTP 依次连接到 3′端，使缺口不断向 3′的方向移动，在移动的过程中，DNA 链上的核苷酸不断被标记的核苷酸取代，故称为缺口平移。

采用缺口平移法制备的探针具有高比活、标记均匀的特点，形成的探针长度范围在 400～800bp，但无法精确控制所制备探针的平均长度，作为双链 DNA 探针的标记方法已被随机引物法取代。

（2）随机引物法（random priming） 随机引物是一类人工合成的含有各种可能排列顺序的 6～10nt 的寡核苷酸混合物，能够与任意核酸片段杂交，并作为反应的引物，在 DNA 聚合酶和 dNTP（其中一种被放射性同位素或非放射性标志物标记）的作用下，按碱基互补原则不断在 DNA 的 3′-OH 端添加标记的单核苷酸。

随机引物法所得探针的比活高，适用于大多数杂交。相较于缺口平移法，随机引物法更为简单，产生的探针长度均一，在杂交反应中重复性更强。

（3）DNA 探针的末端标记 DNA 探针的末端标记是指仅对 DNA 探针的一端（5′端或 3′端）进行标记的方法，其特点是可以得到全长 DNA 片段，但该方法标记探针的活性低，标记不均匀，主要用于 DNA 测序，一般极少用于核酸分子杂交探针的标记。两种常见的末端标记方法如下。① Klenow 大片段的 3′ 末端标记法：首先，利用限制性内切酶消化模板 DNA，产生 5′黏端，然后在 Klenow DNA 聚合酶作用下以突出的一条链作为模板，将 DNA 的 3′凹端补平。在此过程中，被放射性同位素或非放射性修饰的某种 dNTP 掺入链的 3′端，从而实现 3′端的标记。需要注意根据不同限制酶产生的不同黏端选择与之相匹配的标记 dNTP。② T4 多核苷酸激酶（polynucleotide kinase，PNK）的 5′末端标记法：此方法利用了 T4 多核苷酸激酶可以催化 ATP 分子上的 γ-磷酸基团转移到 DNA 或 RNA 分子 5′端的特性，首先使用碱性磷酸酶去除 DNA 双链 5′端的磷酸基团，以标记的 [γ-^{32}P]-ATP 作为底物，在 T4 多核苷酸激酶的作用下，对 DNA 片段进行 5′端标记。由于生物素等非放射性标志物是连接在碱基上，而不是连接在磷酸基团上，因此该方法不能直接对 5′端进行非放射性标记。

（4）聚合酶链反应标记 DNA 探针 该方法利用 *Taq* DNA 聚合酶的催化活性和标记的 dNTP，以少量的起始模板为基础，通过多轮的变性-退火-延伸循环反应，合成出具有高比活的双链或单链 DNA 探针。

（5）RNA 探针的标记　RNA 探针的标记常采用 RNA 聚合酶体外转录法进行制备。该方法的合成效率高，所得产物大小均一，具有较高的比活，在杂交反应中产生的信号一般比具有相同比活的 DNA 探针更强，适用于 Northern 印迹及细胞原位杂交。标记 RNA 探针时需要注意质粒的完全线性化，否则少量的环状质粒 DNA 可能导致多聚转录物的形成而使产率降低。

（6）寡核苷酸链探针的标记　由于寡核苷酸能够以相对低廉的成本大量快速合成出任何特定序列的寡核苷酸，作为常规使用的 DNA 探针十分方便。寡核苷酸链探针的标记方法主要有两种途径：①可以通过在寡核苷酸合成时，加入特定标记的核苷酸来实现；②也可以通过 DNA 探针的末端标记法对其 3′或 5′端进行标记。寡核苷酸探针结构稳定，不会自身退火，很少发生非特异性结合，同时适合于放射性和非放射性标志物的标记。适用于基因文库的筛选和靶基因上单个核苷酸点突变的检测。

2. 化学法标记核酸探针

酶促标记方法存在一个明显缺点，即需要根据方法的不同而选用不同的标记核苷酸底物和与之相应的酶，当需要制备大量核酸探针时，造价极高。而化学标记方法具有操作简单、反应迅捷且成本低廉的优势。

（1）光敏生物素标记核酸探针　光敏生物素是生物素与对光敏感的基团结合而成的一类标志物，在特定波长光照射下，光敏基团能够与 DNA 或 RNA 分子中的碱基发生共价交联反应，从而实现对核酸探针的标记。该方法操作简便易行，标记后的探针稳定性良好，灵敏度极高，可达皮克（pg）水平，能够满足对低丰度核酸样本的检测需求，适用于 DNA 和 RNA 的标记。

（2）酶标记核酸探针　酶标记核酸探针是通过化学交联的方法，将碱性磷酸酶或辣根过氧化物酶（HRP）等酶分子直接连接到核酸探针上，从而实现对核酸探针的标记。这种标记方法利用了酶的催化活性，在后续的检测过程中，可通过酶促反应产生的信号来检测核酸探针与目标核酸的结合情况。

第三节　核酸分子杂交技术常用方法

分子杂交作为分子检测技术中的关键方法，依据反应体系中核酸链的存在状态，主要可分为固相杂交与液相杂交两大类型。固相杂交是指反应体系中有一条核酸链被固定在固体支持物上，而另一条核酸链游离在溶液中的分子杂交类型。常用的固体支持物有硝酸纤维素膜、尼龙膜、乳胶颗粒、磁珠、微孔板等。固相杂交又包括印迹杂交和原位杂交两种类型。印迹杂交是指经凝胶电泳分离的核酸片段转移到特定的固相支持物上，核酸片段在转移前后保持相对位置不变，之后利用标记的探针与结合在固相支持物上的核酸片段进行杂交的技术。印迹杂交根据检测对象的不同又可分为 Southern 印迹和 Northern 印迹，分别用于检测 DNA 样品和 RNA 样品。原位杂交是指在细胞或组织的原始位置上对特定的核酸分子进行定位和检测的杂交技术。在液相杂交中，参与杂交的两条核酸链均处于游离状态，该方法是分子杂交领域中研究最早的方法之一，其操作过程相对复杂，且在溶液中难以有效去除杂交后过量的未杂交探针，因此不如固相杂交应用普遍。

一、固相杂交

1. Southern 印迹法

Southern 印迹法（Southern blotting）在 1975 年由英国分子生物学家 Edwin Mellor Southern 及其团队首次应用，作为分子检测技术领域的一项经典且重要的方法，具有深远的历史意义和广泛的应用价值，因而以其姓氏命名。Southern 印迹是将经电泳分离的待测 DNA 片段固定在固相载体上（如硝酸纤维素膜或尼龙膜），标记的核酸探针与之进行杂交，并在两者具有同源序列的位置上显示杂交信号的一种方法（图 3-4）。

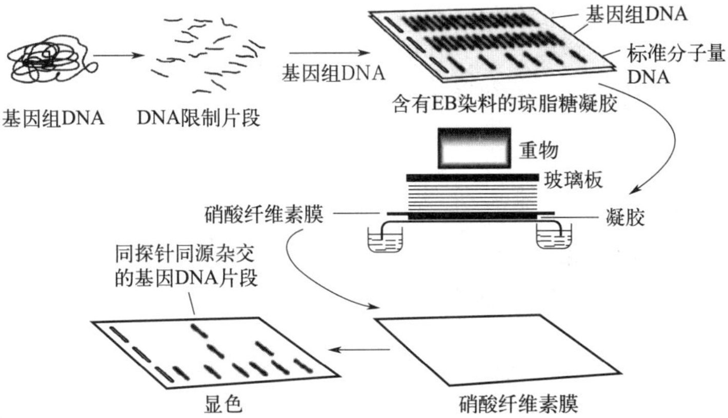

图 3-4　Southern 印迹法示意图

Southern 印迹法的基本操作步骤如下：①基因组 DNA 经合适的限制性内切酶酶切后进行琼脂糖凝胶电泳；②将含有 DNA 片段的凝胶放入变性溶液中，使双链 DNA 解旋成单链 DNA；③将固相载体放在凝胶上，通过毛细管虹吸法或电转移法将凝胶上的单链 DNA 片段转移到固相载体上，转移前后各 DNA 片段之间的相对位置保持不变，随后通过加热使 DNA 固定在载体上；④加入探针使之与载体上的单链 DNA 杂交；⑤冲洗掉未杂交的探针，检测杂交信号。

Southern 印迹法可以检测基因组中某一特定基因的大小（电泳迁移率）、拷贝数（信号强度）、酶切图谱和它在染色体中的位置，因此被广泛应用于遗传病检测、DNA 指纹分析和 PCR 产物判断等研究中。

2. Northern 印迹法

Northern 印迹法（Northern blotting）是另一种膜上印迹技术，由 Alwine 于 1977 年建立，后经 Thomas 等人改进，利用 DNA 探针检测特异 mRNA 的转录情况，广泛应用于基因表达调控、疾病分子机制等研究领域。该项技术的原理与 Southern 印迹法相似，故被称为 Northern 印迹法。

Northern 印迹法与 Southern 印迹法的差异主要在于所用变性剂不同。Southern 印迹采用 NaOH 作为 DNA 变性剂，通过破坏碱基间氢键实现双链 DNA 解链，但 RNA 分子在碱性环境中易发生 2′-羟基（2′-OH）催化水解，所以在 Northern 印迹中使用乙二醛或甲醛作为 RNA 变性剂。变性 RNA 能够与硝酸纤维素膜结合，但在转印初期，RNA 与膜的结合为可逆过程，所以在转印后需用低盐缓冲液洗脱，避免对已结合的 RNA 过度洗脱。为测定 RNA 片段大小可在同一块胶上添加分子量标志物一同电泳，电泳结束后将标志物切下、上色、拍照，样品胶则进行 Northern 转印。在暗室中，将标志物胶在含 5μg/mL EB 的 0.1mol/L 醋酸铵溶液中浸泡 10min，在紫外光下用一次成像相机拍照，上色的 RNA 胶避免过多接触紫外光，若接触太多或在白炽灯下暴露过多，会降低 RNA 信号。

3. 菌落杂交

菌落杂交（colony hybridization）是将生长在固体培养基表面的微生物菌落按照其原来位置不变完整地转移到固相膜载体上，并在原位依次完成细胞裂解、基因组 DNA 释放、变性固定及特异性杂交反应的技术（图 3-5）。主要操作步骤如下：①制备平板，培养细菌；②将灭菌薄膜平铺在细菌平板上，静置 1min，使菌落黏附到薄膜上；③裂解薄膜上的细菌，释出基因组 DNA，并用碱处理使 DNA 变性；④将 DNA 烘干固定在膜上，与 ^{32}P 标记的探针杂交；⑤放射自显影检测杂交信号，并在细菌平板上进行菌落对位，确定阳性克隆。菌落杂交可从众多细菌克隆中快速筛选出阳性克隆。

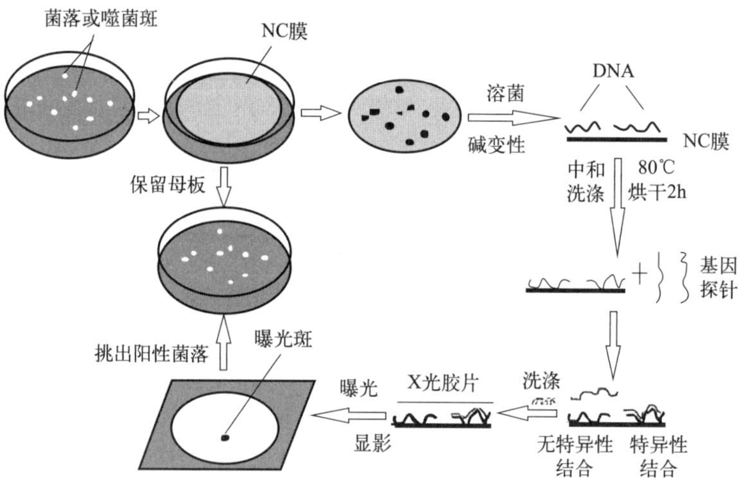

图 3-5　菌落杂交示意图

4. 斑点及狭缝杂交

斑点杂交（dot blotting）是将 RNA 或 DNA 变性后直接点样固定于固相膜载体表面，通过特异性探针杂交实现核酸定性 / 半定量检测的杂交技术。若使用狭缝点样器加样后杂交，则称为狭缝杂交（slot blotting）。斑点杂交与狭缝杂交的区别只是点样形状的不同，两者都是将待检核酸样品点到膜上，烘烤固定，无需电泳和转膜过程。整个操作过程简便、快速，但无法判断核酸片段的大小，也无法判断样品溶液中是否存在不同的靶序列，因此斑点杂交和狭缝杂交多用作核酸定性或半定量分析以及杂交条件的探索（图 3-6）。

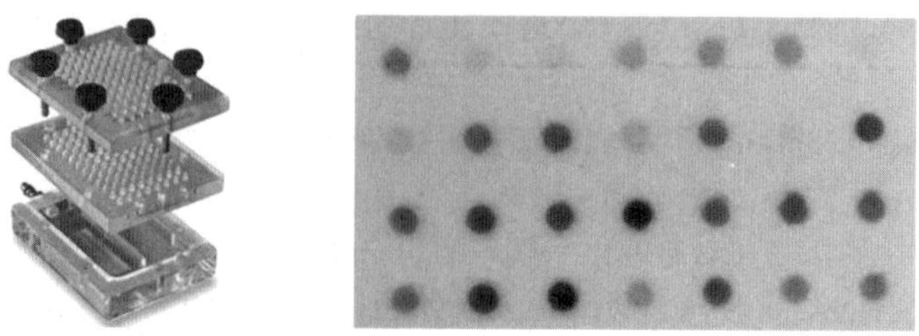

狭缝斑点杂交仪　　杂交结果

图 3-6　斑点杂交示意图

二、液相杂交

液相杂交（solution hybridization）是将待测核酸和探针共同溶解在杂交缓冲液中，通过碱基互补配对原则在均相溶液中形成双链核酸杂交体的杂交技术。液相杂交是最早研究且操作简便的杂交类型，其特点在于不需要支持物，其缺点是杂交后有过量的未杂交探针存在于溶液中，在早期检测技术条件下误差较高，故较少应用。近年来，得益于检测技术的不断进步和商业检测试剂盒的开发应用，液相杂交技术得到了迅速发展。吸附杂交、发光液相杂交、液相夹心杂交、复性速率液相分子杂交是目前常用的液相杂交技术。

三、原位杂交

原位杂交（*in situ* hybridization）是利用核酸探针与组织或细胞中的靶核酸序列发生同源结合形成杂交体，结合组织化学或免疫组织化学方法在显微镜下进行细胞内定位的检测技术。其基本原理是利用被检测染色体上的靶核酸序列与所用的核酸探针间的序列同源性，经“变性→退火→复性”，形成靶核酸序列与核酸探针的杂交体。原位杂交的优势在于能够维持细胞、细胞器，甚至单个染色体形态，特别适用于正常或异常染色体的基因定位、组织与细胞中基因表达位点的确定、转录水平的分析及病毒和病原体感染的检测，在诊断生物学、发育生物学、细胞生物学、遗传学和病理学研究上均得到广泛的应用。

原位杂交技术的基本步骤包括：①杂交前准备：包括固定、取材、玻片和组织的处理等，维持细胞形态结构，最大限度地保持细胞内 DNA 或 RNA 的水平以及增加组织的通透性和探针的穿透性，减少背景染色。②杂交：使探针与细胞中的靶序列结合。③杂交后处理：包括一系列不同浓度、不同温度的盐溶液的漂洗，以减少背景染色。④染色：根据核酸探针标记物的种类选择相应的检测系统。细胞或组织的原位杂交切片在染色后均可进行半定量测定。

原位杂交需严格遵循以下注意事项：①载玻片的清洁与处理：载玻片需保持洁净且避免被核酸酶污染，可用多聚赖氨酸涂抹处理载玻片，防止组织或细胞在后续的杂交和冲洗等步骤中从载玻片上脱落；②组织或细胞的固定：常用 40g/L 的多聚甲醛处理用于原位杂交的细胞或组织，它能较好地固定其中的 RNA；③探针的渗入：用于细胞或组织原位杂交的探针均比较短，而用于细胞染色体原位杂交常使用较长的探针以增强杂交信号；④湿盒：使用封闭的湿盒以防止杂交体系中的液体蒸发造成杂交液浓缩甚至干燥，此外还可在杂交液上盖一片硅化的盖玻片，并用橡胶水泥或指甲油封闭边缘；⑤细胞或组织杂交前的处理：必须使用去污剂或蛋白酶对组织或细胞进行部分消化以除去核酸表面的蛋白质来增加探针穿透力。为保持核酸和细胞形态，需用固定剂处理包埋或冷冻切片中的待检样品。

荧光原位杂交（fluorescence *in situ* hybridization，FISH）是利用荧光素直接或间接标记探针进行的原位杂交技术，可分为直接荧光原位杂交和间接荧光原位杂交。直接荧光原位杂交采用异硫氰酸荧光素、四甲基罗丹明等荧光素共价修饰核酸探针，与组织细胞内靶核酸杂交形成杂交体后可用激光扫描共聚焦显微镜直接观察。这种方法操作简单，但敏感性差。间接原位杂交则通过生物素-链霉亲和素或地高辛-抗地高辛抗体等双级放大系统实现信号增强，其先以生物素或地高辛标记探针，再通过荧光标记的亲和素或抗体进行二次结合。该方法虽增加操作步骤，但可显著提升检测灵敏度，尤其适用于低丰度靶序列的检测。

FISH 技术的优点在于：①操作简单，检测快速，结果易于观察；②可检测样本种类多；

③灵敏度和特异性高；④空间定位精确。因此，FISH 技术在临床诊断学、病理学、发育生物学、遗传学等方面得到越来越广泛的应用。

在传统细胞遗传学诊断中，只能在显微镜下观察处于中期的染色体所展开的染色体核型来判断染色体正常与否。由于染色技术、显微镜分辨率的限制，一些染色体异常，如复杂的转位、缺失、重复和染色体微小缺失等无法判断。而 FISH 能够提供较快速且分辨率较高的评估。FISH 对间期细胞也可进行诊断，解决了在诊断血液肿瘤疾病时，由于骨髓瘤细胞不易分裂、培养困难，很难找到适合观察的中期核型的问题，使诊断更加便利。FISH 可同时检测数百个细胞，从而判断基因异常细胞的频率、镶嵌现象（mosaicism）的程度，有助于预后分析。

1. 用于 FISH 检测的细胞标本

FISH 可检测多种细胞标本类型。在常规诊断中，常用全血、成纤维细胞或骨髓的间期细胞和中期细胞；在产前诊断中，常用羊水细胞、绒毛膜的绒毛细胞。未经培养的口腔细胞涂片、精细胞和子宫颈细胞也可用于进行 FISH 检测。FISH 的标本可归纳为以下几种：中期染色体（metaphase chromosomes）、间期核（interphase nucleus）、伸展染色质纤维（extended chromatin fibers）、完整细胞或组织切片。最广泛应用的标本是中期染色体。

2. 临床诊断常用的 FISH 探针

FISH 探针可根据自身序列特点分为三大类：重复序列探针、单一序列探针和全染色体涂抹探针。重复序列探针（repetitive sequence probes）是指与某条特定的染色体结构结合、特异识别重复 DNA 序列的探针，如着丝粒探针、端粒探针等，其中着丝粒重复序列具有染色体特异性，而端粒重复序列在人类基因组中高度保守，不具有染色体特异性。单一序列探针（unique sequence probes）则针对某条染色体上特定的区域或基因的单拷贝 DNA 序列来设计，包括带特异性探针（band specific probes）和基因座特异性探针（locus specific probes）等。全染色体涂抹探针（whole chromosome painting probes）是识别特定染色体全长上数百个单一序列的探针混合物，通过同步杂交形成连续荧光信号，可直观显示整条染色体的空间分布，用于分析染色体易位、衍生染色体鉴定等。

FISH 探针主要通过不同的扩增或克隆技术来获得。目前，已有大量商品化的探针可供利用。下面介绍几种临床诊断常用的 FISH 探针。

（1）着丝粒探针（centromeric probes） 着丝粒探针是一类靶向染色体着丝粒区域特异性重复 DNA 序列的核酸探针，不同染色体的着丝粒重复序列不同，因此染色体着丝粒探针具有染色体特异性。

着丝粒探针的优点在于具有高重复性，杂交效率高，杂交时间短，不需要特殊的染色体识别、细胞培养或中期准备等细胞学技能，可用于检测细胞涂片、福尔马林固定或石蜡包埋切片等标本。着丝粒探针适合分析染色体的数量异常（如三体性和单体性）。

（2）全染色体涂抹探针（whole chromosome painting probes） 该类探针通过整合覆盖目标染色体全长的数百至数千个克隆片段，从而将一条完整的染色体染色而得以显示（painting），故称之为“painting probe”，简称涂抹探针。

全染色体涂抹探针可检测中期细胞染色体，来确定和鉴别染色体数目和染色体间结构异常（如易位染色体或超数标记染色体的来源）。全染色体涂抹探针只能使用中期细胞进行染色体计数，因此对染色体进行计数时常选用着丝粒探针。

（3）基因座特异性探针（locus specific probes） 基因座特异性探针是与染色体上某一特

定基因的单拷贝 DNA 序列杂交的探针，实现特定基因位点的精准定位。基因座特异性探针可用间期细胞和中期细胞作为检测标本，常用于检测人基因组超微染色体基因座异常所致疾病（这些基因座太小以至于无法通过传统的细胞遗传学方法检测到）。

（4）端粒重复序列探针　在真核生物的染色体结构中，每条染色体的末端（端粒）都具有相同的非编码重复序列 $(TTAGGG)_n$，具有保护染色体重排以及两条染色体末端之间相互融合的作用。基于这一高度保守重复序列设计的探针称为端粒重复序列探针。由于该重复序列是非染色体特异的，因此端粒重复序列探针可以与细胞中所有的染色体末端杂交。

第四节　核酸分子杂交结果的检测及影响因素

杂交后信号的检测需根据不同的杂交反应类型来选择合适的检测方法。放射性标记探针与非放射性标记探针的杂交信号检测是完全不同的。

一、放射性标记探针杂交结果的检测

放射性标记探针检测包括放射自显影和液体闪烁计数法。

（一）放射自显影

放射性杂交的检测原理基于放射性同位素衰变时释放的能量使照片纸感光发生显影反应。放射自显影是 ^{32}P 标记杂交最常用的检测方法，可分为直接放射自显影和间接放射自显影。

1. 直接放射自显影

在暗室中将含有放射性杂交分子的膜载体与 X 光胶片紧密贴合后置于暗盒内，此时放射性同位素衰变过程中释放的 β 射线会使胶片上的银颗粒感光，产生不可见的潜影。经显影定影处理后，胶片上显现的图像与膜载体上杂交分子的位置一致，其灰度深浅直接反映目标分子的相对含量。X 光胶片通常为弹性塑料片，其双面涂布有含溴化银的照相乳剂层，外层覆盖明胶保护膜以防止机械损伤。^{32}P、^{35}S 和 ^{14}C 元素放射的 β 射线均可使 X 光胶片有效曝光，其中 ^{32}P 因具有较高的射线能量和穿透力，在相同曝光条件下可获得更清晰的影像，故成为该技术中最常用的标记同位素。

2. 间接放射自显影

为提升 ^{32}P 标记的检测灵敏度，常采用增感屏辅助显影技术。将 X 光胶片置于增感屏和膜载体之间，增感屏是含闪烁体（如钨酸钙）的弹性塑料片，该物质受 β 射线激发时可产生可见光。当 ^{32}P 发射的 β 射线穿透胶片后，激发增感屏中的闪烁体发光，其光线可使胶片感光产生潜影。该技术可使 ^{32}P 的检测效率提升约 10 倍。如果在另一侧也放置一个增感屏就可以产生二次反射光，可进一步提高检测效率。由于反射光产生的潜影在低温下比较稳定，因此在使用增感屏时，习惯将放射自显影的暗盒放在−70℃。

3. 放射自显影中感光胶片的选择

X 光胶片种类较多，在选择用于放射自显影的 X 光胶片时应注意以下几点：①必须能够检测到所用放射性同位素的放射线；②灵敏度和清晰度符合实验要求；③放射自显影的类型；④增感屏释放光线的波长；⑤胶片冲洗的方法。^{32}P 专用胶片采用双面乳剂结构以增强信号捕获能力，而用于 ^{14}C、^{35}S 和 ^{3}H 等弱射线检测的胶片则采用单面乳剂设计，其中 ^{3}H 专用胶片的外层甚至省略保护性明胶层以确保射线与感光层的充分接触。单面 X 光胶片具有很高的清晰度，常被用于直接放射自显影，而双面 X 光胶片灵敏度高于单面 X 光胶片，适合与增感屏一起使用。胶片必须对增感屏发出的光敏感，如以钨酸钙为闪烁体的增感屏发蓝光，则必须选择对蓝光敏感的胶片。另外，有的胶片可以用自动胶片冲洗机冲洗，有的则只能手工冲洗，使用时也要注意。

4. 放射自显影过程中 X 光胶片的标记

当涉及探针再杂交实验时，需避免膜载体完全干燥，防止探针与膜载体的不可逆结合影响后续实验。但过度湿润的膜载体又易与 X 光胶片发生粘连，导致背景信号升高甚至膜体撕裂，或在间接放射自显影-70℃静置时，产生冰晶可能会扭曲膜载体并使之破裂。为防止以上情况的发生，可以在最后一次洗脱后，将膜载体上多余的水分用滤纸吸走，并将膜载体放入薄的聚乙烯袋中或覆盖保鲜膜或透明胶片，再与 X 光胶片接触。

（二）液体闪烁计数法

液体闪烁计数法的工作原理是当含放射性同位素的被测样品置于闪烁液体系时，其衰变过程中释放的辐射能通过溶剂分子非弹性碰撞转移至闪烁剂分子，使后者跃迁至激发态；当闪烁剂分子从激发态返回基态时，以特征波长的荧光光子形式释放能量，该光信号经光电倍增管的多级倍增效应转换为可测量的电脉冲信号，就可以实现对放射性同位素的测定。

液体闪烁计数法灵敏度高，通过放射性溶液与闪烁液均匀混合，辐射粒子和闪烁体直接作用，其中带电粒子基本上以 4π 的几何效率被测量，避免了传统固体源检测中因样品自吸收效应和载体膜材料对射线的衰减作用所引入的修正误差。

二、非放射性标记探针杂交结果的检测

在非放射性标记探针中，目前应用较多的标记物是生物素和地高辛，二者都是半抗原。生物素是一种小分子水溶性维生素，可与亲和素 / 抗生物素蛋白高特异性结合，形成稳定的复合物，通过连接在亲和素或抗生物素蛋白上的显色物质（如酶、荧光素等）实现信号放大进行检测。地高辛是一种类固醇半抗原分子，其检测原理基于抗原-抗体特异性免疫反应，通过抗地高辛抗体与酶 / 荧光标志物的偶联实现检测。该方法的检测灵敏度可与 ^{32}P 等放射性标记相媲美，且因抗体-抗原结合的特异性更强，在复杂样本检测中表现出更高的信噪比。所有非放射性标记探针的杂交检测的方法均涉及酶学反应。

（一）酶促显色检测

1. 直接检测

若采用酶分子作为核酸探针的直接标志物，经杂交洗脱后，酶标记探针可直接与特异性底物发生催化反应，生成可见的颜色沉淀或触发化学发光反应，其中发光信号的检测依赖于对蓝光敏感的 X 光胶片或光电转换装置进行定量检测。对于荧光素标记探针，杂交后也可以直接检测，常用的紫外光源和可见光源有：汞灯（360nm、405nm、435nm、

545nm、575nm、615nm、690nm）、氙-激光器（488nm、568nm、647nm）和氦-氖激光器（543nm、594nm、633nm）。总之，对于荧光素发射荧光波长的光源均可用于荧光探针杂交的直接检测。

（1）碱性磷酸酶（alkaline phosphatase，ALP 或 AKP）显色体系　碱性磷酸酶可催化 5-溴-4-氯-3-吲哚磷酸（5-bromo-4-chloro-3-indolyl phosphate，BCIP）发生脱磷酸化反应，促使底物分子聚合，在此过程中释放出 H^+ 使硝基蓝四氮唑（nitroblue tetrazolium，NBT）还原而形成不溶性紫色化合物二甲臜（diaminobenzidine，DAB）沉淀，从而使与标记探针杂交的靶位点可见。

（2）辣根过氧化物酶（horseradish peroxidase，HRP）显色体系　在辣根过氧化物酶的催化作用下发生如下反应：$AH_2+H_2O_2 \rightarrow 2H_2O+A$。常用辣根过氧化物酶显色底物包括二氨基联苯胺、四甲基联苯胺、邻苯二胺、邻二甲氧基联苯以及 4-氯-1-萘酚等，其中二氨基联苯胺经辣根过氧化物酶催化后可在杂交位点形成稳定的红棕色沉淀物，适用于光密度定量分析；而四甲基联苯胺的氧化产物呈现鲜明的蓝色，其显色对比度优于二氨基联苯胺且无致癌风险。

为维持标记酶的催化活性，杂交反应与洗脱过程的条件必须温和，导致该技术难以适用于需要热变性或高盐洗脱等严苛条件的杂交反应类型，限制其应用范围。直接检测的方法常用于寡核苷酸探针杂交，这类杂交反应所需的温度较低。

2. 间接检测

在间接检测体系中，当检测含地高辛、荧光素或生物素标记的探针时，需要增加一个将酶连接到杂交核酸分子上的步骤。有多种方法可以将杂交分子中的生物素通过链霉亲和素与酶结合，其中最简单方法是将链霉亲和素与辣根过氧化物酶同时加入，以便在生物素化的杂交分子与酶之间形成一个连接，随后加入适当的底物。

间接检测方法也适用于苛刻的杂交条件，比直接检测方法应用更广泛。

（二）荧光检测

荧光素是一类能在特定波长激发光作用下发射出特征荧光的物质，包括异硫氰酸荧光素、羟基香豆素、罗丹明等。荧光素与核苷酸分子共价结合后即可作为探针标志物，广泛用于原位杂交检测。在检测生物素或地高辛等标志物时，可以通过连接抗体或亲和素上的荧光间接检测。荧光素标记探针可通过荧光显微镜观察检出，或通过免疫组织化学法来检测。

（三）化学发光检测

化学发光是指特定化学反应释放的能量以光子形式发射出来。某些底物在被碱性磷酸酶水解时会发光，从而形成检测信号，而针对辣根过氧化物酶发光底物的持续研究极大地提高了杂交分子检测的灵敏度。发射光线的强度反映了酶的活性，并进一步反映了杂交分子的量，常用的硝酸纤维素薄膜和尼龙膜均可用于化学发光检测。辣根过氧化物酶水解发光氨为3-氨基-邻苯二甲酸盐，并在 428nm 波长处发射蓝色荧光，当体系中存在增强剂（如对碘苯酚）时，发光效率可提升 3 个数量级，使其发出的光线更易于被检测，也使反应的灵敏度增加，这个过程被称作增强化学发光（enhanced chemiluminescence，ECL）。ECL 的操作简单、灵敏度高，高于显色反应约 10～100 倍，在 Southern 和 Northern 印迹法中可以检测 0.5pg 的核酸，并具备定量检测的优点，目前已有商品化试剂盒。此外，膜载体上探针和颜色沉淀的去除操作比较容易，便于同一膜载体重复使用，但在显色反应检测过程中，如果膜载体经紫外光照射（使探针紧紧结合在膜载体上），则往往不易被除去。

（四）多探针检测

在多重核酸杂交检测中，采用多种报告基团标记的探针组合可实现靶序列的同步分析。每种探针分别用不同的报告基团如生物素、荧光素和地高辛标记并同时与固定在膜载体上的核酸分子杂交。用不同的链霉亲和素或抗体-酶和相应的底物组合（如链霉亲和素-碱性磷酸酶、抗荧光素抗体-碱性磷酸酶和抗-DIG-抗体-碱性磷酸酶以及三种不同的萘酚-AS-磷酸 / 重盐底物），使不同的杂交分子显色。为避免交叉干扰，每次检测前需在高温（85℃）条件下经 EDTA 处理膜载体以彻底灭活残留酶活性。对膜载体进行高温处理时需格外小心，以保证高温仅灭活碱性磷酸酶而不至于使杂交分子从膜载体上解离。因此，在洗脱步骤后、杂交检测前，杂交分子应经紫外光照射再度固定，尽量避免使用硝酸纤维素膜。在最后的反应中，膜载体会在不同探针的杂交位点显现如红色、蓝色和绿色信号。如果靶序列同时与多种探针杂交，则该位点会表现出一种混合色。

显色检测系统的缺点是其灵敏度低于放射性检测方法，且探针与靶序列间的共价结合使得从膜载体上除去探针和显色物质均比较困难，因而也难以再度进行杂交。一般情况下，分子杂交是一种定性检测，但也可用计算机系统扫描放射自显影 X 光胶片或颜色沉淀的方式对杂交信号进行半定量分析。

三、影响因素

在核酸杂交反应中影响杂交体形成的因素较多，主要有探针选择、探针标记方法、探针浓度、杂交率、杂交最适温度、杂交严谨性、DNA 序列的复杂性及杂交促进剂等。

（一）探针选择

应根据不同的杂交实验要求，选择不同的核酸探针。对于常规杂交实验，可以选择克隆的 DNA 或 cDNA 双链探针，但在某些情况下，必须选用寡核苷酸探针、RNA 探针等其他类型的探针。如检测靶序列上的单个碱基改变时应选用寡核苷酸探针；在检测单链靶序列时应选用与其互补的 DNA 单链探针（通过克隆 M13 噬菌体 DNA 获得）或 RNA 探针，也可选用寡核苷酸探针；检测复杂的靶核苷酸序列和病原体则应选用特异性较强的长双链 DNA 探针；组织原位杂交应选用更容易透过细胞膜进入胞内或核内的寡核苷酸探针和短 PCR 标记探针（80～150bp）；如果为了检测基因的表达水平，就要设计长度可以达到 300bp 的核酸探针。

（二）探针标记方法

在选择探针类型的同时，还需根据实验要求（如灵敏度和显示方法）选择合适的标记方法。一般认为，放射性探针比非放射性探针的灵敏度高，其实际灵敏度不依赖于所采用的标记方法。在检测单拷贝基因序列时，应选用标记效率高、显示灵敏的探针标记方法。在对灵敏度要求不高时，可采用保存时间长的生物素探针技术和比较稳定的碱性磷酸酶显示系统。在放射性同位素中，^{3}H 和 ^{35}S 最为常用，其中 ^{3}H 标记的探针半衰期长，成像分辨率高，便于定位，缺点是能量低；^{35}S 标记探针活性较高，影像分辨率也较好；而 ^{32}P 能量过高，致使产生的影像模糊，不利于确定杂交位点。

（三）探针浓度

在核酸分子杂交中，随着探针浓度的增加，杂交率也在提升，并在一个较窄的范围内，灵敏度也随探针浓度的增加而提高。探针浓度过低会降低杂交的灵敏度，过高又会增加背景的染色。一般，选择与靶核苷酸探针达到最大结合度的最低探针浓度为最佳。要获得较满意的灵敏度，在膜杂交中，^{32}P 标记探针与非放射性标记探针的用量分别为 5～10ng/mL 和 25～1000ng/mL；而在原位杂交中，无论应用何种标记探针，其用量均为 0.5～5.0μg/mL。探针的任何内在物理特性均不影响其使用浓度，但受不同类型标志物与固相支持物的非特异结合特性的影响。

（四）杂交率

在研究 DNA 复性的传统杂交率分析中，探针和靶链在溶液中的浓度相同。在现代杂交实验中，无论液相杂交还是固相杂交均在探针过剩的条件下进行，此外，固相杂交中靶序列不在液相中，其浓度无法精确计算。在探针过量的条件下，杂交反应的初始速率主要依赖于探针的长度（或碱基序列复杂度）和浓度。双链探针开始杂交时（1～4h），其杂交动力学与过剩单链探针对靶序列杂交情况相同，但长时间杂交后，由于探针本身的复性，可用于杂交的探针浓度会逐渐降低。

（五）杂交最适温度

杂交反应温度是决定杂交速率与特异性的最重要因素之一。温度越高，杂交速率也越快，但当反应温度增加到低于 Tm 值 20～30℃时，就已经达到杂交温度的上限了。此时若继续升温会导致双链解离速率超过结合速率，使实际杂交效率下降，该现象在存在错配碱基的不完全互补的杂交核酸分子中尤为明显。理想情况是在杂交速率最大的温度条件下进行杂交反应，对 RNA-DNA 杂交来说，最大速率的产生点为低于 Tm 值 10～15℃；在 DNA-DNA 杂交中，选择低于 Tm 值 20～25℃的杂交温度。

（六）杂交严谨性

杂交严谨性（hybridization stringency）是杂交体系区分完全互补序列与非特异性结合能力的衡量标准。杂交条件的严谨性受控制杂交体稳定性因素的影响。一般认为，在低于杂交体 Tm 值 25℃时杂交最佳，因此需根据公式计算杂交体 Tm 值。杂交严谨性可通过调节盐浓度、甲酰胺浓度和杂交温度来控制。

（七）DNA 序列的复杂性

在核酸分子杂交动力学计算中，$C_0t_{1/2}$（C_0 为 DNA 初始浓度，$t_{1/2}$ 为反应完成一半所需时间）表征杂交反应的特征进程，它对一特定 DNA 分子（或基因组）来说是个常数，其数值大小与杂交速率呈负相关关系，如 1μg 变性双链 DNA（5kb 复杂性）在 10mL 的杂交溶液中反应 2 小时可达到 $C_0t_{1/2}$。此处所述序列复杂性（sequence complexity）特指核酸样品中不同序列的总碱基长度，对于不含重复序列的基因组 DNA，其复杂性等同于单倍体基因组大小；而重复序列的复杂性计算仅考虑单一拷贝的长度，与重复次数无关。例如，一个 500nt 的重复序列在基因组中重复了 1×10^4 次，那么这一序列的复杂性仍计为 500nt。如果 DNA 样品中含有这样一段重复序列和 2000nt 的无重复序列的单一拷贝 DNA，那么此 DNA 样品的复杂性为 2000nt+500nt=2500nt。探针的 $C_0t_{1/2}$ 值可通过以下公式计算：$H=(1/X)\times(N/5)\times$

（Z/10）×（2/1），其中 X 是加入的探针量（μg），N 是探针的复杂性，而 Z 是杂交反应的体积（mL）。此外，其他因素也应考虑在内，如在杂交溶液含有 20% 甲醛的情况下，反应的速率会降低 2/3，因而要耗费 3 倍的时间使杂交反应达到 $C_0t_{1/2}$。

（八）杂交促进剂

核酸杂交通常在标准缓冲体系（如 5×SSC 或 2×SSPE）中进行，无需额外添加促进剂，除非杂交反应速率太慢、固定在膜载体上的靶核酸量太少或者探针浓度太低。

惰性高分子聚合物可用于提升 250nt 以上的探针的杂交率，对单链探针可提升 3 倍，对双链探针、随机剪切或随机引物标记的探针可提升达 100 倍。短探针则无需使用促进剂，因其复杂度低和分子量小，短探针本身的杂交率就高。在 DNA 或 RNA 探针溶液中加入惰性高分子聚合物，如 10% 的硫酸右旋糖酐或 10% 的乙烯乙二醇，将增加杂交速率。

第五节　核酸分子杂交技术的应用

一、Southern 印迹法

（1）单基因遗传病的基因诊断　1978 年，简悦威等首次将 Southern 印迹技术应用于镰状细胞贫血的基因诊断，取得了基因诊断的突破，其核心原理为：通过基因工程技术制备特异性探针，与经限制性内切酶酶切后的基因组 DNA 片段进行杂交。由于不同个体的基因序列存在差异，酶切位点分布随之改变，导致待检 DNA 片段呈现限制性片段长度多态性（restriction fragment length polymorphism，RFLP）。根据杂交片段显示的 RFLP，就可以分析被检基因是否含有突变。

（2）基因点突变的检测　Southern 印迹技术还可以检测基因的点突变，其基本检测流程为：首先扩增出含有靶基因点突变的 DNA 片段，随后设计合成与待检点突变互补的探针，同时选择合适的限制性内切酶将扩增 DNA 片段酶切消化，经电泳、转印、杂交反应，通过显示 DNA 片段的大小和多少进行判断。

二、Northern 印迹法

（1）RNA 病毒的检测　斑点印迹杂交技术为丙型肝炎病毒（HCV）的精准分型检测提供了可靠方法，其基本检测流程为：首先采用逆转录酶将待检血清中的 HCV RNA 转化为 cDNA，随后通过特异性引物进行巢式 PCR 扩增，获取覆盖病毒基因组保守区的扩增产物；将 PCR 产物经变性处理后定量点样于硝酸纤维素膜表面，分别与针对 HCV 三大主要基因型（1 型、2 型、3 型）的特异性寡核苷酸探针进行杂交反应；最终通过化学发光或放射自显影技术检测杂交信号强度，根据不同探针的信号阳性组合模式，可同时确定样本中 HCV 的存在状态及具体基因型。

（2）基因表达的检测　Northern 印迹技术多用于检测基因组中某个特定基因的转录活性及转录的相对水平。目前，Northern 印迹技术仍被认为是检测基因表达水平的金标准。随着高通量技术的发展，基因表达芯片虽能实现全基因组范围的表达谱分析，但其检测结果常受探针交叉杂交、背景信号干扰等因素影响，因此仍需通过 Northern 印迹技术对关键基因的表达数据进行验证。

三、原位杂交

原位杂交技术是分子细胞遗传学与病理诊断领域中一项重要的分子定位技术，其可精确定位特定核苷酸序列在染色体上的位置；可观察组织细胞中特定基因的表达水平；还可用特异性的细菌或病毒的核酸序列作为探针与组织、细胞杂交，以确定有无病原体的感染等。原位杂交能在成分复杂的组织中对单一细胞进行研究，而不受同一组织中其他成分的影响，特别适用于研究稀少细胞群（如干细胞、肿瘤浸润淋巴细胞）或复杂组织中的分子事件。此外，原位杂交不需要从组织中提取核酸，有利于检测组织中含量极低的靶序列，并可完整地保持组织和细胞的形态，更能准确地反映出组织细胞的相互关系及功能状态。

以下简述荧光原位杂交（FISH 技术）在疾病诊断中的应用。

（1）先天性疾病诊断　染色体数目异常是导致先天性疾病的重要遗传学病因，其中涉及性染色体（X、Y）和常染色体（21、18、13 号）的非整倍体改变尤为常见。采用染色体着丝粒重复序列 DNA 探针，可以确定中期细胞或间期细胞染色体的数目。羊水细胞可不经培养直接做 FISH 检查，检测周期可缩短至 24～48 小时，有利于产前诊断。

（2）肿瘤诊断　在肿瘤遗传学中，染色体结构异常与肿瘤发生发展及临床预后密切相关，其中染色体重排（如易位、倒位）、拷贝数变异（如缺失、扩增）等事件可通过激活原癌基因或失活抑癌基因驱动恶性转化。目前已有一系列商品化的单一拷贝基因座特异性探针，用于在单个细胞水平上检测易位、倒位、缺失和癌基因扩增。

原癌基因扩增探针常用于肿瘤遗传学研究中，以观察中期和间期细胞的基因扩增并确定所涉及的基因。对于染色体结构异常的检测，采用按线性顺序排列的基因座特异性探针组合可有效识别倒位变异，尤其是涉及染色体长臂与短臂交换的臂间倒位。如急性白血病 16 号染色体倒位，通过选取位于断裂点近端与远端探针，联合 16 号染色体着丝粒探针构建三色检测体系，正常细胞荧光信号的次序为黏粒-黏粒-着丝粒，而白血病细胞的信号次序变为黏粒-着丝粒-黏粒。

（3）病原体检测　目前，常用的感染性疾病的临床诊断主要依赖病原微生物的分离培养、生化或血清学方法，这些经典方法灵敏度和特异性较差，实验周期较长。对于潜伏期较长的病毒性疾病，由于抗体产生滞后于病毒复制活跃期，很难用血清学或生化方法进行早期诊断。以乙型病毒性肝炎为例，其血清学标志物（如 HBsAg、抗-HBc）仅能反映既往感染或免疫状态，无法区分急性感染、慢性携带或病毒复制活跃期，而基因诊断则可克服上述不足。据报道，许多病原体如 HPV、HBV、SARS 等病毒，细菌，疟原虫等都可以通过荧光原位杂交进行检测及分型。

（4）多色荧光原位杂交　近些年发展的一系列多色 FISH 技术可在一个实验中同时检测不同的染色体异常。

① 多色荧光原位杂交（multiplex fluorescence *in situ* hybridization，M-FISH）。多色荧光原位杂交技术通过多种荧光素按特定比例组合标记，形成不同颜色荧光探针，实现了单次杂交实验中全基因组染色体的差异化着色。利用该技术可以很容易观察到多条染色体间的复杂易位情况，并确定标记染色体的来源，有助于识别未知来源的基因片段及复杂的基因重组，特别是肿瘤染色体。多色荧光原位杂交的缺点在于分辨率不足，细微的缺失可能无法判断；此外，着丝粒异染色质区域因探针结合效率低导致信号缺失，易造成近着丝粒区异常的漏检；同时，M-FISH 对同源染色体间的内部重排（如臂内倒位、姐妹染色单体交换）及精确断裂点定位能力不足。彩色核型分析技术的诞生弥补了 M-FISH 的缺点。

② 彩色核型分析（cross-species color banding，Rx-FISH）。该技术采用多种荧光素混合物标记与人类DNA有高度同源性的猿或其他灵长类动物的DNA作为探针，杂交后使人类的24条染色体呈现特异的带型，根据彩色的荧光条带进行核型分析。Rx-FISH显著提升了染色体结构异常的检出能力，能够精准识别同一条染色体的微小重排，包括臂间/臂内倒位、插入易位等复杂变异。

四、液相杂交

传统液相杂交技术受限于在溶液中较难去除杂交后过量的未杂交探针，因此在一段时间内液相杂交技术基本上被固相杂交技术所取代。随着乳胶颗粒技术的成熟，液相杂交技术再度得到广泛应用，其中之一就是液相芯片技术，即多功能悬浮点阵技术（multi-analyte suspension array，MASA）。MASA技术已广泛应用于感染性疾病的鉴别诊断、遗传病的分子诊断、药物敏感性和分子病理学研究等。

思考题

一、选择题

1. 下列几种DNA分子的碱基组成比例，哪一种的Tm值最高（　　）

A. A+T=15%　　B. C+G=60%　　C. C+G=40%　　D. A+T=85%

2. 标记的参与杂交反应的核酸分子称为（　　）

A. 变性　　B. 复性　　C. 杂交　　D. 探针

3. DNA或RNA样品中不同序列的总长度，称为（　　）

A. 变性　　B. 复性　　C. 复杂性　　D. 杂交

4. 斑点/狭缝杂交可以用于（　　）

A. 快速确定是否存在目的基因　　B. 阳性菌落的筛选

C. 用于基因定位分析　　D. 蛋白水平的检测

5. 一般来说，设计的寡核苷酸探针的长度为（　　）

A. 2～10bp　　B. 17～50bp　　C. 60～100bp　　D. 100～200bp

二、名词解释

1. 核酸变性
2. 核酸复性
3. 核酸杂交
4. Southern印迹法
5. Northern印迹法

三、问答题

1. 试述核酸分子杂交的原理及影响因素有哪些？
2. 试述寡核苷酸探针的优势有哪些？
3. 试述Southern印迹法的基本流程有哪些？
4. 试述FISH技术的基本原理及应用有哪些？

第四章

聚合酶链反应及其相关技术

知识目标 1. 掌握聚合酶链反应（PCR）的概念。

2. 熟悉 PCR 所需要的反应体系及程序。

3. 了解 PCR 反应的新进展及应用。

能力目标 1. 掌握 PCR 反应的特点。

2. 理解如何运用 PCR 技术进行基因扩增和相关检测，以及 PCR 的常规应用。

思政目标 1. 了解 PCR 发展的过程，增强学生的合作意识和国家自信。

2. PCR 已成为疾病检测等的常规手段，具有快捷、准确等特点，通过 PCR 在疾病检测中的应用让学生树立正确的科学发展观。

第一节 聚合酶链反应的历史

聚合酶链反应（polymerase chain reaction，PCR）是生命科学领域中最伟大的技术之一。PCR 最早是由美国 Cetus 公司人类遗传研究室的科学家 Kary Mullis 于 1983 年发明的，目前已经成为生命科学领域最常用的实验操作之一。与生物体内涉及到多种酶和蛋白因子的复杂的 DNA 复制过程不同，PCR 是一种体外 DNA 复制技术，简单方便，结果可靠，并已实现自动化。利用微量离心管建立反应，短短数小时就能够将极微量的目的 DNA 片段扩增数百万倍，无需通过烦琐的基因克隆程序，便可获得足够数量的精确拷贝，所以也有人称其为无细胞分子克隆。

现在，PCR 技术不仅可以用来扩增与分离目的基因，而且在临床医疗诊断、癌症治疗的监控、基因突变与检测、分子进化研究，以及法医学等诸多领域都有着重要的应用。Kary Mullis 因为在 PCR 技术发明中做出的卓越贡献获得了 1993 年的诺贝尔化学奖。

一、Khorana 的 DNA 复制理论

Khorana 团队能够通过化学方法人工合成酵母丙氨酸 RNA 基因和带有启动子及下游加工信号的大肠杆菌酪氨酸抑制 RNA 基因，但是化学合成法能合成的基因序列长度有限，而生物体内的基因序列大都很长，难以完全用化学方法合成的片段拼接而成。此外，人工合成的双链 DNA 必须在体外进行人工复制，以增加产物的量用于基因工程研究。已

知的DNA聚合酶都不能从头合成DNA链，只能在引物（primer）和模板配对的条件下按照与模板的碱基序列互补原则从引物的3′-OH进行延伸，从而复制出模板链的互补链，Khorana称之为修复复制（repair replication）。为了利用DNA聚合酶提高体外合成双链DNA的效率，把合成小片段DNA双链的化学反应与DNA聚合酶延伸长链DNA的酶促反应结合起来，Khorana团队用化学合成法合成单链DNA片段作引物，或用5′端突出的双链DNA小片段，然后再用大肠杆菌DNA聚合酶I、T4 DNA聚合酶和藤黄微球菌DNA聚合酶进行延伸或补平成双链。在Khorana的论文中，他提出了核酸体外复制的原理："……DNA双链体会变性形成单链。该变性步骤在存在足够过量的两种适当引物的条件下进行。冷却后，可获得两种结构，每种结构含有与引物适当复合的全长模板链。添加DNA聚合酶即结束修复复制过程。应该产生两个原始双链分子。每当添加新鲜的酶时，整个循环即会重复进行。然而，DNA双链体变性后冷却时，有可能会复性变回原始双链体，该复性反应可能会比模板-引物复合物的形成更占上风。如果通过调节引物的浓度不能避免这种趋势，显然必须分离链，然后进行修复复制。在每个修复复制循环后，必须重复链分离过程。"虽然这段文字看起来清晰描述了现在被称为PCR的过程，但当时无法通过实验验证，因为引物设计所需的靶序列不易获得，也没有方便的方法来制造合成的PCR引物寡核苷酸。

二、Mulis的PCR扩增

Kary Mulis1979年经朋友介绍进入Cetus公司作为DNA化学家，从事寡聚核酸的人工合成工作，产品用作探针以筛选克隆的基因，或者作为引物用于cDNA的合成，或者作为DNA测序以及基因合成的原料。1981年，10～14碱基的寡聚DNA片段已经实现了自动化合成，人工合成寡聚核酸的业务逐渐减少。Mullis等研究人工合成DNA的科学家有更多时间思考改进DNA合成技术或开展新的业务。当时的DNA测序一般都是先把基因组DNA切成片段，克隆到质粒上，再用Sanger发明的双脱氧核苷酸链终止法测定质粒上的DNA片段的序列，比较耗时。如果不用克隆就能直接测序将是一个重大改进。

1983年，Mullis试图按照Sanger的测序法原理，用短的单链引物直接与用作模板的人类基因组DNA混合，分成4个反应管，进行热变性、复性，向每个反应管中加入4种双脱氧核苷三磷酸（dideoxyribonucleoside triphosphate，ddNTP），不加正常的dNTP，其中有一种ddNTP带有放射性同位素标记。然后加入DNA聚合酶、Mg^{2+}和缓冲液，进行延伸反应。由于ddNTP只有5′-P而没有3′-OH，延伸的DNA链随机终止，分别电泳4个反应管中的DNA，鉴定哪个反应管的引物带有放射性，就能知道所添加的这个ddNTP是4种ddNTP的哪一种，即可知道模板DNA链上对应于引物3′端之后一个核苷酸是什么。然后根据本次测序结果在原引物的3′端多加一个核苷酸，合成一条新的引物，重复这个实验，即可逐渐测定出人类基因组DNA模板上与引物3′端配对部位的核苷酸序列，不需要对基因组DNA酶切、克隆测序。

然而，Mullis把这个想法付诸实验后发现行不通，因为每次实验中引物与基因组DNA配对的部位不一定相同，导致最后的测序结果并不能反映基因组DNA特定部位的真实序列。为了使最终实验结果准确，Mullis觉得可以在与第一条引物配对的模板附近下游再设计一条引物，而且令其方向与第一条引物相对（即与模板的互补链配对）。两条位置相邻方向相反的引物与基因组DNA的两条模板链配对，相当于把待测靶序列的部位括起来。重复上述实验，如果两条引物每次都与预定的位置配对，最终测出的序列也应该是互补配对的序列，因此，用两条方向相反的引物进行测序的结果可以互相校正。

Mullis 的化学合成经验告诉他，在执行这个方案之前需要把样品中可能残留的 dNTPs 污染都去除，否则会被 DNA 聚合酶添加到引物的 3′端而影响实验结果。Mullis 最先考虑加入的大肠杆菌碱性磷酸酶（alkaline phosphatase），除去污染的 dNTP 的 5′-P，使之无法参与反应，但之后需要消除碱性磷酸酶的活性，以免在加入 ddNTP 后把 ddNTP 的 5′-P 也除去。当其意识到加热处理有可能不会使所有的碱性磷酸酶都失活，或者加热失活的碱性磷酸酶在温度降低后可能恢复酶活性时，其放弃了用碱性磷酸酶的方案，改用直接加入 DNA 聚合酶和引物，先让延伸反应把 DNA 样品中可能存在的 dNTP 都添加在引物的 3′端，从而在不需要添加其他试剂的前提下耗尽样品中可能残留的所有 dNTP。如果样品中掺杂的 dNTP 足够多，两条引物将会被延伸成两条互补的 DNA 链，相当于复制了一段 DNA 双链，然后加热使延伸的 DNA 链与模板链分离，暴露出原模板链供下一步加入 ddNTP 测序。

由于加入过量的引物，这样的延伸反应不可能把引物也消耗殆尽，但新延伸的 DNA 片段也留在了基因组 DNA 样品中，其被延长的部位的序列也可能与引物配对，这样是否会影响下一步用 ddNTP 测序呢？ Mullis 意识到，由于 DNA 聚合酶是按照与模板 DNA 的碱基互补配对原则延伸引物的 3′-OH 端，那么，延长的新链无论多长，其序列也与原模板 DNA 碱基互补，最终得到的两条新延伸的 DNA 链也与模板相同，因此这种办法不仅不影响下一步的 ddNTP 测序，反而还扩增了原模板 DNA 链的拷贝数！而且在理论上，是以指数方式扩增的，一条 DNA 双链变性后形成的两条单链 DNA 模板，经过 n 轮循环复制后能够复制出 2^n 条 DNA 单链，短时间内就可以产生大量的长度为两条引物及其之间 DNA 序列的双链 DNA 片段，这就是聚合酶链反应的意义所在。

Mullis 的同事 Saiki 等于 1985 年首先使用 PCR 技术扩增了人的 β- 珠蛋白（β-globin）基因。1986 年 Mullis 发表文章介绍了 PCR 技术。由于 PCR 扩增技术给基因克隆带来了革命性的变化，1993 年 Mullis 被授予诺贝尔化学奖。

最早使用的 PCR 用酶是大肠杆菌 DNA 聚合酶的 Klenow 片段（Klenow fragment），是大肠杆菌 DNA 聚合酶 I 经过枯草杆菌蛋白酶部分水解生成的 C 端 605 个氨基酸残基片段，分子质量为 76kDa。该片段丧失了大肠杆菌 DNA 聚合酶 I 的 5′→3′外切酶活性，但保留 5′→3′聚合酶活性以及 3′→5′外切酶活性，因此不会从 5′端降解新合成的 PCR 产物。但是 Klenow 片段不耐热，在高温变性的过程中失活，下一轮循环前需要重新添加 Klenow 片段。一次完整的 PCR 扩增需要添加 20～30 次 Klenow 片段，大大增加了实验成本并影响实验结果。使用 Klenow 片段的 PCR 扩增结果的特异性不高，扩增产物杂带较多。每一轮循环添加一次酶也导致实验人员无法同时操作多个 PCR 反应。如果能找到一种耐高温的 DNA 聚合酶代替 Klenow 片段就能简化实验操作，使得 PCR 技术更为实用。

三、PCR 操作的自动化

如上文所述 PCR 过程需要耐高温的 DNA 聚合酶，刚好辛辛那提大学 Trela 团队中来自中国台湾的女博士生钱嘉韵于 1976 年报道了从黄石公园的一种水生嗜热细菌（*Thermus aquaticus* YT-1）中分离到耐热的 DNA 聚合酶。Cetus 公司根据钱嘉韵等的分离方法迅速从水生嗜热细菌中分离到了耐热的 DNA 聚合酶，并称之为 *Taq* DNA 聚合酶（简称 *Taq* 酶）。Saiki 等于 1988 年使用 *Taq* 酶进行了 PCR 扩增，与用 Klenow 酶相比，只需要在实验开始时加酶即可，不需要在每次循环后再添加 DNA 聚合酶，简化了实验操作。*Taq* 酶催化的延伸温度为 72℃，相比 Klenow 酶的 37℃，大大减少了非特异性扩增。尽管使用耐热型 DNA 聚合酶提升了 PCR 的效率，实验人员仍需面对变性（95℃）-复性（约 60℃）-延伸（72℃）3 个温度的水浴锅按时转移试管，完成 30 个循环需数小时频繁移动试管，工作仍然非常紧张而劳累。

于是 Cetus 公司的工程师设计了一个半自动装置移动试管，称为“Mr.Cycle”。1985 年 Cetus 与 PerkinElmer 公司合资研发 DNA 热循环仪（DNA thermal cycler），于 1987 年推出第一台 PCR 仪“DNA thermal cycler TC1”，才解放了 PCR 实验员数小时频繁计时和移动试管的烦琐劳动。目前的 PCR 操作都使用自动化的热循环仪。

第二节　PCR 原理

一、PCR 的步骤

PCR 技术的核心原理是通过多次循环的加热和冷却过程完成目标 DNA 的多次体外酶促合成反应。其过程主要分为三个步骤（图 4-1）：

（1）变性（denaturation）　将模板链 DNA 加热到高温（通常是 94℃或 98℃），使 AT 或者 GC 之间的氢键断裂，形成单链 DNA，为后续的引物结合和复制提供单链模板。

（2）退火（annealing）　使得体系温度降低（通常是 50～65℃），使得寡核苷酸引物序列与互补的单链 DNA 模板结合，为后续的 DNA 酶促反应提供基础。由于引物浓度远高于模板浓度，引物与模板的特异性结合概率远高于两条模板链之间的复性。

（3）延伸（extension）　升温至适当温度（通常是 72℃），在耐热型 DNA 聚合酶的催化下，以 dNTP 为底物，按照碱基互补原则，在引物的 3′端催化合成新生的 DNA 链。

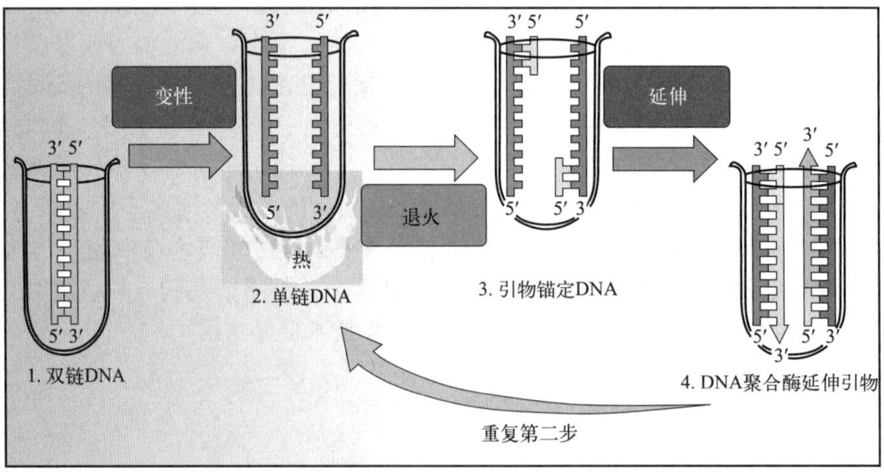

图 4-1　PCR 步骤

二、PCR 的扩增效率

经过“变性-退火-延伸”循环一次，模板 DNA 链即完成一次扩增（图 4-2）。因为是半保留复制，所以每次扩增 1 倍，为原先模板量的 2 倍，每一循环的产物在下次扩增时又可以作为模板，经过 n 次循环，所得到的模板量就为 2^n 倍。如图 4-2 扩增 30 个循环，反应完成后的产物即为原先的 2^{30} 倍，约等于 10^9 倍，即把原先的模板量扩大了 10 亿倍，这在法医检测、医学检测和环境检测中相当有用，即使是痕量的 DNA 样品亦可进行检测。

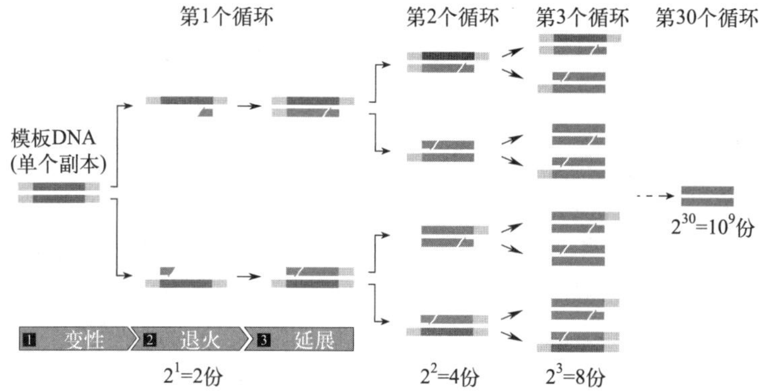

图 4-2 PCR 扩增原理示意图

第三节 PCR 反应体系

PCR 反应体系一般包括下列几个成分：模板、引物、PCR 用酶、Mg^{2+}、缓冲液、dNTP。这些组分都极大影响着最终的 PCR 结果，因此需要特别注意。

一、模板

用于 PCR 扩增的 DNA 模板可以是任何 DNA 来源，如基因组 DNA（genomic DNA，gDNA）、互补 DNA（complementary DNA，cDNA）和质粒 DNA。不过，DNA 的组成或复杂度会影响 PCR 扩增的最佳起始量。例如，在起始量为 50μL 的 PCR 中，只需 0.1～1ng 质粒 DNA，而 gDNA 则需要 5～50ng。最佳模板起始量还取决于所使用的 DNA 聚合酶类型：经过改造的 DNA 聚合酶对模板的亲和力更强，灵敏度更高，所需的 DNA 起始量更少。对 DNA 起始量的优化很重要，因为起始量过高会增加发生非特异性扩增的风险，而起始量过低会降低 PCR 产量。

尽管 PCR 对于模板纯度要求不高，使用粗样品亦可得到扩增结果，但是对于一些纯度不高的样品仍需要纯化以去除影响 PCR 反应的物质，如 DNA 粗提物里面残余的 SDS 和酚类物质等。

有时候，PCR 实验方案会使用拷贝数表示 DNA 起始量，特别是对于 gDNA 而言。拷贝数的计算取决于 DNA 分子的数量，即 DNA 起始物质的量。公式如下：

$$\text{DNA 拷贝数}=\frac{\text{DNA 总质量}}{\text{摩尔质量}}$$

特定 DNA 链的摩尔质量取决于其大小或总碱基数。

理论上，单拷贝 DNA 或单个细胞在理想条件下足够用于 PCR 扩增。但在实际情况中，特定模板量的扩增效率很大程度上取决于反应组分和反应参数，以及 DNA 聚合酶的灵敏度。

除了 gDNA、cDNA 和质粒 DNA，可通过再次扩增 PCR 产物的方式以得到更高的目标 DNA 产量。尽管未纯化的 PCR 产物可以直接再次用作模板，但是引物、dNTP、盐和副产物等遗留反应成分会对扩增造成不利影响。为了避免这种抑制作用，通常建议在下一轮 PCR 前用水稀释反应。如需获取最佳结果，应在再次扩增前将 PCR 扩增子进行纯化，例如使用硅胶柱或者磁珠法对目标 DNA 进行快速纯化。

二、引物

在 PCR 过程中引物的作用是与模板序列进行匹配并引发 DNA 序列合成，因此引物与模板 DNA 序列目标区域的特异性结合是确保目的片段特异性扩增的基础。除了序列同源性，引物还必须考虑到其他相关问题，以确保 PCR 扩增的特异性。首先，引物序列的熔解温度（Tm）必须在 55～70℃之间，两条引物的 Tm 相差不超过 5℃。同样重要的是，引物的序列不能具有互补性（特别是 3′端），若两条引物互补会促进退火（即引物二聚体），自我互补会导致自我配对（即二级结构），或序列的直接重复会导致与模板目标区域产生不完全配对。

因为所选用的引物对于 PCR 扩增影响巨大，所以设计引物就显得尤为重要。一般来说，引物设计的基本要点有以下几点。

（1）引物的长度一般为 15～30bp，常用的是 18～27bp，但不应大于 38bp。因为引物过长会导致其延伸温度大于 74℃，不适于 *Taq* DNA 聚合酶进行反应，但是对于基因合成、载体构建、基因突变的引物而言，并不严格限制长度一定要小于等于 38bp。此外，也有除 *Taq* DNA 聚合酶以外的耐热型 DNA 聚合酶支持长引物扩增。

（2）引物序列在模板内应当没有相似性较高的序列，尤其是引物 3′端相似性较高的序列，否则容易导致错配。如果引物 3′端出现 3 个以上的连续碱基，如 GGG 或 CCC，也会使错误引发概率增加，但在有些条件下如果不能避免那些相似性较高的序列，在扩增后可以考虑切胶处理。

（3）引物 3′端的末位碱基对 *Taq* 酶的 DNA 合成效率有较大的影响。不同的末位碱基在错配位置导致不同的扩增效率，引物 3′端碱基对扩增特异性影响较大，应避免易形成稳定错配的组合（如 G-T），具体设计需结合模板序列综合判断。另外，引物二聚体或发夹结构也可能导致 PCR 反应失败。

（4）引物 5′端序列对 PCR 影响不太大，因此常用来引入修饰位点或标志物，比如基于重组酶的同源重组构建时，5′端可以引入同源序列。

（5）引物序列的 GC 含量一般为 40%～60%，过高或过低都不利于引发反应，而且上下游引物的 GC 含量不能相差太大，否则也不利于引发反应。

（6）引物所对应模板位置序列的 Tm 值在 72℃左右时可使复性条件最佳。

（7）ΔG 值是指 DNA 双链形成所需的自由能，该值反映了双链结构内部碱基对的相对稳定性。应当选用 3′端 ΔG 值较低（绝对值不超过 9），而 5′端和中间 ΔG 值相对较高的引物。引物的 3′端的 ΔG 值过高容易在错配位点形成双链结构并引发 DNA 聚合反应。

（8）引物二聚体及发夹结构的能值过高易导致产生引物二聚体带，并且降低引物有效浓度而使 PCR 反应不能正常进行。

虽然上面讨论了多条引物设计的基本原则，然而真实状况是能够扩增出目标条带的引物才是好引物，所以科学的设计也需要实验进行检验。

三、PCR 用酶——耐热性 DNA 聚合酶

正因为耐热型 DNA 聚合酶——*Taq* DNA 聚合酶的发现，才使得 PCR 变成一种便利的、普遍的实用分子生物学技术。此后亦有越来越多的其他优秀的耐热型 DNA 聚合酶被发现和被用于 PCR 技术，比如 *Pfu* 系列、Vent 系列、KOD 系列等。但是 *Taq* DNA 聚合酶并没有被取代。一方面依赖于它自身的功能和特点，另一方面也依赖于研究人员对其不断的进化与改造。通过定点突变、结构域重组、定向进化等技术，*Taq* DNA 聚合酶的特异性、热稳定性、保真度和合成能力得到了明显的改进。到目前，*Taq* DNA 聚合酶仍然是市场份额最大，种类最繁多，应用最广泛的热稳定型 DNA 聚合酶。以下为这些改进型 DNA 酶的特点，以及它们与提高 PCR 实验效果的密切关系。

（一）特异性

非特异性扩增是 PCR 反应最主要的障碍之一，因为它会显著降低目的基因扩增的产率和灵敏度，从而影响扩增结果和下游实验应用的成功。而 DNA 聚合酶经常会延伸错配的目的基因和引物二聚体，这是非特异性扩增的常见来源。如何减少非特异性扩增？一个方法是在冰上配制 PCR 反应。这样有助于将 DNA 聚合酶的活性保持在低水平，但在 PCR 开始之前依然可能会合成不需要的产物。另一个办法是将 DNA 聚合酶的加入时间推迟到第一个循环的退火步骤。因为只有在 90℃以上的初始变性步骤之后才能开始扩增，所以该技术被称为“热启动”（图 4-3）。

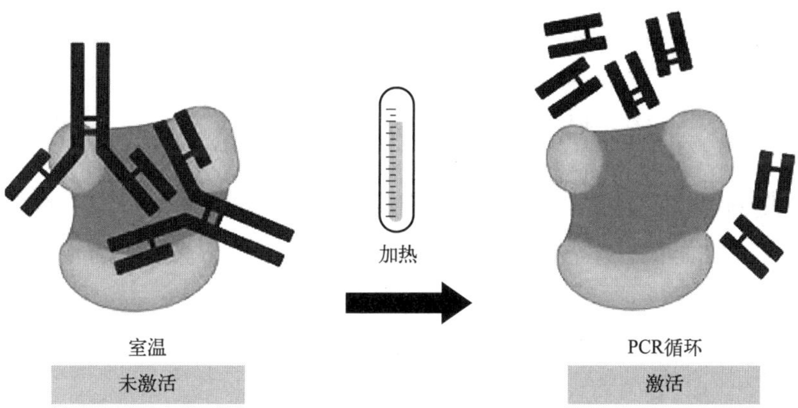

图 4-3　PCR 热启动原理示意图

尽管手动进行热启动程序能够有效改善特异性，但是其过程不仅费时费力，而且会增加样品污染和降低可重复性的风险。1994 年，具有真正热启动特性的 *Taq* DNA 聚合酶问世，通过在室温下配制反应时将特异性抗体与聚合酶结合来抑制其活性。在初始高温变性步骤（如反应温度＞ 90℃）阶段，结合的抗体失活，从而激活 DNA 聚合酶。

此外，变性步骤还可能分离反应配制过程中形成的错配序列和引物二聚体，从而防止它们在后续退火和延伸过程中被 DNA 聚合酶扩增。这样，热启动 DNA 聚合酶便可降低非特异性扩增，提高产率，可实现室温下配制反应体系，方便用于高通量实验。

（二）热稳定性

由于热循环是 DNA 扩增重复链式反应条件的关键特征，因此，所使用 DNA 聚合酶的

热稳定性非常重要。尽管最初来自于嗜热菌菌株的 *Taq* DNA 聚合酶可耐受相对较高的温度，但是其半衰期在 90℃以上时明显缩短。当使用长时间高温使具有二级结构和富含 GC 序列的 DNA 变性时，这一缺陷便成为一大难题。同样，在扩增长片段模板时，需要更大量的 *Taq* DNA 聚合酶或补充 *Taq* DNA 聚合酶，以供长时间孵育。因此，从超嗜热菌分离的 DNA 聚合酶具有更高的热稳定性，将有助于克服这些挑战。

Pfu DNA 聚合酶是一种为大家所熟知的超耐热酶，来自于水热环境中的超嗜热古细菌 *Pyrococcus furiosus*。在 95℃下，*Pfu* 聚合酶的稳定性能比 *Taq* 聚合酶高 20 倍。其他常见的超耐热 DNA 聚合酶包括来自古细菌 *Thermococcus* 和 *Pyrococcus* 的 KOD 和 GB-D 等。尽管古细菌 DNA 聚合酶的热稳定性极强，但它们在某些方面也具有一定局限性。例如，超耐热 *Pfu* DNA 聚合酶的合成能力较低（与 *Taq* DNA 聚合酶相比），因此合成 DNA 的速度较慢。此外，古细菌 DNA 聚合酶无法扩增含有尿嘧啶的 DNA 模板，因为其存在尿嘧啶结合区域作为一种 DNA 修复机制。含尿嘧啶的 DNA 序列是防止 PCR 残余污染和经亚硫酸氢盐转化进行基因座甲基化分析的基础。

（三）保真度

DNA 聚合酶的校正能力决定了保真度，会影响 DNA 序列复制的准确性。因此，高保真 DNA 聚合酶就是具有强校正活性的酶。DNA 聚合酶准确复制 DNA 序列（即获得无错误序列）的能力对分子克隆、测序和定点突变等实验应用至关重要。DNA 聚合酶的校正活性基于其 3′→ 5′核酸外切酶活性，可校正错误插入的核苷酸。DNA 聚合酶上的核酸外切酶活性位点与其 5′→ 3′聚合酶活性位点是分离的。当错配的核苷酸插入聚合结构域，DNA 合成将因不合适的碱基配对动力学而暂停。暂停期间，DNA 聚合酶将切除错配的核苷酸并用正确的核苷酸替换。DNA 聚合酶的保真度检测方法多种多样，如菌落筛选测定、Sanger 测序和下一代测序（图 4-4）。传统的菌落筛选方法是将 PCR 扩增片段（*lac* 基因的）克隆到质粒中，

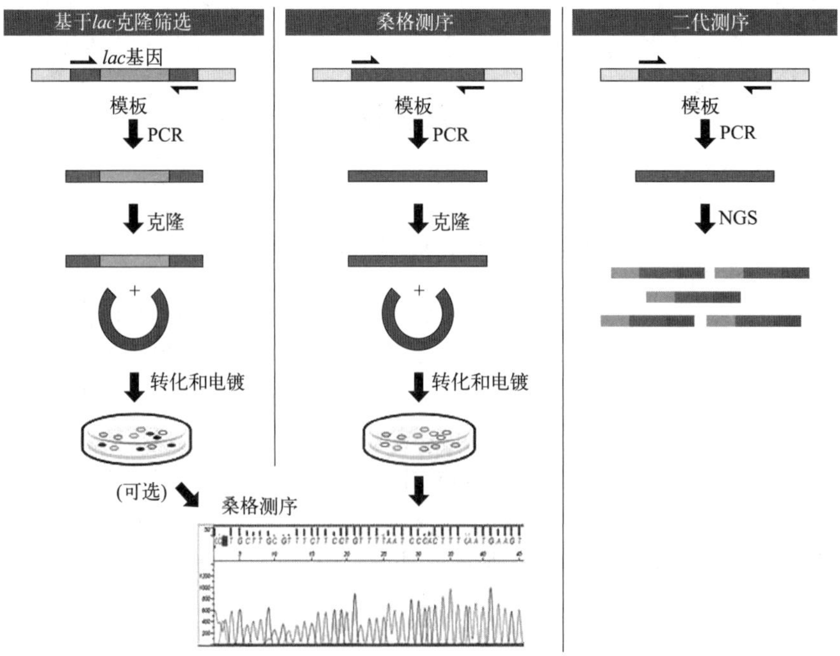

图 4-4　DNA 聚合酶的保真度测定

使用蓝白斑筛选检测重组质粒转化的菌落。*lac* 基因插入片段上的突变（可能由于 PCR 过程中的错误复制产生）导致 *lacZ* 功能丧失，形成白色菌落；无 PCR 错误的 *lac* 插入片段则形成蓝色菌落。使用 Sanger 测序对克隆的 PCR 片段进行测序，可检测 DNA 聚合酶的错误率。利用下一代测序，可直接对 PCR 扩增子进行测序。

DNA 聚合酶的保真度常用错误率的倒数表示（保真度 =1/ 错误率），指发生错配的核苷酸数与聚合的总核苷酸数的比值。因此，DNA 聚合酶保真度高度依赖于 PCR 扩增子长度和 PCR 扩增循环数。为了准确对比不同聚合酶的保真度，必须使用相同的方法和循环参数进行检测。

通常，保真度表示为与 *Taq* DNA 聚合酶保真度的相对值。天然存在的校正 DNA 聚合酶（如 *Pfu* 和 KOD）的保真度约为 *Taq* 聚合酶的 10 倍。但是，生物技术公司出品的“下一代”高保真 DNA 聚合酶多是野生型耐热 DNA 聚合酶经过定向改造，具有超高的保真度，约为 *Taq* 聚合酶的 50～100 倍。使用这些酶，PCR 的错配率可低至几百万分之一。

（四）合成能力

酶的合成能力可定义为在一次结合中处理的核苷酸数量。DNA 聚合酶的合成能力通常反映了合成率和合成速度，以及酶与底物的亲和力（图 4-5）。合成能力高的 DNA 聚合酶适用于扩增长模板、具有二级结构和富含 GC 的序列，以及存在肝素、木聚糖和腐植酸等 PCR 抑制剂的血液和植物组织样品。

早期的高保真 DNA 聚合酶具有较强的核酸外切酶活性，所以合成能力较低，且会减慢聚合速度。因此，其扩增较长目标 DNA 的速度明显减慢。例如，*Pfu* DNA 聚合酶的保真度是 *Taq* DNA 聚合酶的 7 倍，但其合成率还不到 *Taq* 聚合酶的一半。使用 Sso7d 的强 DNA 结合域对 DNA 聚合酶进行改造后，实现了合成能力的突破，同时不影响聚合酶活性。这些改进型 DNA 聚合酶的合成能力提高了 2～5 倍。

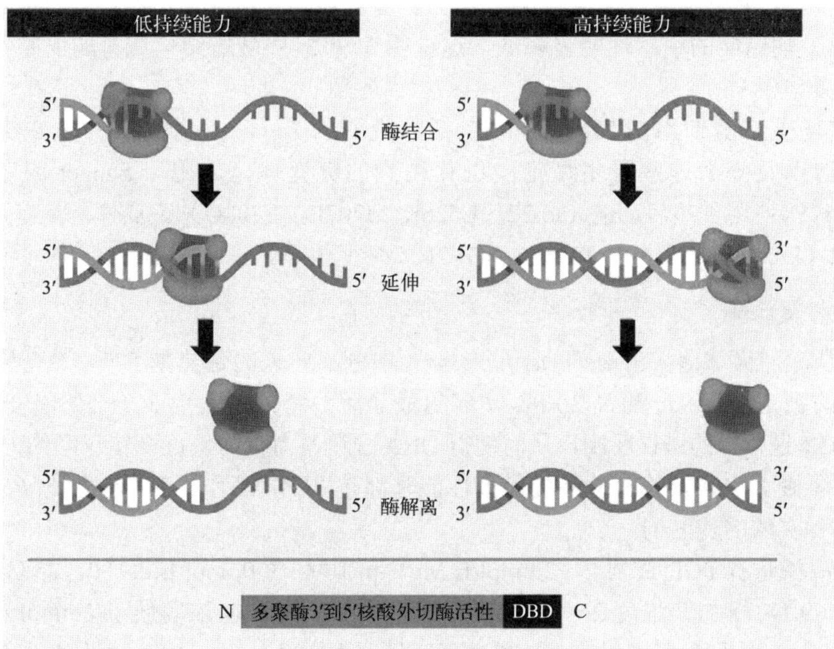

图 4-5　DNA 聚合酶的合成能力

（五）常见的耐热DNA聚合酶

1. *Taq* DNA聚合酶

Taq DNA聚合酶是第一个被广泛用于PCR的耐热型DNA聚合酶，属于DNA聚合酶I家族。*Taq* DNA聚合酶基因全长2496个碱基，编码832个氨基酸，酶蛋白分子为94kDa，预测的等电点约为6.0，理论总平均亲水指数为−0.282，其比活性为200000U/mg。75～80℃时，每个酶分子每秒可延伸约150个核苷酸，70℃延伸率大于60个核苷酸/s，55℃时为24个核苷酸/s。温度过高（90℃以上）或过低（22℃）都可影响*Taq* DNA聚合酶的活性。*Taq*酶虽然在90℃以上几乎无DNA合成，但却有良好的热稳定性，在PCR循环的高温条件下，仍能保持较高的活性。实验表明，在92.5℃、95℃、97.5℃时，PCR混合物中的*Taq* DNA聚合酶分别经130min、40min和5～6min后，仍可保持50%的活性。PCR反应时，变性温度为95℃、20s、50个循环后，*Taq* DNA聚合酶仍有65%的活性。*Taq* DNA聚合酶是Mg^{2+}依赖型聚合酶，最适浓度范围是2～4mmol/L。*Taq* DNA聚合酶还需要单价阳离子，在10～55mmol/L KCl中具有最大活性。有研究认为Na^+会抑制聚合酶活性，但有些研究表明聚合酶在Na^+环境中也能够正常扩增。

1995年，Kim等公布了*Taq* DNA聚合酶的晶体结构，为解释其耐热性、催化活性及分子改造奠定了基础。*Taq* DNA聚合酶包括三个结构域：1～291位氨基酸，5′→3′外切核酸酶结构域；292～423位氨基酸，该结构域对应pol I的3′→5′外切酶结构域，两者虽然具有结构相似性但无序列同源性，*Taq* DNA聚合酶不具有3′→5′外切活性；424～832位氨基酸，5′→3′聚合活性结构域。

其中N端5′→3′外切酶结构域的缺失不会使*Taq*酶丧失聚合活性。根据N端缺失长度的差异，有不同的名称：KlenTaq(Δ236)（Barnes，1992），Klentaq1(Δ280)（U.S. Patent 5436149），Stoffel (Δ289)，它们本质上是一样的，都是5′→3′外切酶结构域缺失的突变体。N端缺失的*Taq*酶的耐热性、盐离子耐受能力、保真性都有所提高，但持续合成能力显著下降，对引物3′端错配的敏感性明显降低，这说明5′→3′外切酶结构域对酶的整体构象可能有很大的影响。

目前市场上广泛使用的*Taq*酶，既包括野生型的*Taq*酶，也包括N端缺失不同长度的KlenTaq，以及基于这些野生型定向进化得到的突变体，如用于Sanger测序的突变体（R660D/F667Y）；用于热启动的Taq 22（E626K，I707L，E708Q）突变体；具有逆转录活性的RT-KTq2（L459M，S515R，I638F，M747K）突变体等。

2. *Pfu* DNA聚合酶

*Pfu*是从激烈火球菌（*Pyrococcus furiosus*）中分离出来的耐热型DNA聚合酶，在95℃下，*Pfu*酶的稳定性比*Taq*酶高20倍。*Pfu*酶最显著的特点就是高3′→5′外切酶活性，能有效消除PCR过程中的错误匹配，从而使得DNA复制具有高保真度，错误率约为1.0×10^{-6}。其优异的性能使大家在谈论其他酶的保真性能时都是以*Pfu*酶作为对照，因此*Pfu*酶也成为教科书上高保真酶的代名词。

使用*Pfu*酶进行PCR需要2～3mmol/L Mg^{2+}和100～300μmol/L dNTP，25℃最适pH的范围在8.5～9.1，增加镁浓度2～10mmol/L不影响保真度，但浓度低于2mmol/L会有负面影响。高3′→5′外切酶活性也使得*Pfu*酶可以降解3′端游离引物，因此建议在冰上配制PCR反应混合物。与*Taq*酶相比，*Pfu*酶比较慢，延伸率为0.5～1.5kb/min，因此，扩增同样长度片段需要更长的 PCR 时间。3′→5′外切酶活性缺失的 *Pfu* 酶突变体，丧失降解引物的能力，保真度相比野生型低 40 倍。

Pfu 酶天然形式和重组形式在市场上都有销售，其中最受欢迎的还是其衍生出来的 Phusion DNA 聚合酶，该酶由芬兰 Finnzymes 于 1995 年开发，通过将一个 DNA 结合域（Sso7d）与 *Pfu* 酶融合而成。Phusion DNA 聚合酶的扩增速度快，15～30s/kb，保真性又好，错误率为 *Pfu* 酶的 1/6，为 *Taq* 酶的 1/50。

3. KOD DNA 聚合酶

KOD DNA 聚合酶分离自日本鹿儿岛市海底温泉中嗜热微生物 *Thermococcus kodakarens* 菌株 KOD1，其重组酶主要有大肠杆菌酶和毕赤酵母酶两种形式。大肠杆菌重组酶在 pH 值为 6.5 和 75℃时具有最佳活性，但通常在 68～72℃用于延伸，最适 Mg^{2+} 是 1.5～4.0mmol/L 之间。KOD 酶扩增产物为平端，需要进行平端克隆。KOD 酶热稳定性好，95℃时半衰期为 12 小时，扩增速度快，6.0～7.8kb/min。KOD 酶具有 3′→5′外切酶活性，保真度比 *Pfu* 酶稍低，但显著好于 *Taq* 酶，错误率为 6×10^{-6}。KOD 和 KOD(exo−) 的混合物被用于长片段 PCR，即使高达 15kb，仍具有稳健的收率和准确性。KOD 热启动版本可以用于难扩增的 DNA 片段，例如 90% GC 含量的 DNA 片段。

4. *Tli* DNA 聚合酶

Tli 酶是从热球菌（*Thermococcus litoralis*）中分离到的耐热型 DNA 聚合酶，分子量约为 89kDa，商品名为 Vent™。Vent™ 含有 3′→5′校对核酸酶活性，高保真度为 4.5×10^{-5}～2.8×10^{-6}，其天然形式和大肠杆菌重组形式具有几乎相同的活性和保真度。在 2～10mmol/L $MgSO_4$ 时，保真度不变。Vent™ 延伸速率为 1kb/min，生产 95% 的平端产物。与其他聚合酶相比，Vent™ 在 100℃下的半衰期较长，近 2 小时，因此 Vent™ 对于高温 DNA 合成反应条件特别有用。此外，Vent™ 的扩增显示出对血的忍耐性较高。

5. *Pst* DNA 聚合酶

Pst DNA 聚合酶是从生长在 2000m 深海中的 *Pyrococcus* sp. GB-D 中分离出来的，分子量为 89kDa，商品名为 DeepVent™。其热稳定性非常强，100℃下半衰期为 8 小时，95℃下半衰期为 23 小时。2mmol/L $MgSO_4$ 时保真度为 1.2×10^{-5}～2.7×10^{-6}。DeepVent™ 延伸率为 1.4kb/min，95% 为平端产物。

四、镁离子

Mg^{2+} 作为 DNA 聚合酶活性的辅助因子，有助于聚合期间 dNTP 的结合。酶活性位点处的镁离子可催化引物的 3′-OH 与 dNTP 的磷酸基团间形成磷酸二酯键。此外，Mg^{2+} 能够稳定磷酸盐骨架上的负电荷，从而促进引物与 DNA 模板形成复合物。通常情况下，以 $MgCl_2$ 的形式提供 Mg^{2+}。但是，因硫酸盐在某些情况下有助于确保更稳定和可重现的性能，诸如 *Pfu* DNA 聚合酶等一些聚合酶首选 $MgSO_4$。由于镁离子能够与 dNTP、引物、DNA 模板和 EDTA（如果存在）结合，因此，通常需要对镁离子浓度进行优化，以尽量提高 PCR 得率，并保持其扩增特异性。DNA 聚合酶的活性与 Mg^{2+} 直接相关，Mg^{2+} 浓度过低会降低聚合酶活性，导致 PCR 产物较少或无 PCR 产物；Mg^{2+} 浓度过高则会提高引物-模板复合物的稳定性，产生非特异性 PCR 产物，从而降低保真性。在 PCR 中，标准的 Mg^{2+} 终浓度范围为

1～4mmol/L，优化增量一般以 0.5mmol/L 为宜。

五、缓冲液

PCR 是一种酶促反应，缓冲液的目的就是为耐热型 DNA 聚合酶提供适宜的化学环境，以获得最佳的 PCR 扩增。考虑到长期冷藏的需要和 DNA 聚合酶在 PCR 过程中需要经历升温和降温的反复过程，这就使得 PCR 缓冲液中还需要包含 DNA 聚合酶的保护剂，以及一些帮助扩增的成分。

PCR 缓冲液 pH 通常为 8.0～9.5，主要取决于所适配的 DNA 聚合酶，一般使用 Tris-HCl 来调节，Tris-H_2SO_4、HEPES、MOPS、PIPES 等缓冲液亦可使用。对于 *Taq* DNA 聚合酶，缓冲液的一个常见成分是来自 KCl 的钾离子（K^+），其可促进引物的吸附。有时，也可使用硫酸铵 $(NH_4)_2SO_4$ 代替 KCl。铵离子（NH_4^+）具有去稳定作用，尤其对于错配引物-模板复合物碱基对之间的弱氢键，因此可增强反应特异性。

由于 Mg^{2+} 与 K^+ 具有相似的稳定效应，因此，当使用 KCl 缓冲液时，$MgCl_2$ 的建议浓度通常较低（1.5±0.25)mmol/L；当使用 $(NH_4)_2SO_4$ 缓冲液时，$MgCl_2$ 的建议浓度通常较高 (2.0±0.5)mmol/L。由于 NH_4^+ 与 Mg^{2+} 具有拮抗效应，因此，在各种 Mg^{2+} 浓度下，含有 $(NH_4)_2SO_4$ 的缓冲液都表现出更高的引物特异性。

在某些情况下，可在缓冲液中加入化学添加剂或辅助溶剂（表 4-1），通过减少错配来提高扩增特异性，并通过去除二级结构来提高扩增效率。此外，一些 DNA 聚合酶还随附提供了专为 DNA 聚合酶和 PCR 缓冲液优化的特殊增强剂。这些试剂常用于困难样品，如富含 GC 的模板。应注意，使用化学添加剂或辅助溶剂会影响引物退火、模板变性、Mg^{2+} 结合以及酶活性，因此需要根据酶的扩增表现进行优化。谨记添加剂虽然有助于 PCR 扩增，但并非万能的解决途径。

表 4-1　常用的 PCR 添加剂

PCR 增强剂或添加剂	使用浓度	作用
甜菜碱	5mol/L	减少 DNA 模板的二级结构，提高引物与模板匹配的严谨性，降低 Tm，建议用于 GC 含量丰富（GC 含量＞60%）的模板
二甲基亚砜（DMSO）	1%～10%	减少 DNA 模板二级结构，降低 Tm，建议用于 GC 含量丰富（GC 含量＞60%）的模板
甘油	1%～10%	通过减少二级结构在高温下提高 PCR 效率。提高 DNA 聚合酶的热稳定性。建议用于 GC 含量丰富（GC 含量＞60%）的模板
N-N-二甲基甲酰胺（DMF）	1.25%～10%	破坏双螺旋的稳定性。降低 Tm，提高退火的严格性，建议用于 GC 含量丰富（GC 含量＞60%）的模板
海藻糖		减少 DNA 模板二级结构，降低 Tm，增加 PCR 用酶的稳定性，中和抑制剂对 PCR 的抑制作用
DTT	1.5mmol/L	增加 PCR 用酶的稳定性，改善 PCR 效率
1,2-丙二醇	0.8mol/L	使 DNA 不稳定的共溶剂导致较低的 Tm，建议用于 GC 含量丰富（GC 含量＞60%）的模板
四甲基氯化铵（TMAC）	15～100mmol/L	增强杂交特异性并增加 Tm。消除非特异性启动和潜在的 DNA-RNA 错配
牛血清白蛋白（BSA）	10～100μg/mL	对抗酚类化合物和多糖以防止 DNA 聚合酶失活
热稳定单链结合蛋白	200ng	改善 DNA 聚合酶的热稳定性

六、脱氧核苷三磷酸（dNTPs）

dNTPs由四个基本核苷酸组成——dATP、dCTP、dGTP和dTTP。这4种核苷酸是新DNA链的组成元件，通常以相等物质的量加入到PCR反应体系中，以实现最佳的碱基引入。但是，在某些情况下，如通过PCR方法进行随机突变，偶尔也会使用浓度不等的dNTP，以促进非校正DNA聚合酶产生更多的错误碱基插入。在常见的PCR应用中，各种dNTP的常用终浓度通常为0.2mmol/L。有时，使用高浓度dNTP也可能是有益的，特别是在存在高浓度Mg^{2+}的情况下，因为Mg^{2+}可与dNTP结合，减少可被引入的dNTP量。但同时，当dNTP超过最佳浓度时，会抑制PCR反应。为使DNA聚合酶完成有效扩增，反应中的游离dNTP浓度不得超过其估计*Km*值（0.010～0.015mmol/L）。当使用非校正DNA聚合酶时，可通过降低dNTP浓度（0.01～0.05mmol/L）和成比例地减少Mg^{2+}来提高保真度。

第四节　PCR循环的参数控制

一旦确定了合适的DNA起始量和PCR组分，就必须设定PCR循环和运行参数，从而确保高效扩增。DNA聚合酶的特点、PCR缓冲液的类型、模板DNA的复杂程度都会影响反应条件的设置。

一、模板DNA变性评估

在PCR起始阶段，变性步骤将双链DNA模板解离成单链，从而使引物可与目标DNA区域退火并开始延伸。起始DNA模板的完全变性，有助于确保在第一个扩增循环期间实现有效的目标序列扩增。此外，此步的高温条件有助于使样品中可能存在的热不稳定性蛋白酶或核酸酶失活，从而保证它们极小影响热稳定性DNA聚合酶。当使用热启动DNA聚合酶时，此步同时可以激活该聚合酶，虽然酶供应商推荐单独酶激活步骤。

起始变性步骤通常是在94～98℃下孵育1～3min。该步骤的时间和温度取决于模板DNA的性质和缓冲液的盐浓度。例如，哺乳动物基因组DNA可能比质粒和PCR产物需要更长的孵育时间（具体取决于DNA的复杂程度和大小）。同样，高GC含量（如GC含量>65%）的DNA通常需要更长的孵育时间或更高的温度。高盐浓度的缓冲液（满足某些DNA聚合酶的需要）同样需要更高的变性温度（如98℃），以使双链DNA解离。

在95℃以上长时间孵育，很容易使*Taq* DNA聚合酶等DNA聚合酶变性。为弥补在该步骤中酶损失的活性，可能需要在起始变性步骤后添加更多的酶，或在一开始加入多于建议用量的DNA聚合酶，或者使用高度热稳定的DNA聚合酶，如KOD、Deep Vent™。

二、DNA变性考虑因素

起始变性步骤后，后续PCR循环以一个独立的变性步骤开始，并在94～98℃条件下持续0.5～2min。与起始模板DNA变性步骤一样，该步骤的时间和温度也可根据模板DNA、DNA聚合酶和缓冲液成分的性质进行优化。例如，长时间孵育或高温条件对长片段或富含

GC 的目的片段可能是有利的。甘油、DMSO、甲酰胺和甜菜碱等添加剂的存在，可促进变性步骤期间双链 DNA 的解离并提高特异性，从而无需长时间孵育或高温条件。

1. 引物退火优化

在退火步骤中，降低反应温度，使引物与目标 DNA 结合。通常，0.5～2min 的孵育时间足以供引物完成退火。通过计算 PCR 扩增引物的熔解温度（Tm），可确定退火温度。根据一般经验法则，起始退火温度比引物最低 Tm 低 3～5℃。Tm 指 50% 的引物与其互补序列形成双链时的温度，可通过多种方法进行计算。引物 Tm 估算最简单的方法是利用 DNA 寡核苷酸中的核苷酸数量进行计算，公式如下：

$$\mathrm{Tm} = 4(\mathrm{G+C})+2(\mathrm{A+T})$$

由于反应的盐浓度（Na^+）会影响引物退火，因此，使用以下公式能够更加准确地计算 Tm：

$$\mathrm{Tm} = 81.5+16.6\log[\mathrm{Na}^+]+0.41(\%\mathrm{GC})-\frac{675}{\text{引物长度}}$$

利用每个相邻二核苷酸对的热力学稳定性，结合盐和引物的浓度，还可使用 Nearest Neighbor 法计算 Tm。Tm 计算需考虑的重要因素是 PCR 添加剂、辅助溶剂和修饰核苷酸的使用。这些试剂的存在会降低引物-模板复合物的 Tm。例如，10% DMSO 会使退火温度降低 5.5～6.0℃。同样，在 PCR 中使用 7-deaza-dGTP 取代 dGTP 也会降低 Tm。此时，应相应调整退火温度。

应注意，计算所得 Tm 值就是引物退火的起始参考温度。退火温度可能需要根据扩增结果进行进一步优化。例如，如果结果为无扩增条带或扩增水平很低，则优化时应以 2～3℃增量逐渐降低退火温度。但是，如果出现非特异性 PCR 产物，则以 2～3℃增量逐渐提高温度（最高至延伸温度），提高特异性。

2. 引物延伸考虑因素

引物退火后，便是延伸引物的 3′端，产生模板的互补链。该步骤中，DNA 聚合酶的 5′→3′聚合酶活性引入 dNTP 并合成子链。反应温度升高至酶的最佳温度（热稳定 DNA 聚合酶的最佳温度通常为 70～75℃），使其达到最高活性。如果引物退火温度与延伸温度相差不超过 3℃，则退火和延伸温度可合并为一步，称为两步 PCR 法，可取代传统的三步 PCR 法。两步 PCR 法无需在退火和延伸之间转换和稳定温度，从而缩短了 PCR 所需的时间。PCR 的延伸时间取决于 DNA 聚合酶的合成速度以及目标 DNA 的长度。*Taq* DNA 聚合酶的一般延伸时间是 1min/kb，而 *Pfu* DNA 聚合酶为 2min/kb。因此，“缓慢型”聚合酶比“快速型”聚合酶需要更多的扩增时间，才能获得相等的得率。同样，长 DNA 扩增子比短 DNA 扩增子需要更长的延伸时间，才能实现全长复制。当扩增长目的片段（如＞10kb）时，除了需要增加延伸时间，还需要降低 PCR 温度，以确保引物结合并在长时间循环中维持酶活性。

3. PCR 循环数的确定

为扩增目标 DNA，需重复（或“循环”）PCR 的变性、退火和延伸步骤多次。循环数通常为 25～35 次，具体取决于 DNA 起始量和所需的目标 PCR 产物得率。如果 DNA 起始量少于 10 拷贝，则可能需要多达 40 个循环，才可获得足够的得率。不建议超过 45 个循环，因为过多的循环数会产生非特异性条带。而且，副产物的累积和反应组分的消耗会大大降低 PCR 效率，使 PCR 扩增曲线出现平台期。相反，较少的循环数更适合无偏倚扩增（如下一代测序）以及目标 DNA 的准确复制。

4. 延伸阶段评估测试

最后一个 PCR 循环完成后，即为最终延伸步骤。该步骤中，将 PCR 混合物在延伸温度（通常为 72℃）下孵育 5～15min。而其持续时间取决于扩增子长度和组成，应进行优化以确保全长复制以及高目标 DNA 片段得率。在该步骤中，除了填补不完整末端外，*Taq* DNA 聚合酶等具有末端脱氧核苷酸转移酶（TdT）活性的 DNA 聚合酶还会在 PCR 产物的 3′端添加额外的核苷酸。

第五节 PCR 方法

一、热启动 PCR

热启动 PCR 是常用的 PCR 方式之一，指通过一种物理或化学方法，在 PCR 反应的初始低温阶段（如冰上配制或初始变性前）暂时抑制 DNA 聚合酶的活性，直到反应体系被加热到高温（通常＞90℃）后，才释放或激活酶的全部活性，从而开始特异性扩增的技术。本章第二节至第四节已详细介绍。

二、降落 PCR

降落 PCR（touch down PCR）是一种简单的降低非特异性扩增的方法，可规避对 PCR 循环条件进行耗时的优化实验。如图 4-6 所示，降落 PCR 过程中，首轮循环的退火温度设置在比引物的解链温度高出几度，使每个后续循环的退火温度逐渐降低，直到退火温度降到等于引物的解链温度或比引物的解链温度低几度，后续的循环在此较低的退火温度下完成，整个程序的退火温度可降低 10～15℃。在最初几个循环内，高温使引物的非特异性结合难以发生，只有同引物互补程度最大的模板序列（很可能这一序列就是感兴趣的序列）才能发生退火事件，因此保证靶序列得到优先扩增。后续循环降低退火温度可保证扩增效率。尽管最终的退火温度降低到足以使非特异性产物有效扩增的温度，但由于靶分子已经开始指数期扩增，因此可以抑制非特异性产物的进一步形成。

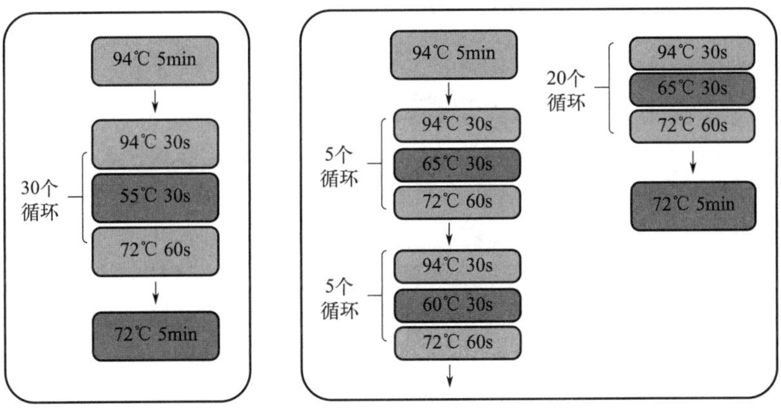

图 4-6 降落 PCR

三、上升 PCR

上升 PCR 和降落 PCR 刚好相反，即扩增开始的几个循环的退火温度设置在比引物的解链温度低出几度，使每个后续循环的退火温度逐渐上升，直到退火温度上升到等于引物的解链温度，然后完成余下扩增，整个程序的退火温度可上升 10～15℃，如图 4-7 所示。

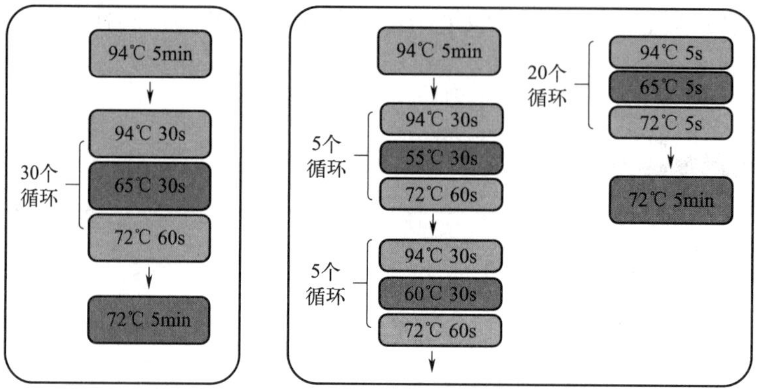

图 4-7　上升 PCR

四、巢式 PCR

巢式 PCR 是标准 PCR 的一种演变，其增强了反应特异性和目标扩增子的产量。在此方法中，需要设计两对 PCR 引物：一对（外引物）在目标扩增区域的侧翼，另一对（巢式引物）对应待扩增的 DNA 区域（图 4-8）。其中，外引物用于第一轮 PCR，以扩增含有延伸侧翼区域的区域。随后，巢式引物被用于第二轮 PCR，并以第一轮 PCR 产物为模板。如果第一对引物（外引物）的错配导致非特异性产物被扩增，相同的非特异性区域被第二对引物识别并继续扩增的可能性非常小，所以通过第二对引物的扩增，PCR 的特异性得到了提升。进行两轮 PCR 的一个优势在于有助于从有限的起始 DNA 中扩增得到足量的产物。

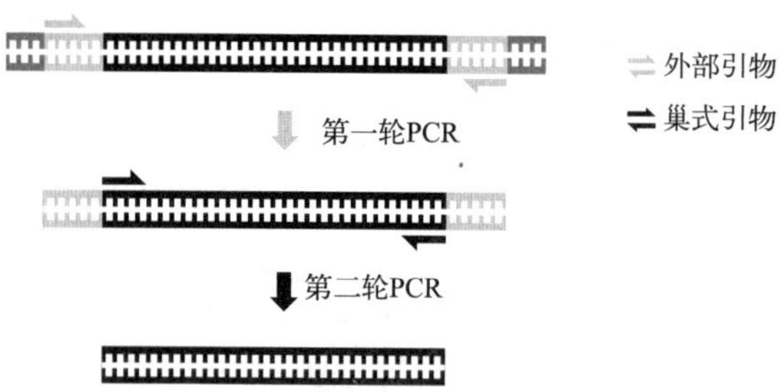

图 4-8　巢式 PCR

五、快速 PCR

在快速 PCR 中，通过缩减 PCR 步骤所需时间来完成更快的扩增，且不会影响扩增产量和效率。快速循环条件尤其适用于具有高扩增能力的 DNA 聚合酶，这类聚合酶在每个结合中可引入更多的核苷酸。高合成能力耐热型 DNA 聚合酶所需的延伸时间仅占低合成能力耐热型聚合酶所需时间的 1/2～1/3，却能维持较高的扩增效率。此外，如果引物的退火和延伸温度相差无几，则可将它们合并为一步，以进一步缩短 PCR 时间。这一过程也被称为两步 PCR 法。

六、直接 PCR

直接 PCR 是指直接从样品扩增目标 DNA，无需进行核酸分离纯化（图 4-9）。直接 PCR 过程中，在高温变性阶段，诸如细胞、组织等材料在特殊的缓冲液中被裂解，释放出 DNA。因此这种方法简化了实验流程，减少了动手操作时间，同时可避免纯化步骤中 DNA 的损失。

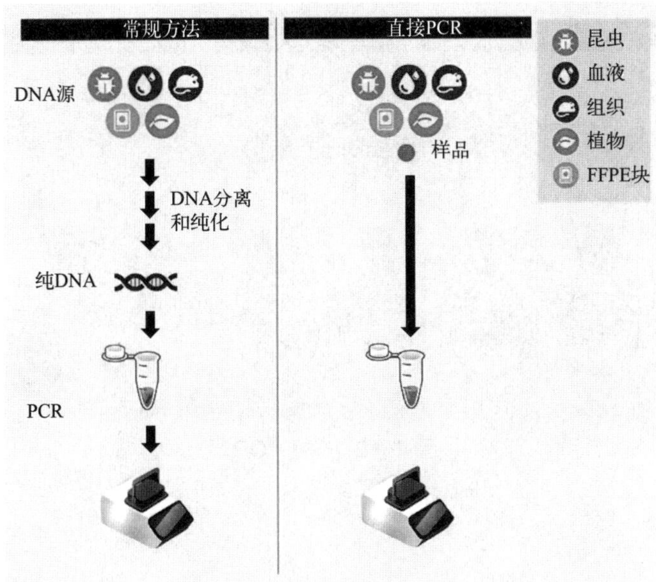

图 4-9　直接 PCR

七、高 GC 含量 PCR

具有高 GC 含量（> 65%）的 DNA 模板由于 G 和 C 碱基间的强氢键影响，比较难以扩增。富含 GC 的序列同时也涉及二级结构形成。因此，富含 GC 的序列可导致 DNA 聚合酶沿模板扩增时“卡顿”并干扰 DNA 合成。

为了扩增高 GC 含量的片段，双链模板必须解离，以便引物与模板结合，并使 DNA 聚合酶能够读取到序列。为了克服强 GC 相互作用，最常用的方法是使用 DMSO 等 PCR 添加剂或辅助溶剂来帮助 DNA 变性。然而，这些试剂通常会降低引物的 Tm，所以退火温度也需进行相应的调整。

高合成能力的 DNA 聚合酶由于与模板的结合能力更强，有利于完成高 GC 含量 PCR。超高热稳定性 DNA 聚合酶也有利于高 GC 含量 PCR，因为较高的变性温度（如使用 98℃代替 95℃）可能会促进双链解离和 PCR 扩增。

八、多重 PCR

多重 PCR 可在同一 PCR 反应管中同时扩增多个不同的片段（图 4-10）。多重 PCR 不仅意味着节省时间、试剂和样品，还能够同时对比多个扩增子。当一个 PCR 管中有多个引物对时，如在多重 PCR 中，因无法仅针对一个引物对或目的片段进行反应优化，而是要考虑到所有引物和靶标，所以可能会出现非特异性扩增和效率降低。因此，为尽量减少由非特异性扩增导致的错配，应对引物进行精心设计。首先，引物序列应尽可能与其目的序列一一对应，并且所有引物的 Tm 相差不应超过 5℃。在多重 PCR 开始前，应利用单个 PCR 反应验证每个引物对的特异性和扩增效率。此外，扩增子应具有不同的大小，从而能够通过凝胶电泳对其进行分离鉴定。除了引物设计和扩增子大小，使用热启动 DNA 聚合酶和专为多重 PCR 设计的缓冲液也将有助于获得成功的 PCR 结果和提高反应特异性。

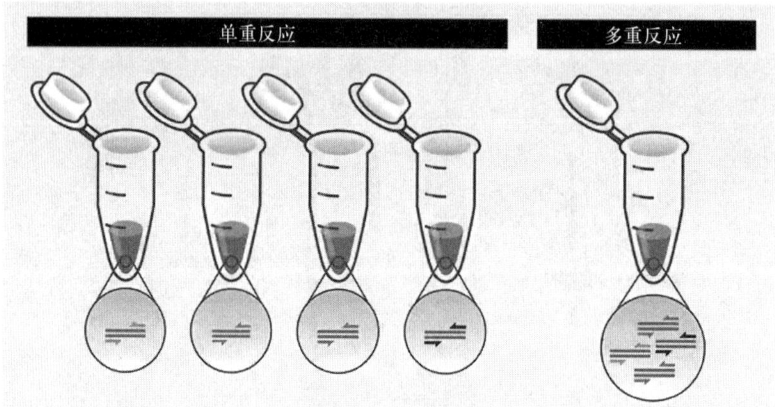

图 4-10　多重 PCR

九、长片段 PCR

长片段 PCR 通常是指扩增大于 5kb 的 DNA 片段。长片段 PCR 传统上使用 *Taq* DNA 聚合酶（用于快速延伸）和高保真酶（用于提高准确性）的混合物。随着具有高合成能力的高保真 DNA 聚合酶被发明出来，现在能够在更短的时间内实现更准确的长片段 PCR。通过在 DNA 聚合酶中设计一个较强的 DNA 结合结构域，从而使其能够在短时间内扩增长片段（如来自 gDNA 的＞ 20kb 片段），实现高合成能力。此外，极高的保真度（如大于 *Taq* 聚合酶保真度的 100 倍）还有助于确保长片段扩增的低错误率。

十、反向 PCR

反向 PCR 起初设计用于确定邻近未知区域的序列。它有助于研究基因的启动子序列；致癌性染色体重排，如基因融合、易位和转座；以及病毒基因整合。该方法之所以被称为反向 PCR，是因为引物设计用于向两边延伸而不像常规 PCR 中朝着彼此延伸（图 4-11）。如今，反向 PCR 常被用于定点突变，复制一个具有预期突变的质粒。

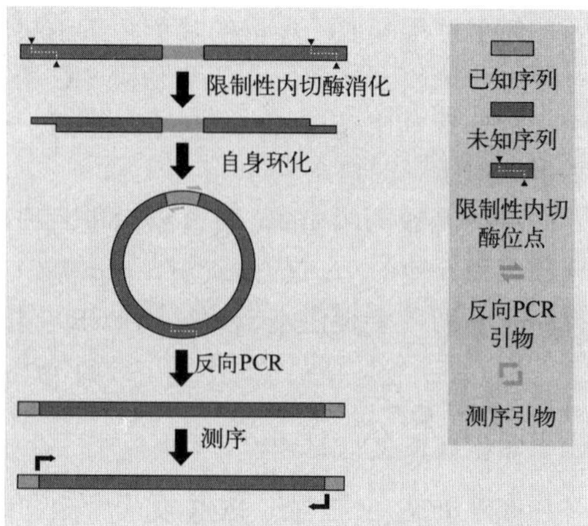

图 4-11　反向 PCR

在研究基因组 DNA 未知序列的传统工作流程中，首先进行限制性酶切消化和连接，再进行反向 PCR，随后对 PCR 扩增子进行测序。对于 gDNA 消化，需选用一种限制性内切酶进行酶切，以获得长度合适且能够自我连接的片段。同时，选定的限制性内切酶不可剪切已知序列，从而使连接发生于侧翼未知序列之间。使用低浓度的酶切 DNA 片段优化连接步骤，使其倾向于自我连接而非多片段连接（即形成连环体）。

完成自我连接后，从 DNA 的已知区域启动反向 PCR。所获得的扩增子每个末端都含有部分已知 DNA 序列。随后，可从末端开始对这些扩增子进行测序，检测上述已知序列的相邻区域。

第六节　反转录 PCR

反转录 PCR（reverse transcription PCR，简称 RT-PCR）是将 RNA 的反转录（RT）和 cDNA 的聚合酶链反应（PCR）相结合的技术（图 4-12）。首先经逆转录酶的作用，从 RNA 合成 cDNA，再以 cDNA 为模板，在 DNA 聚合酶作用下扩增合成目的片段。RT-PCR 技术灵敏而且用途广泛，可用于检测细胞中基因表达水平、细胞中 RNA 病毒的含量和直接克隆特定基因的 cDNA 序列。作为模板的 RNA 可以是总 RNA、mRNA 或体外转录的 RNA 产物。

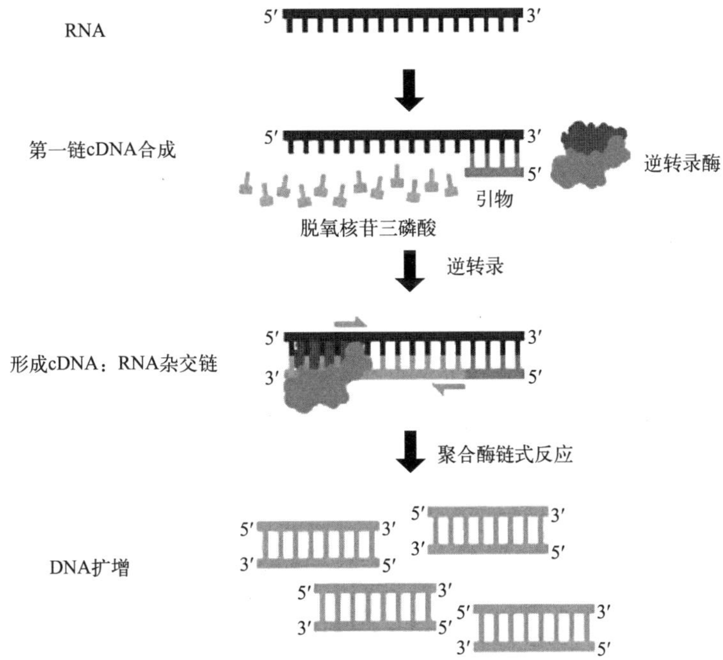

图 4-12　反转录 PCR

一、逆转录酶的发现

分子生物学最初的中心法则认为，DNA 转录成 RNA，然后再由 RNA 翻译成蛋白质。但在 20 世纪 70 年代，随着两支科研团队（分别为威斯康星大学的 Howard Temin 领导的团队和麻省理工学院 David Baltimore 领导的团队）各自独立发现了与 RNA 病毒（逆转录病毒）

复制相关的新酶，这一理论遇到了挑战。这些酶可以将病毒 RNA 基因组转换成互补 DNA（cDNA）分子，随后即可整合到宿主的基因组中。这些酶为 RNA 依赖性 DNA 聚合酶，又称逆转录酶。因为它们与核心理论的 DNA 到 RNA 流程（图 4-13）不同，而是由 RNA 模板转录成 cDNA 分子（图 4-12）。1975 年，Temin 和 Baltimore 凭借在发现逆转录酶方面的创举，获得诺贝尔生理学或医学奖。

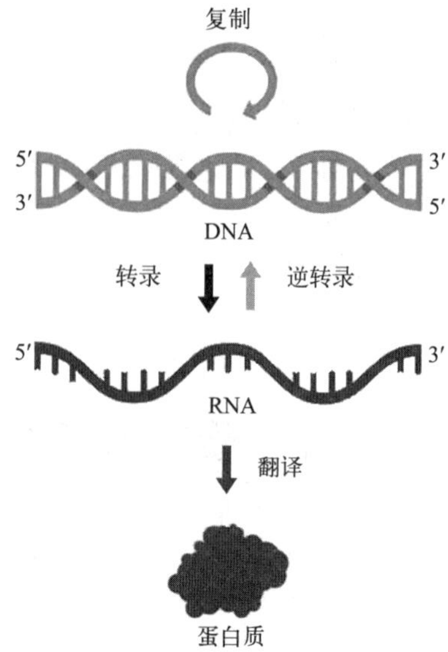

图 4-13　中心法则

二、一步法和两步法 RT-PCR

由于逆转录可为 PCR 扩增和下游实验提供 cDNA 模板，因此，它是实验成功的关键步骤之一。选定的逆转录酶应对所有样本均具有最高效率，即便是难转录 RNA 样本，如降解、抑制剂残留或具有高度二级结构的 RNA 样本。

一步法和两步法是两种最常用的 RT-PCR 方法，每种方法都具有各自的优缺点（图 4-14）。顾名思义，一步法 RT-PCR 在单个反应管中将第一链 cDNA 合成（RT）和后续 PCR 反应结合在一起。该反应设置可简化工作流程、减少结果差异，并将污染的可能性降

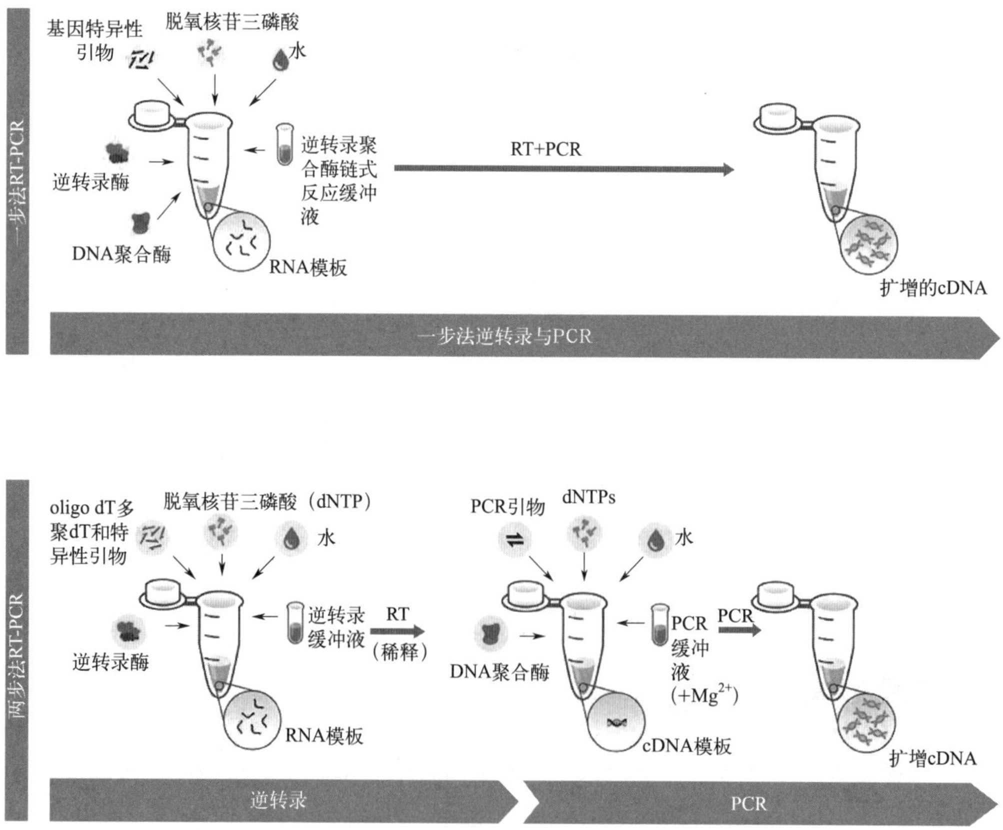

图 4-14　一步法 RT-PCR 和两步法 RT-PCR

至最低。一步法 RT-PCR 简化了大量样本的处理，适用于高通量应用。但是，一步法 RT-PCR 采用基因特异性引物进行扩增，将分析局限于每个 RNA 样本中的几个基因。由于反应需兼顾逆转录和扩增条件，因此，一步法 RT-PCR 在某些情况下可能具有较低的灵敏度和效率。但是，在 RT-PCR 中使用基因特异性引物，有助于最大化目标 cDNA 的得率，并最小化扩增背景。

两步法 RT-PCR 包含两个独立反应，首先进行第一链 cDNA 合成（RT），然后在单个反应管中通过 PCR 扩增第一步中所得 cDNA。因此，两步法 RT-PCR 可用于检测单个 RNA 样本中的多个基因。RT 和 PCR 反应独立进行，可对每个步骤的反应条件进行优化，使逆转录引物选择［oligo（dT）引物、随机六聚体或基因特异性引物］和 PCR 反应建立（如 DNA 聚合酶选择和 PCR 组分）更灵活。与一步法 RT-PCR 相比，两步法 RT-PCR 的缺点包括多个步骤延长了工作流程、增加样本处理和操作步骤以及提高污染和结果变异的可能性。二者对比见表 4-2。

表 4-2 一步法和两步法 RT-PCR 对比

项目	一步法 RT-PCR	两步法 RT-PCR
反应建立	在同时支持逆转录和 PCR 的条件下，将两个反应结合在一起	单独优化的逆转录和 PCR 反应
引物	基因特异性引物	oligo（dT）、随机六聚体或基因特异性引物
最佳用途	分析一种或两种基因	高通量平台，分析多种基因
优势	方便	高通量、灵活

三、RT-PCR 的构建

1. RNA 模板制备

RNA 是逆转录的模板。总 RNA 通常用于 RT-(q)PCR 等下游应用的 cDNA 合成，而特定类型的 RNA［例如信使 RNA（mRNA）、miRNA 等小 RNA］可经过富集而用于某些应用，如 cDNA 文库构建和 miRNA 图谱分析。

保持 RNA 完整性至关重要，在提取、处理、储存和实验使用过程中需要采取特殊的保护措施。防止 RNA 降解的最佳方法包括佩戴手套、使用具有气溶胶屏障的移液器、使用无核酸酶的实验室器具和试剂以及对工作区域进行去污处理。

根据来源材料（如血液、组织、细胞、植物）的类型和实验目标，有多种 RNA 分离和纯化方法可供选择。分离工作流程的主要目标是稳定 RNA 分子、抑制 RNA 酶，并通过适当的储存和提取方法最大程度提高产量。最佳的纯化方法可以去除干扰酶活性的内源性化合物（如植物组织中的复合多糖和腐植酸），以及逆转录酶的常见抑制剂（如盐、金属离子、乙醇和苯酚）。纯化的 RNA 应保存在-80℃，尽量减少反复冻融。

纯化后评估 RNA 质量和数量的方法有许多种。常用的方法是利用紫外光谱法检测特定波长的吸光度。RNA 质量可通过利用 Beer-Lambert 定律测定 260nm 处的吸光度而确定；不同波长的吸光度比值可以确定是否存在特定污染物（表 4-3）。请注意，紫外吸光度不是 RNA 特有的，所有核酸都可以吸收相近波长的紫外线。对于需要更高 RNA 特异性和更灵敏分析的 RNA，可以考虑使用含染料的荧光试剂，这种试剂只在特异性地与目标分子结合时才会释放荧光信号。

表 4-3 利用不同波长的吸光度比值确定特定污染物

波光	可能存在的污染	目标比值
230nm	有机化合物，糖，尿素，盐	$A_{260}/A_{230}>1.8$
260nm	所有核酸	$A_{260}\approx 0.1\sim1.0$
270nm	苯酚	$A_{260}/A_{270}>1.0$
280nm	蛋白质	RNA: $A_{260}/A_{280}\approx 2.0$ DNA: $A_{260}/A_{280}\approx 1.8$
330nm	光散射	$A_{330}=0$

以 28S 和 18S 核糖体 RNA（rRNA）的比值代表总 RNA，可评估 RNA 的完整性。总 RNA 经过变性，并利用凝胶电泳按照分子量大小进行分离，可对其进行定性评估。然后，评估 28S rRNA 与 18S rRNA 的强度比，比值为 2:1 代表完整的 RNA。Agilent Technologies 开发的一种方法结合了微流控技术和专利算法，可定量评估 RNA 的完整性。该方法可产生数字读数，称为 RNA 完整性分数或 RIN，数值在 8～10 之间代表高质量的 RNA。

2. 基因组 DNA 去除

有些情况下，痕量基因组 DNA（gDNA）可能与 RNA 共同被纯化。污染性 gDNA 可能会干扰逆转录，并导致 RT-qPCR 等灵敏性应用出现假阳性、高背景或检测率降低。

为去除 gDNA，通常在 RNA 分离过程中加入 DNase I。在进行 RT-PCR 之前，必须完全去除 DNase I，因为任何残留的酶都会使单链 DNA（如引物和合成 cDNA）降解。通常，DNase I 失活（如 EDTA 和加热处理）或酶去除步骤会导致 RNA 降解或样品损失。作为 DNase I 的替代品，可使用双链特异性 DNase 去除污染性 gDNA，而不影响 RNA 或单链 DNA。它们的热分解性质使其在相对温和的温度（如 55℃）下即可失活，同时没有负面影响。在逆转录反应之前，可以将这种双链特异性热分解 DNase 与 RNA 在 37℃下孵育 2min，从而简化工作流程。

3. 逆转录酶

逆转录酶以 RNA 为模板合成互补 DNA，但这一类逆转录酶可能具有不同的功能活性和性质（表 4-4）。它们的性质会影响其逆转录长 RNA 转录物、富含 GC 的 RNA、具有明显二级结构的 RNA 和次优质 RNA 的能力。分子生物学中使用的大多数逆转录酶来源于禽成髓细胞瘤病毒（AMV）或莫洛尼鼠白血病病毒（MMLV）的 *pol* 基因。AMV 逆转录酶是在实验室中首批用于 cDNA 合成的酶之一。该酶是一种分子量为 170kDa 的异二聚体，最佳反应温度范围为 42～48℃。AMV 逆转录酶具有较强的 RNase H 活性，可降解 RNA:cDNA 复合物中的 RNA，产生较短的 cDNA 片段（< 5kb）。MMLV 逆转录酶因具有单体结构而成为常用的替代品，可对重组酶进行更简单的克隆和修饰。MMLV 逆转录酶是一种分子量为 75kDa 的酶，反应温度约为 37℃。虽然 MMLV 的热稳定性低于 AMV 逆转录酶，但其 RNaseH 活性较低，因此具有更高的长 cDNA（< 7kb）合成效率。为了进一步改善 cDNA 合成，MMLV 逆转录酶经过改良具有更低的 RNase H 活性（即突变的 RNA

酶 H 结构域或 RNase H–）、更高的热稳定性（高达 55℃）和更强的持续合成能力（65 倍以上）。这些属性可增加 cDNA 长度和产量，提高灵敏度，改善抑制剂耐受性，并缩短反应时间。

表 4-4 不同逆转录酶对比

项目	AMV 逆转录酶	MMLV 逆转录酶	改良型 MMLV 逆转录酶
RNase H 活性	高	中	低
反应温度	42℃	37℃	55℃
反应时间	60min	60min	10min
目标长度	≤ 5kb	≤ 7kb	≤ 12kb
相对产量	中	低	高

4. 引物选择

为了启动逆转录，逆转录酶需要一种短 DNA 寡核苷酸（即引物）与其互补序列在 RNA 模板上结合，并作为新链合成的起点。根据 RNA 模板和下游应用，有三种基本类型的引物可供选用：oligo(dT) 引物、随机引物和基因特异性引物。

oligo(dT) 引物由 12～18 个脱氧胸苷酸组成，与真核 mRNA 的 poly(A) 尾部退火，仅占总 RNA 的 1％～5％。这些引物是从真核 mRNA 构建 cDNA 文库、全长 cDNA 克隆和 cDNA 末端 3′快速扩增（3′RACE）的最佳选择。由于 oligo(dT) 引物对 poly(A) 尾部的特异性，它们不适用于降解 RNA，如来自福尔马林固定石蜡包埋（FFPE）样品的 RNA，也不适用于缺少 poly(A) 尾部的 RNA，如原核 RNA 和 microRNA。由于 cDNA 合成开始于 3′ poly(A) 尾部，oligo(dT) 引物可能引起 3′ 末端偏差。具有明显二级结构的 RNA 也可能破坏全长 cDNA 合成，导致 5′ 末端的代表性降低。

通过修饰 oligo(dT) 引物，可以提高逆转录效率。例如，oligo(dT) 引物的长度可以延伸到 20 个核苷酸或更长，使其在较高温度的逆转录反应中退火。在一些情况下，oligo(dT) 引物可能包括 3′ 末端的多义碱基，如 dN（dA，dT，dG 或 dC）和 dV（dG，dA 或 dC）。该修饰可防止 poly(A) 滑移，并且将起始位点锁定在 poly(A) 尾部的上游位置。这些引物被称为锚定 oligo(dT)。

随机引物是具有随机碱基序列的寡核苷酸。它们通常由 6 个核苷酸组成，被称为随机六聚体、N6 或 dN6。由于随机引物的随机结合（即没有模板特异性），其可以退火到样品中的任何 RNA 种类。因此，这些引物被认为可以用于无 poly(A) 尾部结构（如 Rrna、Trna、非编码 RNA、小 RNA、原核 mRNA）的 RNA、降解 RNA（如来自 FFPE 组织的 RNA）和具有已知二级结构的 RNA（如病毒基因组）的逆转录。

虽然随机引物有助于改善 cDNA 合成，但它们不适用于长 RNA 的全长逆转录。增加逆转录反应中的随机六聚体浓度可提高 cDNA 产量，但同时也会增加相同模板上多个位点的结合，从而导致 cDNA 片段较短。

此外，仅使用随机引物可能不适用于某些 RT-PCR 应用。例如，高估 mRNA 拷贝数就是一个需要考虑的问题。两步法 RT-PCR 经常使用 oligo(dT) 和随机引物的混合物，从而保障所有引物类型的效果。在 microRNA（miRNA）表达测定中，随机六聚体并不适用，必须为 miRNA 的逆转录设计特殊引物。

基因特异性引物可提供特异性最强的逆转录引物配对。这些引物是根据目标 RNA 的已知序列进行设计的。由于引物与特异性 RNA 序列结合，每个目标 RNA 都需要一套新的基因特异性引物。因此，对多种目标 RNA 的分析需要使用更多的 RNA。基因特异性引物通常可用于一步法 RT-PCR。

5. 主要反应组分

除酶和引物之外，逆转录的主要反应组分还包括 RNA 模板（预处理以去除基因组 DNA）、缓冲液、dNTPs、DTT、RNase 抑制剂、无 RNase 水、反应缓冲液可维持反应的最佳 pH 和离子强度。提供的缓冲液还可能含有提高逆转录效率的添加剂。dNTPs 通常为 0.5～1mmol/L，最好为等摩尔浓度。推荐使用新鲜稀释的高品质 dNTPs，以确保良好的逆转录。DTT，一种还原剂，通常用于提供最佳的酶活性。如果 DTT 或其他添加剂发生沉淀，会降低反应效率，因此，应溶解反应组分并充分混匀。RNA 酶抑制剂通常包含在反应缓冲液中或被加到逆转录反应中，用于防止 RNA 降解。RNA 酶可能在分离过程中被共同纯化，或者在反应建立期间被引入。已知的 RNA 酶有许多种，应根据其作用方式和反应要求选择合适的 RNA 酶抑制剂。逆转录反应中使用的水应不含有核酸酶。最好选用商业来源的无核酸酶水，或经 DEPC（焦碳酸二乙酯）处理去除 RNA 酶的水。RNA 酶不能通过简单的过滤去除，而且由于 RNA 酶是热稳定的，无法通过高压消毒去除。

6. 反应温度和时间因素

逆转录反应包含三个主要步骤：引物退火、DNA 聚合和酶失活。这些步骤的温度引物退火：将引物与 RNA 模板混合，加热至 65℃并维持 5min，然后冰浴至少 1min。这有助于确保 RNA 保持单链以及引物与靶标有效退火。退火后，加入逆转录酶和必需组分（如缓冲液、dNTPs、RNA 酶抑制剂）。

DNA 聚合：在此步骤中，反应温度和持续时间可能会根据引物选择和所用的逆转录酶而变化。使用 oligo(dT) 引物（Tm 值在 35～50℃），可以在逆转录酶的最佳反应温度（37～50℃）下直接孵育反应。随机六聚体因其较短的长度，通常具有较低的 Tm（10～15℃）。因此，当使用随机六聚体单独或与 oligo(dT) 组合时，建议在加入酶后，在室温（25℃）孵育逆转录反应 10min 以延伸引物。

逆转录酶的热稳定性各不相同，而热稳定性决定了每种酶的最佳聚合温度。使用热稳定的逆转录酶，可达到更高的反应温度（如 50℃），帮助富含 GC 或具有二级结构的 RNA 变性，同时不影响酶活性。使用这种酶，可通过高温孵育增加 cDNA 产量、长度和代表性。

聚合时间取决于逆转录酶的持续合成能力，即单次聚合过程中掺入的核苷酸数量。例如，持续合成能力较低的野生型 MMLV 逆转录酶通常需要 60 多分钟才能合成 cDNA。相比之下，持续合成能力较高的改良型逆转录酶可能只需要 10 分钟时间，就可以合成 9kb cDNA。持续时间因引物选择、目标 RNA 和使用的逆转录酶而异。

四、RT-PCR 的应用

1. 半定量 RT-PCR

半定量（semi-quantitative）RT-PCR 是分析基因转录水平的常用方法。在该方法中需要使用内参基因（也被称为看家基因或者持家基因，house-keeping gene），通常是肌动蛋白、*GAPDH* 或 *EF1α* 等基因。默认所分析各类组织或者细胞中的内参基因表达水平恒定。从所需要分析的组织或细胞通过 RNA 提取纯化实验得到总 RNA 之后，通过反转录反应合成 cDNA 混合物，此时靶基因和内参基因的 mRNA 都得到了反转录再进行 PCR 扩增，通过使用靶基因和内参基因的特异性检测引物对 cDNA 混合物进行 PCR 扩增，然后通过琼脂糖凝胶电泳展示扩增结果，通过扩增结果的条带密度计算靶基因的扩增条带密度与内参基因的扩增带密度的比率，以内参基因表达水平为基准，获得靶基因的相对表达变化，可以推测样品中特异 mRNA 的相对数量。与传统的检测方法 Northern 印迹和 RNase 保护分析相比，半定量 RT-PCR 具有高灵敏度（比 Northern 印迹高出 1000～10000 倍），具有更好的特异性、快速性和简单性，以及对初始总 RNA 量的要求不那么严格的优点。

2. cDNA 文库

逆转录酶在分子生物学中的首要应用之一是构建 cDNA 文库。cDNA 文库由可代表特定样本中转录序列的 cDNA 克隆组成。因此，文库提供了关于特定细胞类型、器官或发育阶段的基因时空表达信息。cDNA 文库克隆可用于鉴定新型 RNA 转录物、测定基因序列和重组蛋白的表达。

构建 cDNA 文库的必要条件是 RNA 可适当代表其全长和 / 或相对丰度，因此，逆转录酶的选择非常重要。具有高持续合成能力的逆转录酶可以合成长 cDNA，并捕获低丰度 RNA。同样，在对具有高度二级结构的 RNA 进行逆转录时，建议使用热稳定性较强的逆转录酶。在逆转录后，有多种方法可以将 cDNA 插入克隆载体。第二链合成后获得的双链 cDNA 通常具有钝端，可以克隆到平端载体中。虽然平端克隆所含步骤较少，但这种方法可能具有较低的插入效率，并导致插入后的方向性丧失。或者，可通过修饰在 cDNA 末端添加具有已知序列的其他核苷酸。例如，为修饰 cDNA 的 5′端，可使用具有附加 5′核苷酸的 oligo(dT) 引物启动逆转录；为修饰 3′端，可以连接具有目标序列短 DNA 寡核苷酸（被称为接头）。通过这种方式，可将定向插入位点（如限制性酶切-连接、同源重组）、启动子结合（如 T3 和 T7 序列）和亲和纯化（如生物素和 His 标签）轻松整合到 cDNA 序列中。

3. cDNA 末端快速扩增

cDNA 末端快速扩增（rapid amplification of cDNA ends，RACE）是一种基于 PCR 的方法，可用于确定 cDNA 5′和 3′端的未知序列。通常，这些方法分别被称为 5′RACE 和 3′RACE。RACE 的实验目标包括鉴定 5′和 3′非翻译区、研究异质性转录起始位点、表征启动子区域、测定完整 cDNA 序列以及用于蛋白质表达的完整开放阅读框（ORF）的测序。

使用具有单侧特异性的 PCR（也称为单侧或锚定 PCR）扩增 cDNA 的未知区域，用作 RACE 产物。5′RACE 通过延伸具有寡核苷酸的 5′端进行 PCR 引物结合，而 3′RACE 利用 mRNA 的 poly(A) 尾部结构作为 PCR 的通用引物位点。

在 5′RACE（图 4-15）中，使用基因特异性引物，将特定序列或相关家族的 mRNA 逆转录到第一链 cDNA 中。然后，使用末端脱氧核苷酸转移酶（TdT）在 cDNA 3′端添加一个同聚物尾部结构（通常是一串 Cs），或将 cDNA 3′端连接到寡核苷酸接头上。随后，进行两轮半嵌套 PCR，以扩增 5′端未知序列的区域。PCR 还可通过下游应用的引物延长扩增子，如定向克隆的限制性位点引入和用于测序的通用测序引物结合位点。

在 3′RACE（图 4-15）中，使用具有接头序列的 oligo(dT) 引物将 mRNA 逆转录成

cDNA。然后，使用已知上游外显子序列的特异性引物和通过 oligo(dT) 引物引入的接头序列，进行两轮半嵌套 PCR。通过这种方式，可对外显子和 poly(A) 尾部结构之间的未知 3′端 mRNA 序列进行扩增，以用于进一步分析。

起始 RNA 的质量和逆转录反应的设置对于成功完成 RACE 实验至关重要。在 5′RACE 中，任何长度的（甚至包括未到达 mRNA 5′端的）第一链 cDNA 都将具有添加序列（即同聚物尾部结构或接头），随后通过 PCR 进行扩增。为了最大化全长 cDNA 的合成，应选择具有最低 RNA 酶 H 活性、高持续合成能力和高热稳定性的逆转录酶。

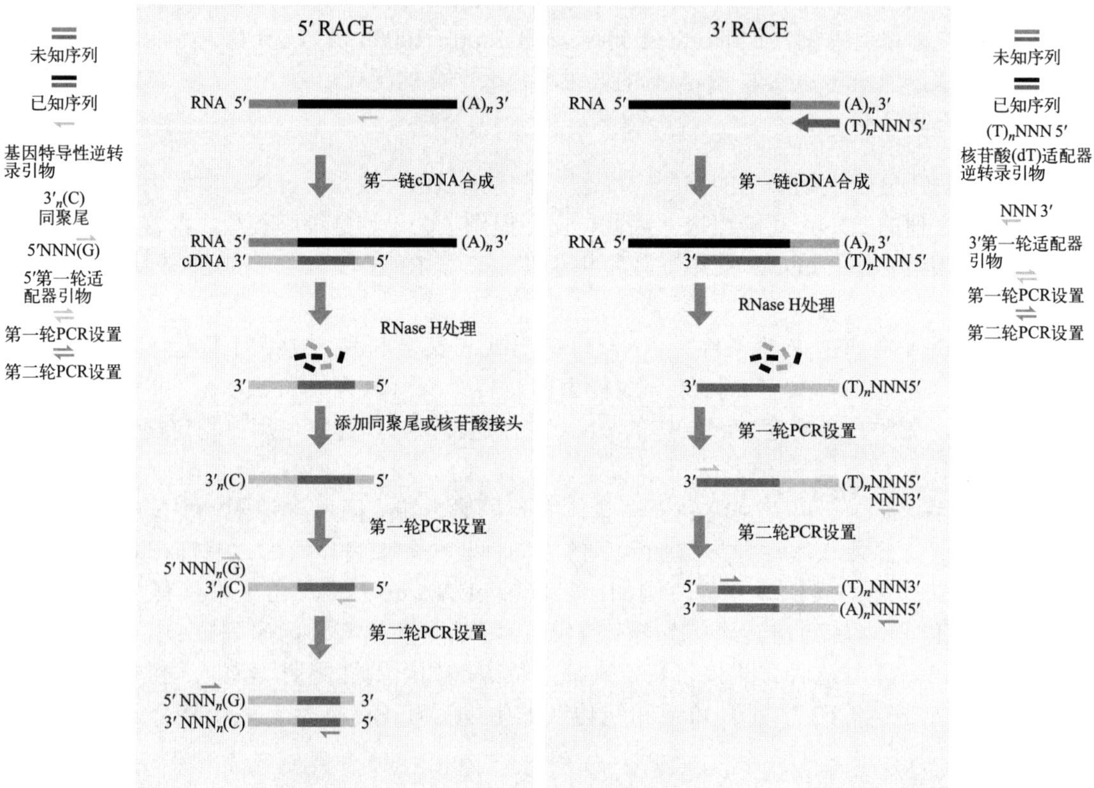

图 4-15　5′RACE 和 3′RACE

4. RNA 测序

RNA 测序，又称为 RNA-Seq，通常可用于研究从基因组转录的 RNA 及其调控作用。随着二代测序（NGS）的出现，RNA-Seq 已经成为用于分析全转录组（即转录的编码和长链非编码 RNA）、测定基因表达、发现剪接变异和融合转录物以及检测低丰度基因的高通量方法。与基因芯片相比，RNA-Seq 的优点包括动态范围更大、灵敏度更高以及可在无基因组信息的情况下表征 RNA 序列。

由于大多数测序平台是为 DNA 设计的，因此，RNA-Seq 模板制备需要进行逆转录。最好的结果是所得 cDNA 能够无偏差代表初始 RNA，包括低丰度转录物。全长 cDNA 合成对于捕获样本中的所有 RNA 序列也很重要。逆转录的错误率非常关键，其取决于序列文库的大小和数据质量。因此，应认真选择逆转录酶。

研究目标和测序技术将决定 RNA-Seq 模板制备的顺序和方法。生成测序文库的标准工作流程包括富集目标 RNA、RNA 或 cDNA 片段化、逆转录、测序接头的添加（在多重测序中，还需添加索引或条形码），以及可选的文库 PCR 扩增（图 4-16）。

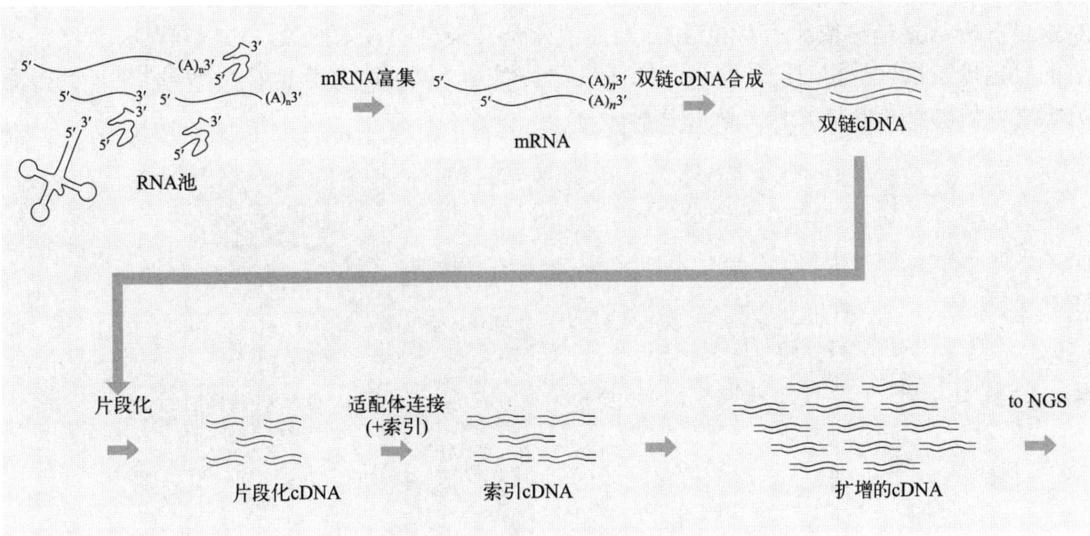

图 4-16　文库构建和扩增

第七节　实时荧光定量 PCR

一、荧光定量 PCR 介绍

实时荧光定量 PCR（qPCR），是指在 PCR 扩增反应体系中加入荧光染料或者荧光基团，在整个 PCR 反应过程中通过收集荧光信号来实时监测每一个循环中扩增产物量的变化，最后通过 Ct 值（cycle threshold）和标准曲线对待测检测样品进行定量分析（图 4-17）。与以往 PCR 结束后通过电泳分析目标条带的大小和亮度来判断样品中基因的丰度高低不同，qPCR 是一种过程 PCR，即在 PCR 的过程中就可以进行信号监测，监测的是与 PCR 产物结合的荧光染料，随着 PCR 产物的增多，荧光信号越强，最终达到峰值。荧光信号达到荧光阈值，在荧光背景上可以检测到，发生这种情况的循环数称为阈值循环（Ct）。如果所检测的目标基因在样品中的拷贝数越多，那么荧光信号达峰时间越短，所需循环数越少；反之，如果所检测的目标基因在样品中的拷贝数越少，那么荧光信号达峰时间越长，所需循环数越多。通过与标准样品中参考基因的达峰时间进行比对，就可以确定目标基因在样品中的含量，故称之为定量 PCR。因为荧光信号是实时变化的，所以又被称为实时荧光定量 PCR。

荧光信号由非特异性的能够结合 DNA 的荧光染料提供。在 PCR 初始阶段，因为模板双链 DNA 含量较低，所能够结合的荧光染料较少，产生的荧光信号较弱，称之为基底荧光。一旦 DNA 发生扩增，就会有大量荧光染料结合到所产生 DNA 片段上，荧光信号飞速增强。

qPCR 在聚合酶链反应“变性—退火—延伸”扩增过程的“延伸”段，对荧光探针标记的靶基因荧光信号进行实时采集，通过 3 个参数（荧光信号-Ct值-靶基因的起始浓度）间的关系（图 4-17），最终确定靶基因的拷贝数或基因的表达水平。

实时荧光定量 PCR 极大地扩展了 PCR 技术在整个生命科学的研究与应用，例如感染性疾病、肿瘤遗传性疾病、移植配型、个性化用药等众多医学领域，尤其是在临床医学检验和食品安全检测等领域迅速发展，成为许多病原微生物诊断的金标准。但由于定量 PCR 的绝对定量分析结果最终依赖于 Ct 值和标准曲线，是其最大的技术瓶颈，所以在某种意义上所谓的“定量”也只是相对的。而且在低拷贝靶基因分子模板浓度差异细微的条件下，其检测灵敏度、精确度和分辨率都受到了限制。

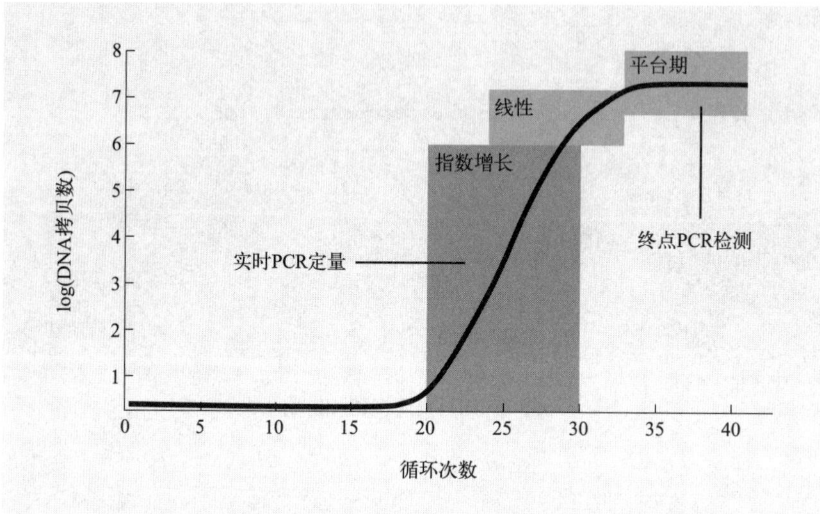

图 4-17　荧光定量 PCR 曲线

二、荧光定量 PCR 检测方法

qPCR 常用的检测方法主要有两种：TaqMan 探针法和 SYBR Green 法。

1. TaqMan 探针法

TaqMan 探针是最早用于定量的方法，也是临床检测中最常用的检测方法。TaqMan 探针是最为常用的一种水解探针，在探针的 5′端存在一个荧光基团，通常为 FAM，探针本身则为一段与目的基因互补的序列，在探针的 3′端有一个猝灭基团，根据荧光共振能量转移原理（fluorescence resonance energy transfer，FRET），当报告荧光基团（供体荧光分子）和猝灭荧光基团（受体荧光分子）激发光谱重叠且距离很近时（7～10nm），供体分子的激发可以诱发受体分子发荧光，而自身荧光减弱。所以 PCR 反应开始，探针游离于体系中完整存在时，报告荧光基团并不会发出荧光；当退火时，引物和探针结合于模板，在延伸阶段，聚合酶不断地合成新链，由于 DNA 聚合酶具有 5′→ 3′核酸外切酶活性，到达探针时，DNA 聚合酶就会将探针从模板上水解下来，报告荧光基团和猝灭荧光基团分开，释放荧光信号（图 4-18）。由于探针和模板存在一对一的关系，所以在实验的精

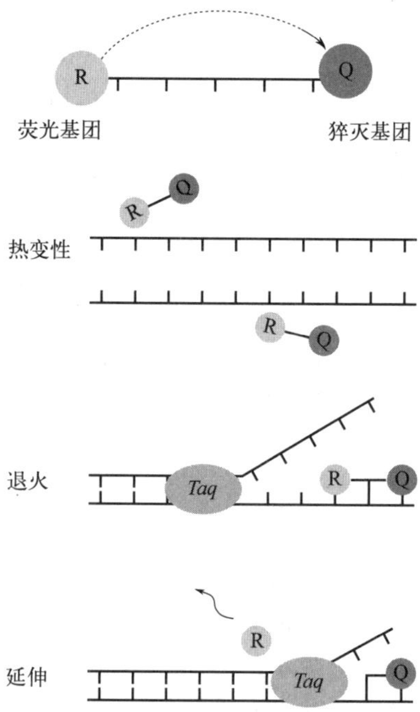

图 4-18　TaqMan 探针原理

度和灵敏度上，探针法都要优于染料法。每扩增一条DNA，就形成一个荧光分子，PCR产物的形成与荧光分子的形成完全同步，PCR产物越多，荧光信号累积得越多，荧光强度越大。

优点：检测特异性强；灵敏度高；适合进行多重qPCR检测；PCR后续无需处理，节省时间和原料成本。缺点：需要根据不同的序列，合成不同的探针；探针的水解依赖*Taq*酶外切酶的活性，定量时容易受试剂和酶性能影响；猝灭难以彻底，本底较高；检测结果很难判断实际的扩增特性。

2. 荧光染料法（SYBR Green）

SYBR Green Ⅰ是荧光定量PCR中最常用的荧光染料，它能够与所有的双链DNA结合。在PCR反应体系中，加入SYBR Green Ⅰ，它就会在过程中与双链DNA结合，从而产生荧光信号（图4-19）。因此，反应中发出的全部荧光信号就会与反应中双链DNA的量呈正比，荧光强度也会随着产物的增加而增加。但是由于染料与双链DNA是非特异性结合，因此可能产生假阳性的结果。优点：价格相对较低；使用方便；对DNA模板没有选择，通用性好；检测灵敏度高。缺点：可能产生假阳性结果，需要通过熔解曲线分析识别扩增产物的特异性；需要不断优化反应体系以降低非特异性扩增；不适合进行多重qPCR检测。

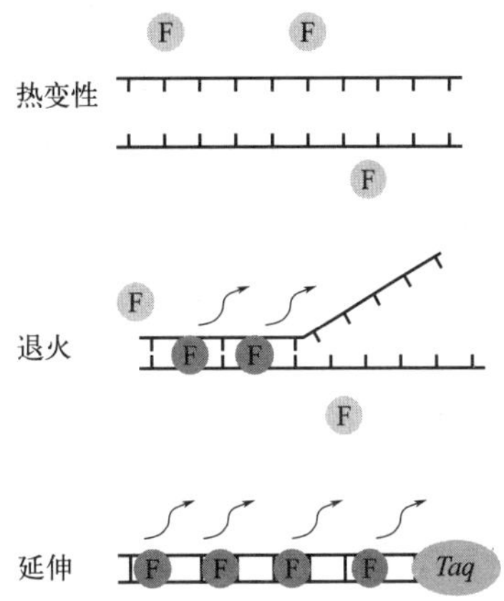

图4-19　SYBR Green原理

思考题

1. 什么是PCR？
2. PCR的基本原理是什么？
3. PCR反应包括哪几种组分？
4. 什么是DNA聚合酶的保真性？
5. 什么是直接PCR？
6. 什么是反转录PCR？
7. 什么是RACE？
8. 什么是荧光定量PCR？

第五章

核酸测序技术

知识目标 1. 掌握双脱氧链终止法测序技术的基本原理。
2. 熟悉第二代测序的基本原理和工作流程，以及自动化测序的建库策略。
3. 了解纳米孔（Nanopore）测序和 PacBio 测序的基本过程和原理。

能力目标 1. 掌握双脱氧链终止法测序的操作方法，通过凝胶直读法正确读取测序序列。
2. 理解自动化测序仪的主要构成及工作原理；理解二代测序文库构建、桥式 PCR 产生 DNA 簇、高通量并行测序流程。
3. 了解单分子测序、Nanopore 测序和 PacBio 测序的原理，以及 Hi-C 拼接的策略。

思政目标 1. 从手工测序到高通量测序，再到单分子测序，科学技术发展迅速。我国在人类基因组计划提出后，积极参与测序相关研究，紧跟研究前沿，并首次完成了多个基因组测序。通过我国测序技术发展历程，培养学生为祖国科学事业奋斗的崇高理想。
2. 我国基因测序行业正处于高速成长阶段，越来越多具有完全自主知识产权的基因测序产品获批上市，实现商业量产，实现基因进口测序仪国产化替代。结合当前技术、学科发展，以及我国相关政策，培养学生爱国主义情操。

第一节　第一代测序技术

DNA 测序是对 DNA 分子的核苷酸排列顺序的测定，也就是测定组成 DNA 分子的 A、T、G、C 的排列顺序。第一代 DNA 测序技术主要为 1975 年由桑格（Sanger）和库尔森（Coulson）开创的链终止法以及 1976～1977 年由马克西姆（Maxam）和吉尔伯特（Gilbert）发明的化学法（链降解）两种方法。

一、双脱氧链终止法测序技术

（一）测序基本原理

核酸模板在核酸聚合酶、引物、4 种单脱氧碱基存在的条件下复制时，只要在 4 管反应体系中混入一种不同的双脱氧核苷三磷酸（ddNTP），由于 ddNTP 缺乏延伸所需的 3′-OH，所以用 G、A、T 或 C 选择性地终止延长寡核苷酸，终点由反应中相应的双脱氧核苷三磷酸决定。各自的 dNTPs 和 ddNTPs 的相对浓度可以调整，可以使反应得到数百至数千个碱基的连锁反应生成物。它们有一个共同的起始点，但终止于不同的核苷酸。反应结束后，分为 4 个泳道进行电泳。高分辨率变性凝胶电泳可分离出大小不一的片段，为了分离长短不同的核酸片段（长度相邻的只有 1 个碱基不同），可以基于片段 3′末端的双脱氧碱基，凝胶处理后可通过 X 射线胶片辐射自显影或非同相体标记检测，按顺序读取合成片段的碱基序列（图 5-1）。

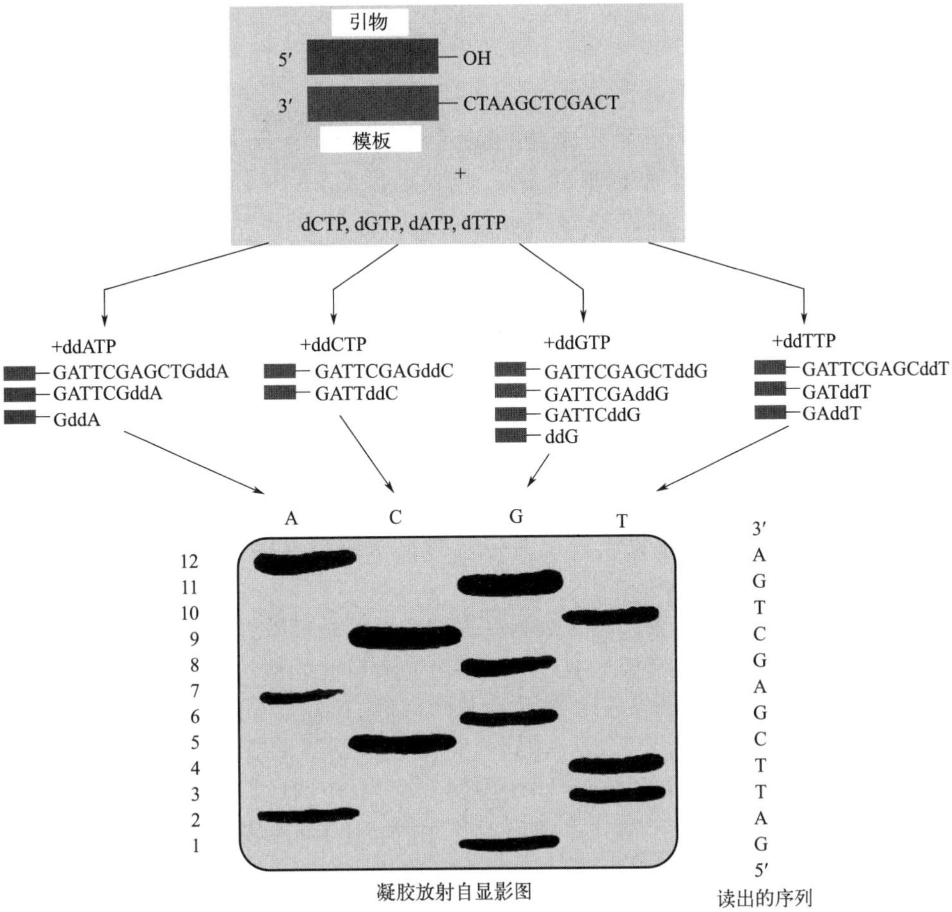

图 5-1 双脱氧链终止法

（二）测序操作程序

① 分离待测核酸模板，模板可以是 DNA，也可以是 RNA，可以是双链，也可以是单链。

② 在 4 只试管中加入适当的引物、模板、4 种 dNTP（包括放射性标记的 dNTP，例如 ^{32}P dNTP）和 DNA 聚合酶（如以 RNA 为模板，则用逆转录酶），再在上述 4 只管中分别加入一种一定浓度的 ddNTP。

③ 与单链模板（如以双链作模板，要变性处理）结合的引物，在 DNA 聚合酶作用下从 5′端向 3′端进行延伸反应，^{32}P 随着引物延伸掺入到新合成链中。当 ddNTP 掺入时，由于它在 3′位置没有羟基，故不与下一个 dNTP 结合，从而使链延伸终止。ddNTP 在不同位置掺入，因而产生一系列不同长度的新的 DNA 链。

④ 用高分辨率的变性聚丙烯酰胺凝胶电泳同时分离 4 只反应管中的反应产物，由于每一反应管中只加一种 ddNTP（如 ddATP），则该管中各种长度的 DNA 都终止于该种碱基（如 A）处。所以凝胶电泳中该泳道不同带的 DNA 3′端都为同一种双脱氧碱基。

⑤ 放射自显影。根据 4 个泳道的编号和每个泳道中 DNA 带的位置直接从自显影图谱上读出与模板链互补的新链序列。

（三）测序体系

测序体系包括核酸模板、DNA 聚合酶、测序引物和同位素标记或荧光标记的脱氧核糖核苷酸等。

1. 测序模板

在 Sanger 测序反应中，既可以是纯化的单链 DNA，也可以是双链 DNA 经热变性或碱变性后的单链，还可以是 PCR 产物。一般进行 DNA 片段测序，测序样品可以是 PCR 产物、质粒或者菌液。送测序的样品，可以直接送 PCR 产物。未纯化的 PCR 产物要求片段大于 200bp，PCR 产物 50μL，3μL 样品琼脂糖凝胶电泳有清晰可分辨的目的条带（注明目的基因片段大小），自带引物浓度 5～10μmol/L。纯化的 PCR 产物电泳检测条带单一，浓度大于 20ng/μL，体积大于 10μL，用双蒸水溶解（切勿用 TE 溶液溶解）。PCR 产物直接测序时，首先要经电泳分析 PCR 反应的特异性，特异性高的样品可直接用 PCR 产物纯化后进行测序，特异性低的需要切胶回收或连接载体后进行测序，否则测序结果会有很多重叠峰，导致无法判读序列。质粒一般要求浓度大于 50ng/μL，体积大于 20μL，质粒应溶解于双蒸水中（切勿用 TE 溶液溶解），大质粒需注明载体长度。菌液样品应说明载体抗性，应为高拷贝质粒，对于低拷贝质粒，直接提供 1μg 的纯化质粒，提供 1mL 左右过夜培养新鲜菌液。

模板纯度直接影响测序结果，大多数测序失败的原因是模板纯度不够，表现为测序曲线峰图谱上仅显示引物峰。如果模板浓度过高，则荧光染料前期消耗过多，造成序列起始信号强，然后信号迅速减弱甚至中断，形成峰位后忽然降低的谱形，测序长度变短。如果模板浓度太低，则信号太弱，信噪比大，就会出现峰位很低，碱基读值准确率降低，甚至无法判读。当模板中的 GC 含量较高或含有特定的二级结构时，可通过调整变性、退火的温度或时间，或者增加循环次数，或在反应体系中加入变性剂等使 DNA 模板解链、双链线性化等克服模板带来的问题。

2. 测序用酶

选用合适的 DNA 聚合酶进行测序反应也是保证测序质量的重要因素之一，常用于双脱氧链终止法测序的 DNA 聚合酶有以下几种：

（1）Klenow 片段。大肠杆菌的 DNA 聚合酶 Ⅰ 经枯草杆菌蛋白酶（或胰蛋白酶）处理后，原来的酶被切成两个片段，其中的大片段通常称为 Klenow 片段。该片段保留了 DNA 聚合酶 Ⅰ 的 5′→3′聚合酶和 3′→5′外切酶活性，但缺少完整酶的 5′→3′外切酶活性。此酶是最早用于 Sanger 测序的酶。

（2）耐热 DNA 聚合酶被广泛应用于各类 PCR 扩增，也用于以 Sanger 法为基础的 DNA 测序。在该类测序方法中，耐热 DNA 聚合酶与其他 DNA 聚合酶相比较具有两大优点：由于采用热循环线性扩增模板 DNA，获得清晰可辨的序列梯带所需要的模板 DNA 量少，提高测序的灵敏度；耐热 DNA 聚合酶可以在 95℃高温下保持稳定，测序反应可以在高温

（70～80℃）下进行，能克服富含 GC 序列的模板形成自身二级结构对测序的影响。通常使用的有测序级 *Taq* DNA 聚合酶、*Bca*Best DNA 聚合酶、*Sac* DNA 聚合酶、*Pfu* DNA 聚合酶、KOD DNA 聚合酶等各类高保真、热稳定性好的聚合酶。

（3）测序酶是一种经过化学修饰的 T7 噬菌体 DNA 聚合酶。该酶原来具有很强的 5′外切酶活性，经过修饰后，这一活性大部分被消除。测序酶的持续合成能力强，聚合速率很高，对 dNTP 类似物有广泛的耐受性，是测定长片段 DNA 序列的首选酶。T7 测序酶具有高聚合速度和高度连续性，因此几乎没有错误终止，整个反应可在短时间内完成，并且不需要其他反应（追赶步骤）。然而，对于具有紧密二级结构的区域，错误的终止反应将导致读取序列困难。如果遇到这些情况，则应使用某些高温 DNA 聚合酶。

3. 测序引物

测序引物包括通用引物和自带引物，通用引物一般在购买载体时由公司提供，一般测序引物如 T7、SP6、M13、pCMV、GLp 等通用载体或者部分保守基因的测序，如 16S rDNA、18S rDNA 或 ITS 等序列测定时，公司提供相应的通用引物。这些引物已经被验证具有良好的扩增效果，不需要特定的序列信息，将未知序列连接到载体上，通过通用引物扩增完成测序过程。

自带引物测序必须为特异性引物，不能随机、简并、不纯或带荧光标记。测序引物长度一般要求在 18～25bp，最长不超过 30bp，GC 含量在 35%～60% 之间，Tm 值在 55～65℃之间，尽量避免 A、T、G 和 C 的连续结构，避免引物自身形成发夹结构或引物二聚体，保证引物和模板 100% 匹配，特别是 3′端的几个碱基一定要 100% 匹配，同时保证引物和模板之间只能有 1 个结合位点。普通 PCR 扩增引物要求相对低一些，可以用于普通 PCR 扩增的引物，不一定适合测序。

测序引物对测序的影响主要与引物的长度与特异性有关，同时也与 Tm 值有关。引物的 Tm 值最好在 50～60℃之间，不会造成成串的 G、C 出现；若引物的 Tm 值超过 60℃，需要相应地调整测序反应循环条件才能获得较好的结果。引物保存时间过长及反复冻融，使纯度降低，是导致引物引起测序失败的主要原因。其次，引物不匹配及结合位点发生突变也可导致测序失败。

4. 测序荧光标记

最初 DNA 测序技术使用的是 ^{32}P、^{35}S 等放射性标记，然而，使用放射性同位素作为标记物存在危害人体健康、污染环境以及不适合自动化等问题。因此放射性同位素标记法已被化学发光技术和荧光标记技术所取代。特别是荧光标记技术具有简单、灵敏且易于实现自动化的直接检测优势，受到人们高度重视，并取得了极为迅速的发展，继而广泛应用在细胞内外的物质检测、核酸的检测与疾病早期的诊断等，在生物学研究领域以及医学研究领域里发挥了重要作用，目前已广泛应用于 DNA 自动化测序（图 5-2）。目前，用于 DNA 自动化测序的商品化荧光标记多为可见荧光染料（450～650nm 吸收及发射荧光范围）和近红外荧光染料（650～860nm 吸收及发射荧光范围），主要有 IRDye41、IRDye40、IRDye700、Cy5、Cy5.5、FOM、JEO、TAMRA、ROX、R110 和 R6G 等。

测序的标记方案可分为：

（1）标记引物：荧光染料与寡核苷酸引物的 5′端相连。

（2）标记终止物：荧光染料与双脱氧核苷酸终止物相连，荧光标记位于 DNA 的 3′端。

（3）内部标记：荧光染料标记的 dNTP 掺入新合成的 DNA 链中。

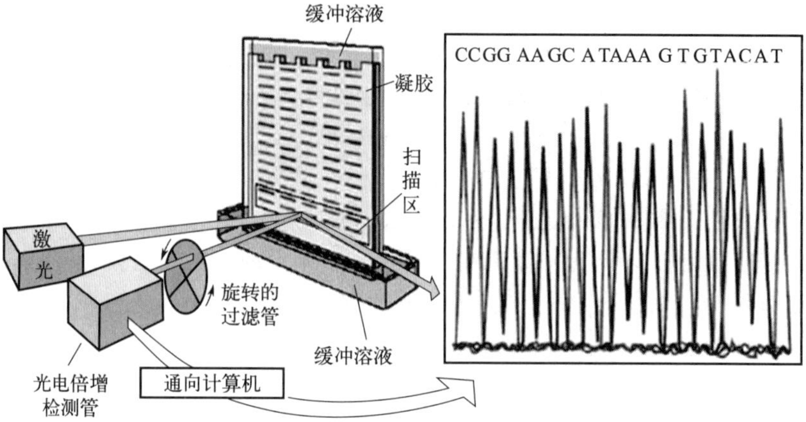

图 5-2　DNA 自动化测序结果

5. 双脱氧链终止法的优缺点

优点：①可用于未知或已知突变的检测，更容易实行；②假条带的出现减少，结果更加清楚；③读取的长度也较长，一次测序 800bp 左右；④因为掺入了同位素标记的三磷酸，链终止法可以测更小序列的核苷酸序列；⑤基本适用于所有的突变类型，可分辨出碱基置换、颠倒、缺失和插入 4 种形式，准确率可达 99.999%；⑥价格低廉，设备运行时间短，适用于低通量的快速研究项目。该法广泛应用于 PCR 产物测序，得到目的基因序列；突变、SNPs、插入或缺失克隆产物的验证；微生物和真菌的分类学鉴定、HLA 分型和病毒分型等；以及个性化医疗、单基因病的基因诊断和产前诊断。

缺点：①离不开 PCR 扩增，且只能分析单个的 DNA 片段，通量小，不能进行基因组层面的分析；②自动化程度低，检测速度慢，对于某些需要快速检测的疾病不适合；③双脱氧链终止法成本高，不适用于大规模测序。

二、化学断裂法测序

Maxam-Gilbert 化学断裂法是 1977 年由 Allan Maxam 和 Walter Gilbert 发明的，是 DNA 序列分析最常用的方法之一，它既适用于双链 DNA，也适用于单链 DNA。其基本原理是利用几个具有碱基专一性的化学切割反应将单个末端被 ^{32}P 标记的 DNA 分子进行部分切割，产生几组从标记末端到与碱基特异性反应相应的碱基在 DNA 中每个位点的长短不同的片段，这几组片段在凝胶电泳中并排着按链长被分开，对凝胶进行放射自显影后就可以得到代表每个碱基位置的带谱，从这个带谱可以直接读出从标记末端向另一端的碱基序列（图 5-3）。

Maxam-Gilbert 化学断裂法的关键步骤包括 DNA 的预处理、标记和切割。首先对 DNA 进行预处理，去除非目标序列，以便更好地进行测序。然后将待测 DNA 片段 3′或 5′端进行放射性同位素标记，再将标记后的 DNA 片段分成四组，每组用不同的化学试剂处理，造成碱基特异性切割，使各组分别形成以特异性碱基为结尾的长度不同的 DNA 片段，四组产物经变性聚丙烯酰胺凝胶电泳及放射自显影后便可以读出样品的序列。反应共分三步：

① 对特定碱基进行化学修饰；

② 使修饰的碱基从糖环上脱落；

③ 在脱去碱基处将磷酸二酯键断裂，得到一组长度从一个到数百个核苷酸不等的末端

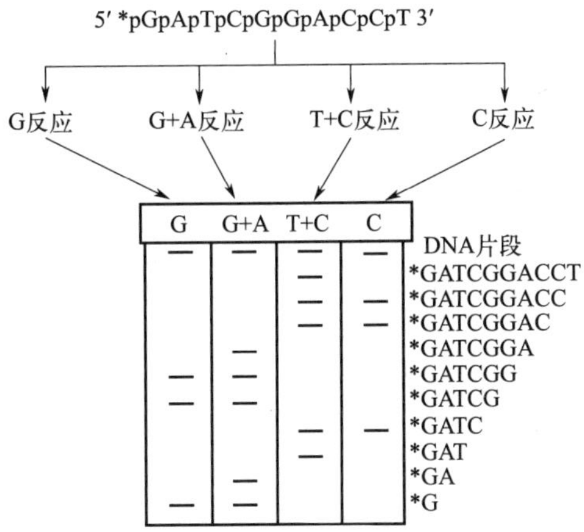

图 5-3　化学断裂法

标记分子。

碱基特异性化学切割的特异性基于第①步反应中肼、硫酸二甲酯或甲酸对碱基的修饰：

① G：用硫酸二甲酯（DMS）使 DNA 分子中鸟嘌呤（G）上的 N7 原子甲基化，哌啶从修饰甲基处断裂核苷酸链，其后断开第 8 位碳原子和第 9 位氮原子间的化学键；

② G+A：甲酸使嘌呤环上的氮原子质子化，削弱了腺嘌呤脱氧核糖核苷酸和鸟嘌呤脱氧核糖核苷酸中的糖苷键；

③ T+C：肼断开了嘧啶环；

④ C：在高浓度 NaCl 存在时，只有 C 才能与肼发生反应。在不同的酸、碱、高盐和低盐条件下，三种化学试剂按不同组合可以特异性地切割核苷酸序列中特定的碱基。

Maxam-Gilbert 化学断裂测序法的优点是能够测序较长的 DNA 片段，通常可以测序数百个碱基对，测序具有较高的准确性和可靠性，能够提供准确的 DNA 序列信息。然而，Maxam-Gilbert 化学断裂测序法存在试剂使用成本较高，操作复杂，且存在一定的危险性，测序过程中可能出现误差，需要进行反复实验以确保结果准确性的缺点。随着测序技术的不断发展，该方法已被其他测序方法所取代。

三、自动化测序技术

DNA 序列分析自动化包括“分析反应”自动化和“读片过程”自动化。随着计算机软件技术、仪器制造和分子生物学研究的迅速发展，20 世纪 80 年代末期开始，随着人类基因组计划的推进，自动化 DNA 测序技术取得了突破性进展，其简单、安全、精确、并行和高效等特点，使自动化 DNA 测序技术迅速取代了手工测序。虽然各种 DNA 测序技术差别很大，但其基本原理和方法均依据 Sanger 测序原理发展而来，用四种荧光染料代替了同位素标记，再经过激光扫描分析即可迅速读出所测序列。目前，应用最广泛的自动化测序仪是基于毛细管电泳和荧光标记技术的自动化 DNA 测序仪。

（一）自动化测序仪的主要构成及工作原理

当前的自动化测序的基本原理还是基于 Sanger 的双脱氧链终止法和 4 色可见荧光染料标记 ddNTPs 终止技术。

自动化 DNA 测序仪一般包括 4 个系统。

（1）测序反应系统　在加入 DNA 样品后，根据设定自动进行测序反应和荧光标记。一个 DNA 样品分别进行 4 组测序反应，且分别用带有不同荧光标记的 ddNTPs 作为终止物，每个产物在光激发下会产生不同的荧光信号。

（2）电泳分离系统　将 4 组测序反应产物混合，在一个凝胶泳道、一个毛细管或者控流通道上进行电泳分离。测序反应物的电泳主要有平板凝胶电泳、毛细管凝胶电泳和微槽管道凝胶电泳，一般都有多个电泳通道，可达 384 道。

（3）信号检测系统　激发能源装置发射激光以激发样品荧光、荧光检测装置探测并完成荧光信号收集。目前有 3 种类型的荧光检测装置用于自动化 DNA 测序仪：光电倍增管（PMT）、电荷偶联检测器（CCD）和光电二极管检测器（PD）。通过激发能源装置发射极细光束，在精密的光学系统将其导向检测区，在检测区激光束以与凝胶垂直的角度激发荧光 DNA 片段上的荧光基团吸收激光束提供的能量而发射出特征波长的荧光，代表不同碱基信息的不同颜色荧光经过光栅分光后再投射到 CCD 摄像机上同步成像。

（4）信号分析系统　荧光检测系统收集到荧光信号，按设定的程序将荧光信息转变为碱基序列信息。收集的荧光信号传输到计算机上进行处理，由电脑设定的程序将颜色信息转换为碱基序列信息。一般用绿色荧光代表 A，如果荧光信号是绿色，表示核苷酸片段链末端是 ddATP 终止的。同样分别用红色、蓝色和橙色代表 T、C 和 G，电脑显示及打印出所检测 DNA 碱基序列的图谱，也分别用这 4 种颜色表示。

（二）自动化测序的策略

开始测序之前，需要根据待测序列的长度及所要求测序准确度制定测序策略。根据待测 DNA 分子的性质、测序方法和测序目的的不同，分为确证性测序和从头测序。

（1）DNA 片段确证性测序的策略　对已知核酸序列进行鉴定和证实，被称为确证性测序。通过测序对突变（如点突变和缺失）进行定位和鉴定，或证实构建的重组 DNA 的方向与结构，如临床分子诊断、病原微生物保守序列分析、次级克隆 DNA 的插入方向、等位基因的变异、酶切产物的鉴定和待表达基因阅读框的判定等。测序的片段长度较小，每个测序反应一般可读取 800bp 左右，难以超过 1000bp，但以靠近引物端的约 500bp 序列最为准确。对于稍大的 DNA 片段，可通过引物分别从两端进行双向测序，再通过中间重叠部分拼出全序列。对于更大的 DNA 序列，可以通过步移技术（Walking），即在序列中间的适当区域增加一个或数个测序引物，分别测序，拼出全长序列，最后与已知序列比较。

确证性测序根据使用的引物不一样，又分为载体测序和 PCR 产物直接测序。载体测序一般通过 TA 克隆将待测片段连接到通用载体上，这样就可以通过根据载体序列设计的通用引物测定待测 DNA 片段两端序列。无论待测片段是大片段还是小片段，无论是转载在常规载体还是大容量克隆载体上都可以利用特定的通用引物测定待测片段的末端序列。PCR 产物直接测序，无需将 DNA 待测片段克隆于测序载体上，利用自带特异性保守引物进行测序，简化操作流程。

（2）从头测序的策略　从头测序（de novo sequencing）是确定一完全未知 DNA 序列的准确长度及核苷酸排列顺序的测序策略。测序的策略根据其长度而异，虽然当前测序自动化程度越来越高，但对于一个片段较长、序列未知的待测核酸而言，仍然是一件耗时且烦琐的工作。而且单套测序反应所能准确测定的 DNA 序列最长一般仅 400～500bp。因此，在进行序列测定之前，必须首先考虑待测 DNA 分子的大小，其次是所要测定的序列范围以及要求的序列精确程度等，再结合实验室的条件选择切实可行的克隆及测序策略。包括随机测序策略（又称鸟枪法）和定向测序策略。定向测序包括转座子插入分析法和缺失克隆法。

① 随机测序（鸟枪法）。将待测的DNA片段随机打断（DNA片段化的手段通常有超声波处理和酶切），将DNA随机断裂成一组相互重叠的300～900bp片段，并构建随机重叠克隆文库，如克隆到噬菌体载体（M13）上，然后通过通用引物测定每个克隆的末端序列。当这些末端序列的数量达到足够饱和程度后，能够得到两端彼此重叠的部位不同的若干小片段，将待测DNA片段的每一部位的序列都测定出来。通过这些测序序列之间的重叠部分，最终将整个DNA片段序列拼接出来（图5-4）。鸟枪法的优点是速度快，简单易行，成本较低。但用它来测序，最终测序结果的拼接组装不太容易，随着所测基因组总量增大，所需测序的片段大量增加，造成重复测定，也易丢失某些序列，且数据处理分析工作量大。高等真核生物（如人类）基因组中有大量重复序列，易导致判断失误。

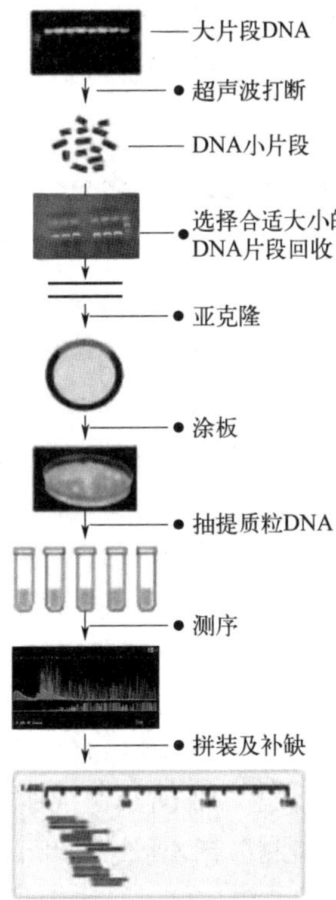

图5-4　鸟枪法测序的步骤

② 定向测序。转座子插入分析法利用人工转座子插入靶DNA分子的完全随机的特点，利用转座子两端的特殊引物位点，对插入位点两侧的DNA进行测序，从同源克隆中产生一批克隆，使每一批克隆仅含随机插入的单一转座子。然后从中挑选转座子间距离进行比较，对转座子间片段长度适于测序的克隆进行测序，引物由转座子的末端序列决定，这样可用一对通用引物完成所有序列分析。

缺失克隆法，又称嵌套缺失法，是利用缺失随机突变原理，先将目的DNA克隆到载体上，再用限制性内切酶在邻近其一端处切断载体，使之变成3′端凹进、5′端突出的线性DNA，再用外切核酸酶Ⅲ消化上述线性DNA或者DNase Ⅰ加Mn^{2+}离子，沿此末端逐步消化目的DNA，（只能从5′突出端开始消化，而不能从3′凹端开始消化，这是由酶的特性所决定）。于是只要控制外切核酸酶Ⅲ和消化时间（37℃，250个核苷酸/min），即可得到一组依次相差200～250bp碱基，其一端固定于载体、另一端游离的目的DNA片段，再用S1核酸酶消化末端的单链，使之成平端，经T4 DNA连接酶连接环化，得到一套缺失长度不同的DNA片段克隆，最后用同一通用引物从缺失端开始测序，利用子片段序列的相互重叠部分排列和比较所有子片段的序列，即能得到目的DNA的全部序列。

随机测序和定向测序优缺点见表5-1。

表5-1　随机测序和定向测序优缺点

项目	随机测序策略	定向测序策略
遗传信息	不需背景信息	构建克隆群（遗传、物理图谱）
时间	时间短	需要几年时间得到精细图谱
准确性	需要大型计算机得到草图	准确度高，容易拼接

多路测序策略，是鸟枪法的一种发展策略，是通过多个随机克隆同时进行电泳及阅读，快速分析DNA序列的一种技术。这种方法的符合随机克隆文库来源于相同的基因组DNA。

将 DNA 片段克隆到 20 种不同的质粒载体上，再亚克隆进入不同的质粒载体，将来源于多个亚克隆库的克隆进行测序，通过随机和定向测序两种方法结合进行测序。

第二节 第二代测序技术

第一代测序技术的主要优点是测序读长较长（800bp 左右），准确度高（99.999%），对设备要求相对简单。但其测序成本高、通量低、依赖电泳分离技术、耗时长等缺点，使其测序效率不高，代价高昂，限制了其对大规模生物基因组进行序列测定的应用。2003 年完成的人类基因组草图（2.91Gb）前后耗费了 13 年时间，汇聚了全世界最优秀的科学家，直接成本高达 3 亿多美元，但当时由于技术的限制，仍然有 8% 在异染色质区域的碱基未被破译，直到 2022 年新一代 T2T 测序技术的运用，才完整解析了全部的人类基因组序列。随着 DNA 自动测序技术不断创新和改进，操作程序逐步优化，测序成本降低，速度大幅提升，测序通量达到传统 Sanger 法的几百、几千甚至几万倍，形成了当前广泛应用的二代测序技术（next-generation sequencing，NGS）。

自 2005 年 Roche 公司发布的 454 测序系统标志着测序技术跨入高通量并行测序的时代。第二代 DNA 测序技术又称大量并行测序技术（massive parallel sequencing，MPS）、高通量测序技术（high-throughput sequencing，HTS），以低成本、较高的准确度（99% 以上），1 次可对几百、几千个样本的几十万至几百万条 DNA 分子同时进行快速测序分析。不同的平台测序方法有一定的差异，当前二代测序有代表性的有 4 个公司开发的平台，分别是罗氏公司（Roche）的 454 测序仪（Roche GS FLX sequencer）（已终止服务）即焦磷酸法测序，Illumina 公司的测序仪（Illumina Genome Analyzer）合成法测序、ABI 的 SOLiD 测序仪（ABI SOLiD sequencer）连接法测序和 Thermo Fisher 公司的 Ion Torrent 平台主打的小规模测序，具有扩展性、简捷、快速的特点。当前 Illumina 公司占据的市场份额最大。

一、基本原理

第二代测序技术因所选用的测序平台不一样，尽管从模板文库制备、片段扩增到测序所采用的技术与方法不完全相同，但都采用了大规模矩阵结构的微阵列分析技术原理，首先进行文库制备，即将片段化的 DNA 两侧连上通用接头，随后对 DNA 片段进行固定，再运用 PCR 扩增技术产生几百万个空间固定的 DNA 簇，这种 DNA 簇由单个文库片段的多拷贝组成，成为 PCR 克隆阵列，最后测定每个克隆的核苷酸序列。这些反应能大规模并行，通过对每步反应所产生的信号进行同时检测，以此来获取测序的数据，最后用高性能的计算机对大规模的测序数据进行拼接和分析，获得完整的 DNA 序列信息，实现一次对几十万乃至几百万条 DNA 分子进行序列测定。

二代测序具有成本低、速度快、准确度较高、覆盖度深、产出大等特点，极大地推动了测序技术的发展。

二、测序文库的构建

文库构建的基础是将目标 RNA 或 DNA 制备成可以和测序仪器兼容的形式。从组织或者细胞中提取 DNA 或 RNA，并通过机械破碎或者是酶切法对其进行片段化。如果前面提取的是 RNA 样本，则需要将 RNA 逆转录为 cDNA。对 DNA 进行接头的连接后，一般还会有一个文库的扩增，即通过 PCR 来对所需的目的片段进行扩增，之后就可以进行上机测序。常见的用于高通量测序（NGS）的 DNA 文库构建方法有 TA 克隆连接接头法建库、转座酶法建库、PCR 扩增子建库、平末端连接接头法建库。

（一）TA 克隆连接接头法建库

TA 克隆连接接头法建库是目前应用最广泛的建库技术，此项技术中，需要提前合成带 T 尾接头和末端带 A 的目的片段，并且在 DNA 连接酶的作用下通过 TA 克隆方式将其和片段化样品连接。建库的基本步骤如下：

（1）DNA 片段剪切：将目标 DNA 片段进行剪切，片段化的方法主要有限制性内切酶酶切和超声波打断。用限制性内切酶特异性识别并切割磷酸与脱氧核糖之间的化学键需要控制酶切时间和酶的用量。

（2）末端修复：片段化的 DNA 会产生黏端以及平端，T4 DNA 聚合酶可将黏端转为需要的平端，T4 多聚核苷酸激酶（PNK）可磷酸化 DNA 的 5′端，为下一步连接接头做准备。

（3）连接接头（adapter）：T4 DNA 连接酶将带有“T”黏端的接头和带“A”黏端的 DNA 片段连接起来形成一个完整的双链。

（4）PCR 扩增：通过 PCR 反应获取到足够多带完整接头的 DNA 序列，以获得足够的文库量。

（5）纯化文库：使用凝胶电泳、凝胶柱和磁珠等方法对文库进行纯化，去除杂质和未连接的复合体。

TA 连接接头法建库优点：文库质量高、适用于各种 DNA 片段、有效保留样本几乎所有基因组信息，非常有利于未知拷贝数和基因组变异的检测，是全基因组测序和外显子测序的主要建库手段。但其也存在一些缺点，如建库过程中步骤相对较多，中间还穿插了多次的磁珠纯化，可能引入假阳性序列、PCR 偏差等。

（二）转座酶法建库

转座现象是指一段 DNA 序列可以从原位上单独复制或断裂下来，环化后插入另一位置，并对其后的基因起调控作用。这段序列被称为“跳跃基因”或转座子。常应用于 NGS 领域的 Tn5 转座子是一种细菌转座子，全长约 5.8kb，由编码三个抗生素（新霉素、博来霉素、链霉素）的核心序列和两条倒置的 IS50 序列组成，即 IS50R（右边界序列）和 IS50L（左边界序列），它们的序列具有高度同源性，只有 IS50L 的一个碱基存在突变。IS50 具有 19bp 的倒置末端［外末端（outside end，OE）和内末端（inside end，IE）］，两倒置末端有 7bp 不同，此倒置末端是转座酶（Tnp）的作用位点。转座发生时，两个转座酶分子结合到 Tn5 转座子的 OE 末端，形成两个 Tnp-OE 复合体，随后两个复合体联会，Tnp 的 C 端相互作用且二聚体化，形成由一个二聚体蛋白质和两分子 DNA 组成的联会复合体。整个转座子序列并不是转座必需的，转座发生只需转座子的末端核心序列，转座酶便能将该部分序列插入并连接至基因组内。根据这个原理，将测序接头序列加入末端核心序列中，可简捷地引入测序接头，完成文库构建。Tn5 转座酶可以仅识别 OE 序列并将其随机插入 DNA 中，完成体外的转座。根据这一原理，将测序的 P5、P7 端部分接头序列（adapter 1/2）加入 OE 序列中，Tnp 识别含有 OE 序列的 adapter 1 和 adapter 2 序列后便可形成 Tn5 转座复合体。该复合体识别受体

DNA 的靶序列（target site），切断受体 DNA，并插入携带的供体 DNA，形成一端带有 P5 部分接头 adapter 1，另一端带有 P7 部分接头 adapter 2 的 DNA，之后通过 PCR 加上“条形码”（Barcode）以及接头其余部分，形成含 P5 端与 P7 端完整接头的 DNA 文库。

这种建库方式起源于转座子的发现，Tn5 转座子因其转座的随机性好、稳定性高和插入位点易测序等优点成为分子遗传和基因诊断领域的热门工具。除 Tn5 外，还有 Mu 转座子、Mos1 转座子、哈氏弧菌转座子等也被用于文库构建，但实用性都不如 Tn5。而且，由于转座子存在打断 DNA 识别特异性的问题，转座酶法建库会使测序的部分序列具有偏好性（图 5-5）。

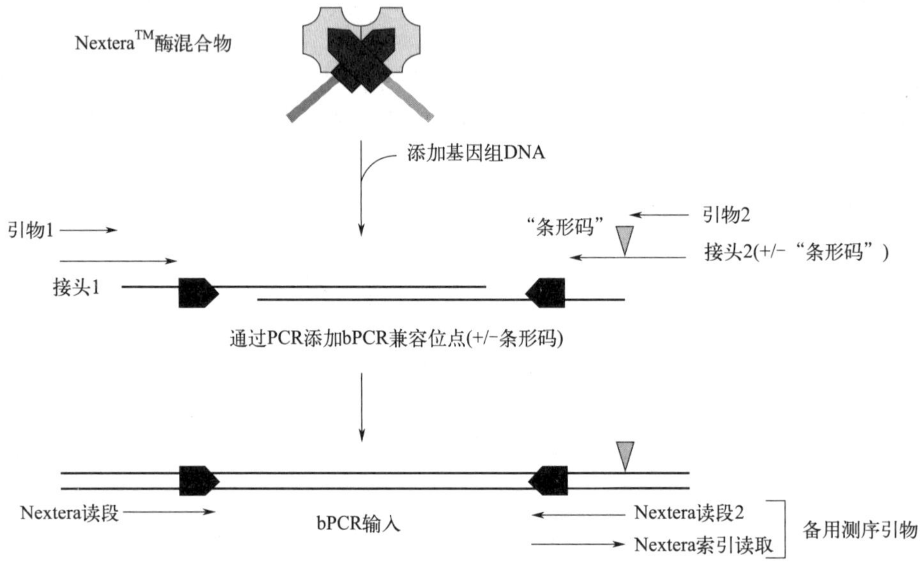

图 5-5　转座酶法建库示意图

转座酶法建库优点：①用于测序文库构建时，将 DNA 片段化、末端修复、接头连接等多步反应转变为一步反应，极大缩短建库时间，提高工作效率；②文库构建的 DNA 投入量低至 1ng，甚至是 100pg，对于珍贵的样本或者临床上低核酸含量的样本有很好的使用体验。缺点：①对 DNA 的纯度和浓度准确性要求较高，否则会影响打断的效果；②与传统的连接接头建库相比，单个反应的成本较高。

（三）PCR 扩增子建库

PCR 扩增子建库是指利用 PCR 反应在待测 DNA 片段两端加上接头的方法，是一种高靶向性方法，用于分析特定基因组区域中的基因变异。其原理相对比较简单，只需要两轮 PCR 和两步纯化就可以得到目标区域的文库。其中第一步是含通用序列的引物与目标区域结合，第二步通过 PCR 反应连接测序接头，使得构建的文库可以用于上机测序。

PCR 扩增子建库方法适合检测 SNP、Indel 等点突变，需要特异定制引物，可以一次反应检测多个样本，对样本的起始量要求比较低，且后续数据分析相对简单。临床应用上可针对致病基因进行捕获，增加目标基因检测的覆盖度和测序深度。但由于引物很难扩增出所有待测片段，所以这种方式不太适用于全外显子测序和全基因组测序，文库的覆盖度会比较低。

优点：① PCR 扩增子建库通过定制靶向基因测序引物完成文库构建。PCR 扩增子建库方法具有临床应用性，可以针对疾病目标基因进行捕获，提高目标基因检测的覆盖度和测序深度，解释临床结果。② PCR 扩增子方法建库可以通过单次测序反应检测更多患者样本，大大减少后期生信分析的任务，获得的数据更易于储存和管理。缺点：① PCR 扩增子建库应用于全外显子测序或全基因组建库时，由于设计出的引物不能完全扩增出所有的待测片段，导致最终的文库覆盖度较低。②当扩增子之间有重叠时，为了避免重叠部分产生的短扩增子的扩增优势影响，需要有两个或多个引物池，导致实验流程复杂且增加成本。③应用在宏基因组二代测序（metagenomics next generation sequencing，mNGS）检测时，需要对目标菌株有提前的预判，违背了 mNGS 检测无偏倚性的初衷，同时如果 Panel 引物设计不够全面，容易出现漏检的情况。④多重 PCR 反应中容易出现引物二聚体的积累，引物二聚体的扩增会大量消耗引物本身和体系中其他原料，甚至有抑制所需 DNA 序列扩增的效果。

（四）平末端连接接头法建库

与 TA 克隆连接接头法相似，该方法同样首先将 DNA 样本进行片段化，随后经过末端修复，在片段两端连接特定接头（包括 P1 与 A 或 P1 与 X 接头），接着通过选择性回收目标 DNA 片段，并进行文库 PCR 扩增与产物纯化。不同之处在于，平末端连接接头法在末端补平后连接接头，其测序原理并非依赖荧光信号采集，而是通过检测微环境中短暂的 pH 变化来实现碱基序列的读取。整个文库构建过程需 2～3 小时。构建完成的文库需在 Ion Torrent 测序平台上进行测序，其中 X 和 A 接头作为测序起始区域，P1 接头则用于固定于测序载体表面。

目前商业化建库的主流为 TA 克隆连接接头建库法，这种方法对大多数的样本都适用。转座酶法所需时间最短，并且人为操作较少，但适用性不强，且由于转座酶自身的偏好性，文库在基因组上覆盖的均一性可能会影响后续测序质量。PCR 扩增子建库适用于临床背景下靶向基因的研究，是一种先捕获后建库的方法。Ion Torrent 测序在市场上应用较少，所以与其适用的平末端连接接头法建库应用也相对较少（表 5-2）。

表 5-2　不同建库方法的特点和应用范围

建库类型	适用平台	特点	应用
TA 克隆连接接头法建库	Illumina	适用所有 NGS 样本，但后期生信分析任务大	全基因组 / 靶向 /FFPE 样品 /ChIP DNA 测序等
转座酶法建库	Illumina	快速，但具有一定偏好性	全基因组 / 全外显子测序
PCR 扩增子建库	Illumina	成本较低，适用于临床样本数据靶向检测，能捕获到信息有限，耗时长	靶向测序
平末端连接接头法建库	Ion Torrent	市场占有率小，检测的方法不一样，适用性小	全基因组测序等

三、测序的方法

根据测序平台的不同，所采用的测序方法具有一定的差异。代表性的有 4 大测序平台所采用的不同测序技术，分别是 Roche 公司的焦磷酸测序技术（也称 454 测序技术）、Illumina 公司的单分子簇的边合成边测序（sequencing by synthesis，SBS）、ABI 公司采用的连接酶测序法（SOLiD 技术）以及 Thermo Fisher 公司小规模测序的 Ion Torrent 技术。

1. Roche　454 焦磷酸法平台测序方法

454 焦磷酸法平台是最早上市的循环微阵列法平台，使用的是边合成边测序（sequencing

by synthesis，SBS）技术。在每一轮测序反应中，反应体系中只加入一种脱氧核苷三磷酸（dNTP）。如果它刚好能和 DNA 模板的下一个碱基配对，则会在 DNA 聚合酶的作用下，添加到测序引物的 3′端，同时释放出一个分子的焦磷酸（PPi）。在 ATP 硫酸化酶的作用下，生成的 PPi 可以和 5′-磷酰硫酸（APS）结合形成 ATP，在荧光素酶的催化下，生成的 ATP 又可以和荧光素结合形成氧化荧光素，同时产生可见光。通过微弱光检测装置及处理软件可获得一个特异的检测峰，峰值的高低则和相匹配的碱基数成正比。如果加入的 dNTP 不能和 DNA 模板的下一个碱基配对，则上述反应不会发生，也就没有检测峰。反应体系中剩余的 dNTP 和残留的少量 ATP 在腺三磷双磷酸酶（apyrase）的作用下发生降解。待上一轮反应完成后，加入另一种 dNTP，使上述反应重复进行，根据获得的峰值图即可读取准确的 DNA 序列信息。其基本过程如下：

（1）首先将待测的目的 DNA 分子打断成 300～800bp 的片段，然后在 DNA 片段的 5′端加上一个磷酸基团，3′端变成平端，在两端分别加上 44bp 的 A、B 两个衔接子，组成目的 DNA 的样品文库。A、B 两个衔接子能够与生物素和链霉亲和素的作用，这样可以同含有过量链霉亲和素的磁珠特异性结合。

（2）目的 DNA 片段固定到一个磁珠上之后，将磁珠包被在单个油水混合小滴（乳滴），这些包被的磁珠表面含有与接头互补的 DNA 序列，单链 DNA 序列能够特异性地结合在磁珠上。在这个乳滴里进行独立的扩增，而没有其他的竞争性或者污染性序列的影响，从而实现了所有目的 DNA 片段的乳化聚合酶链反应（emulsion PCR，emPCR），经过富集之后，每个磁珠上都有约 10^7 个克隆的 DNA 片段。

（3）随后将这些 DNA 片段放入 PTP 反应板（Pico TiterPlate）中进行后续测序。PTP 平板含有 160 多万个由光纤组成的孔，孔中载有化学发光反应所需的各种酶和底物。

（4）测序开始时，放置在四个单独的试剂瓶里的四种碱基，依照 T、A、C、G 的顺序依次循环进入 PTP 板，每次只进入一个碱基。如果发生碱基配对，就会释放一个焦磷酸盐分子。PPi 在 ATP 硫酸化酶的催化下与腺苷酰硫酸反应生成 ATP，ATP 与萤光素反应发光，光信号的最大波长约为 560nm。

（5）此反应释放出的光信号实时被仪器配置的高灵敏度 CCD 捕获。有一个碱基和测序模板进行配对，就会捕获到一分子的光信号，由此一一对应，就可以准确、快速地确定待测模板的碱基序列，读长可达到近 500bp。

焦磷酸测序的优点有：由于 454 测序技术中，每个测序反应都在 PTP 板上独立的小孔中进行，因而能很大地降低相互间的干扰和测序偏差；相比于 Illumina，读长更长，能达到近 500bp。缺点有：因为无法准确测量同聚物的长度，可能会引入插入和缺失错误。如果被测序片段中含有几个连续的相同碱基，在测序时会连续发出同样的光信号，由于没有终止的元件来终止反应，信号会不断发出，这样有多少重复碱基就无法得知了，只能凭经验猜测。虽然 Roche 454 具有读长优势，但是测序通量和成本始终限制了 454 平台的推广，因此 Roche 在 2016 年底终止了 454 NGS 测序相关的业务。

2. Illumina 测序平台的边合成边测序方法

2006 年 11 月 Illumina 公司以 6.15 亿美元的高价收购 Solexa 公司，并将 Solexa 测序仪命名为 Illumina genome analyzer（GA），所使用的方法是克隆单分子阵列技术，其核心技术是“DNA 簇”和“可逆性末端终止”。其原理是基因组 DNA 的随机片段附着到光学透明的玻璃表面（即 flow cell），这些 DNA 片段经过延伸和桥式扩增后，在 flow cell 上形成了数以亿计的 Cluster，每个 Cluster 是具有数千份相同模板的单分子簇。然后利用带荧光基团的四种特殊脱氧核糖核苷酸，通过可逆性终止的边合成边测序技术对待测的模板 DNA 进行测序。其基本过程如下：

（1）将目的 DNA 分子打断成 100～200bp 的片段，并在 DNA 片段的两端连上接头（adapter）。在测序专用芯片（flow cell）表面连接有一层单链引物（primer），单链状态的 DNA 片段与芯片的引物通过碱基互补被一端“锚定”在芯片上，经过 *Bst* 聚合酶延伸使单链 DNA 成为双链 DNA。

（2）双链经甲酰胺变性后成为单链，原始的模板链被冲洗丢弃，新合成的链一端“锚定”在测序芯片上，另外一端（5′或 3′）随机和附近的另外一个引物互补，被“锚定”住，形成桥（bridge）。

（3）以接头为引物进行桥式 PCR 扩增形成双链的桥，得到与 flow cell 相连的两条互补的单链 DNA 分子。第二轮 PCR 扩增一共进行 30 个循环左右的桥式 PCR。

（4）PCR 扩增完成后，双链“桥”变性为单链，然后将与芯片上 P5 引物连接的单链切割，并冲走与 P5 接头相连的那条 DNA 链。留下与 P7 连接的 DNA 单链。生成大量的 DNA 簇，每个 DNA 簇中约有 1000 个相同序列的 DNA 片段。

（5）阻断 3′端的-OH，将测序引物杂交到文库的接头上，之后的反应与 Sanger 法类似，加入用 4 种不同荧光标记并结合了可逆终止剂的 dNTP。固相基质上每个孔有 8 个独立检测的位点，所以一次可以并行 8 个独立文库，可容纳数百万的模板克隆，可把多个样品混合在一起检测，每个固相基质上一次可读取 10 亿个碱基。

（6）DNA 簇与单链扩增产物的通用序列杂交，由于终止剂的作用，DNA 聚合酶每次循环只延伸一个 dNTP。每次延伸所产生的光信号被标准的微阵列光学检测系统分析测序，下一次循环中，先把终止剂和荧光标记基团裂解掉，然后继续延伸 dNTP，实现了边合成边测序技术。

优点：每张测序芯片上有 8 个通道，每个通道可单独运行一个样品，也可以把多个样品混合一起检测；一次试验可以读取大于 15 亿个碱基 / 芯片；可精确读取重复序列，实验费用低，测序成本为传统测序方法的 1/100，无需建库，自动化样品制备，操作简单。缺点是光信号衰减和移相使得序列读长较短，可以进行每个 DNA 测序片段的阅读长度仅为 75bp 的末端双向测序反应。

该方法应用范围广，已涵盖了目前基因组学研究中所有方面，如基因组从头测序（de novo）、重测序（re-sequencing）、基因组结构分析、转录组测序、表达谱分析、小 RNA 及非编码 RNA 测序和表观遗传学研究等。

3. ABI 公司 SOLiD 测序仪的连接酶测序法

SOLiD（sequencing by oligonucleotideligationand detection，SOLiD）测序技术最初是由哈佛大学 Church 研究小组成员 Shendure 等所发明的。Church 研究组发明的方法的一部分授权给了 Agen-court 公司，并在 2006 年 7 月被美国应用生物系统公司（Applied Biosystems，ABI）收购，组建 SOLiD 测序平台。

（1）SOLiD 文库构建。使用 SOLiD 测序时，可根据实际需要，制备片段文库（fragment library）或末端配对文库（mate-paired library）。简单地说，制备片段文库就是在短 DNA 片段（60～110bp）两端加上 SOLiD 接头（P1、P2 adapter）。而制备末端配对文库，先通过 DNA 环化、Ecop15 酶切等步骤截取长 DNA 片段（600bp～10kb）两末端各 25bp 进行连接，然后在该连接产物两端加上 SOLiD 接头，接头的两端各有 27bp 的碱基。两种文库的最终产物都是两端分别带有 P1、P2 接头（adapter）的 DNA 双链，插入片段及测序接头总长为 120～180bp。

（2）油包水 PCR。文库制备得到大量末端带 P1、P2 adapter 但内部插入序列不同的 DNA 双链模板。和普通 PCR 一样，油包水 PCR 也是在水溶液中进行反应，该水相含 PCR 所需试剂、DNA 模板及可分别与 P1、P2 adapter 结合的 P1、P2 引物。但与普通 PCR 不同的是，P1 引物固定在 P1 磁珠球形表面（SOLiD 将这种表面固定着大量 P1 引物的磁珠称为 P1 磁珠）。PCR 反应过程中磁珠表面的 P1 引物可以和变性模板的 P1 adapter 负链结合，引导模板合成，这样一来，P1 引物引导合成的 DNA 链也就被固定到 P1 磁珠表面上。

油包水 PCR 最大的特点是可以形成数目庞大的独立反应空间以进行 DNA 扩增。其关键技术是"注水到油"，基本过程是在 PCR 反应前，将包含 PCR 所有反应成分的水溶液注入到高速旋转的矿物油中，水溶液瞬间形成无数个被矿物油包裹的小水滴。这些小水滴就构成了独立的 PCR 反应空间。理想状态下，每个小水滴只含一个 DNA 模板和一个 P1 磁珠，由于水相中的 P2 引物和磁珠表面的 P1 引物所介导的 PCR 反应，这个 DNA 模板的拷贝数量呈指数级增加。PCR 反应结束后，P1 磁珠表面就固定有拷贝数目巨大的同来源 DNA 模板扩增产物。ABI 公司提供的 SOLiD 实验手册已经把小水滴体积及水相中 DNA 模板和磁珠的个数比等重要参数进行了技术优化和流程固定，尽可能提高"优质小水滴"（水滴中只含一个 DNA 模板和一个 P1 磁珠）的数量，为后续 SOLiD 测序提供只含有一种 DNA 模板扩增产物的高质量 P1 磁珠。

（3）含 DNA 模板 P1 磁珠的固定。SOLiD 测序反应在 SOLiD 玻片表面进行。含有 DNA 模板的 P1 磁珠共价结合在 SOLiD 玻片表面。磁珠是 SOLiD 测序的最小单元。每个磁珠在 SOLiD 测序后形成一条序列。

（4）SOLiD 双碱基编码原理测序，其实质是荧光探针的颜色类型与探针编码区碱基对的对应关系。SOLiD 连接反应的底物是 8 碱基的八聚体单链荧光探针，连接反应中，这些探针按照碱基互补规则与单链 DNA 模板链配对。探针 5′端可分别标记"CY5、Texas Red、CY3、6-FAMTM" 4 种颜色的荧光染料，并且这四种颜色用数字"3、2、1、0"示意；3′端的第 1、2 位碱基排序分别对应着一个固定的荧光染料，"双碱基编码矩阵"规定了该编码区 16 种碱基对和 4 种探针颜色的对应关系，3、4、5 位为随机碱基，可以是"A、T、C、G"四种碱基中的任何一种碱基，第 6、7、8 位碱基"z"是可以和任何碱基配对的特殊碱基。由上可知，SOLiD 连接反应底物中共有 1024 种底物探针。

（5）单向 SOLiD 测序包括五轮测序反应。每轮测序反应含有多次连接反应（一般情况下，片段文库是 7 次，mate-paired 文库是 5 次，所以片段文库共有 35 次连接反应，而末端配对文库共有 25 次连接反应）。每轮测序反应的第一次连接反应由与 P1 引物区域互补的"连接引物"介导。这五种连接引物长度相同，但在 P1 引物区域的位置相差一个碱基（分别用 n，n-1，n-2，n-3，n-4 表示），都含有 5′端磷酸，所以可以介导连接反应的进行。以一个磁珠上发生的 SOLiD 测序反应为例进行说明。第一轮测序的第一次连接反应由连接引物"n"介导，由于每个磁珠只含有均质单链 DNA 模板（也就是每个磁珠表面的单链 DNA 模板序列都是一样的），所以这次连接反应掺入一种 8 碱基荧光探针，SOLiD 测序仪记录反应模板序列第 1、2 位碱基序列的探针第 1、2 位编码区颜色信息，随后的化学处理断裂探针 3′端第 5、6 位碱基间的化学键，并除去 6～8 位碱基及 5′端荧光基团，暴露探针第 5 位碱基 5′-磷酸，为下一次连接反应作准备。由此知道第一次连接反应使合成链多了 5 个碱基，所以第二次连接反应得到反应模板序列第6、7位碱基序列的颜色信息，而第三次连接反应得到的是第11、12位碱基序列的颜色信息……以此类推，第一轮测序反应获取了模板链7个碱基对的颜色信息。由于第二轮连接引物n-1比第一轮错开一位，所以第二轮得到是以第0、1位起始的7个碱基对的颜色信息。五轮测序反应后，按照第0、1位，第1、2位……的顺序把对应于模板序列的颜色信息连起来，就得到由“0、1、2、3”组成的SOLiD原始颜色序列。

（6）数据分析。SOLiD测序完成后，获得了由颜色编码组成的SOLiD原始序列。理论上来说，按照“双碱基编码矩阵”，只要知道所测DNA序列中任何一个位置的碱基类型，就可以将SOLiD原始颜色序列“解码”成碱基序列。但由于双碱基编码规则中双碱基与颜色信息的兼并特性（一种颜色对应4种碱基对），前面碱基的颜色编码直接影响紧跟其后碱基的解码，所以一个错误颜色编码就会引起“连锁解码错误”，改变错误颜色编码之后的所有碱基（图5-6）。

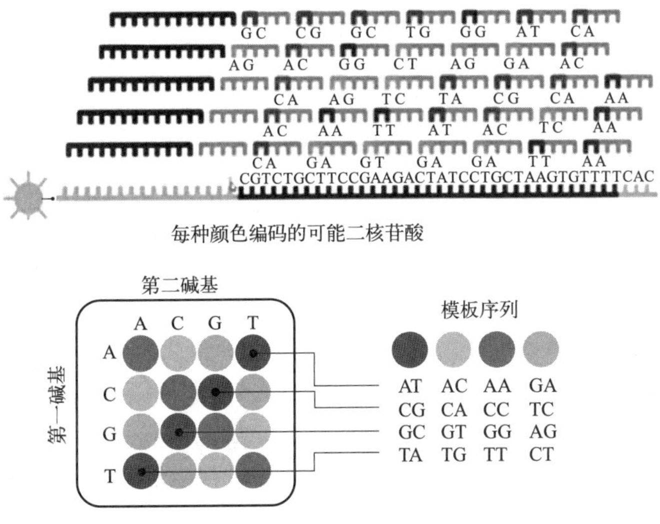

图5-6　SOLiD测序的双碱基编码矩阵及对应序列

和所有其他测序仪一样，测序错误在所难免，关键是对测序错误的评价和后续处理。为避免“连锁解码错误”的发生，SOLiD数据分析软件不直接将SOLiD原始颜色序列解码成碱基序列，而是依靠reference序列进行后续数据分析。SOLiD序列分析软件首先根据“双碱基编码矩阵”把reference碱基序列转换成颜色编码序列，然后与SOLiD原始颜色序列进行比较，来获得SOLiD原始颜色序列在reference的位置及两者的匹配性信息。reference序列转换而成的颜色编码序列和SOLiD原始序列的不完全匹配主要有两种情况：“单颜色不匹配”和“连续两颜色不匹配”。由于每个碱基都被独立地检测两次，且SNP位点将改变连续的两个颜色编码，所以一般情况下SOLiD将单颜色不匹配处理成测序错误，这样一来，SOLiD分析软件就完成了该测序错误的自动校正；而连续两颜色不匹配也可能是连续的两次测序错误，SOLiD分析软件将综合考虑该位置颜色序列的一致性及质量值来判断该位点是否为SNP。

优点：目前二代测序技术中准确度最高，SOLiD系统原始碱基数据的准确度大于99.94%，而在15X覆盖度时的准确度可以达到99.999%。不采用PCR反应进行DNA合成与测序，因此对高GC含量的样本测序有非常大的优势，除了测序和重测序之外，还能进行全基因组表达图谱分析、SNP、microRNA、ChIP、甲基化等分析。缺点：读长短，最大读长只能达到75bp，使得其在基因组拼接和结构变异研究中的可操作性大大降低。拼接复杂，双碱基对应一个荧光信号，如果发生读码错误，将发生连锁读码反应。三大测序平台比较见表5-3。

表5-3　三大测序平台的效能参数比较

平台	读长	通量	周期	精度
Roche　454	400～600bp	400～600Mb/run	10h	Q20
Illumina HiSeq	单端：1×35bp 双端：2×50bp 双端：2×100bp	25Gb/d	～1.5d ～4d ～8d	50bp 85% 以上 Q30，100bp 80% 以上 Q30
ABI SOLiD 5500	单端：75bp 双端：75×35bp 环化：60×60bp	20～30Gb/d	1d/1lane 7d/12lane 7d/12lane	Q40

注：Q20 指碱基错误率 1%，Q30 指碱基错误率 0.1%，Q40 指碱基错误率 0.01%。

4. Thermo 公司 Ion Torrent 测序技术

Ion Torrent 测序仪是第一个不需要光学系统的商业测序仪，所采用的技术为半导体测序，通过检测DNA链在合成时释放的H^+引发的pH变化，把化学信号转变成电信号从而获取碱基信息的边合成边测序技术。该技术是非常适合扩增子测序的革命性技术，也是一种经济、快速、简单、规模可扩展的测序技术。因为具有测序时间短，仪器设备便宜等特点而被各种研究采用。

（1）基于扩增子富集技术（即Ion AmpliSeq技术）制备的文库，是对基因组DNA经过多重PCR扩增得到目的基因序列后再加入接头，获得最终可用于测序的文库。基因组DNA经过多重PCR扩增后，得到的目的基因序列两端含有20～30bp的PCR引物序列，而PCR引物序列是人工设计的、已知的，这就会在后续测序过程中浪费部分的测序读长和测序数据量。为了解决这个问题，在设计PCR引物时特别加入了一种可被PuFa试剂所切断的化学修饰，因此可在PCR扩增结束后，利用PuFa试剂把PCR扩增产物上大部分的引物序列给切掉。

（2）扩增得到目的序列后，需要在序列两端加上P1接头和X接头/A接头。P1接头序列与测序珠子上的引物序列互补，用于文库与测序珠子相连。X接头、A接头是测序起始端，二者的差别是X接头带有标签序列（barcode），而A接头不带。和SOLiD测序一样采用油包水进行独立PCR反应。水相包括PCR反应所需的文库、离子微球颗粒（ion sphere particles，ISP）、引物（5′端标记生物素，序列与X或A接头序列相同）、酶、dNTP等；油相包裹水相将水相分隔成多个小水珠，每个小水珠中可能含有0到多个文库，0到多个微球，足量的引物、酶和dNTP。当一个小水珠中同时含有文库和微球时就会发生PCR反应，但若缺少文库或微球则不能发生PCR反应。

（3）微球表面共价连接有很多PCR引物，此引物序列可与文库中P1接头序列互补，以文库为模板延伸合成互补链，双链解离后，模板链被洗去，留下互补链成为后续测序的模板。一次优质的乳液PCR是使微球上布满数百万条单克隆序列，只有单克隆珠子才能在测序过程中产生有用数据。乳液PCR结束后，将链霉亲和素化的磁珠与PCR反应微珠混合。生物素和链霉亲和素结合，使发生了PCR反应的珠子与磁珠相结合，经过磁铁吸附，将发生了PCR反应的珠子富集，而没有发生PCR反应的珠子不能结合磁珠从而被洗掉。最后，用专用的洗脱液将珠子洗脱下来，用于后续测序。

（4）测序反应发生在一种布满小孔的高密度半导体芯片上，每个小孔容纳一个测序珠子，孔底端有传感器，可检测孔内 pH 变化并将化学信号转变为数字信息，因此小孔既是测序珠子的容器同时又是一个微型 pH 计。将准备好的测序珠子混悬液从芯片进口注入，对芯片离心以便更好地将单个测序珠子卡在单个小孔中。芯片上小孔数量越多，测序通量越大。

（5）将分别含有 A、C、G、T 四种 dNTP 溶液分别依次流过芯片，若加入的 dNTP 与 DNA 链上碱基成功配对，此时会释放一个 H^+ 离子，导致小孔内 pH 值发生变化，被芯片底部的传感器检测到并记录下来。当连续相同的 dNTP 结合到 DNA 链上时，则会释放相同数目的 H^+，传感器上记录的信号也会相应加倍。若加入的 dNTP 与 DNA 链上碱基不能配对，就不会发生聚合反应，小孔内 pH 值不会发生变化，因此不会有碱基被记录。未被结合的 dNTP 和剩余的引物、酶等被冲走，然后加入下一种 dNTP 溶液，依次循环测序。

由于乳液 PCR 时每个测序珠子上扩增的 DNA 链数量不是完全一致的，因此，在测序初期先检测一段 Keysequence，分别是 A、C、G、T，根据这四个碱基所测到的 pH 值变化强度来确定整个珠子的信号强度基线。有了标准信号强度后，随后测得的信号与这四个信号强度对比，如果是 1 倍强度表明有一个碱基，如果是 2 倍强度表明有两个相同碱基，依此类推。一个“Follow”指将含一种特定的 dNTP 溶液加入芯片，反应后进行洗脱。一个“Cycle”指将四种 dNTP 溶液分别依次加入芯片后的循环。

Ion Torrent 测序技术基于扩增子富集技术制备文库时，对起始样本量要求较低，10～20ng 即可满足实验需求。同时，在测序过程中无需检测荧光信号，无需拍照，直接记录碱基合成时的 H^+ 信号，因此测序速度很快，基本上只取决于待测片段的长度。并且，由于无需特殊修饰碱基和昂贵的激光器、成像等设备，极大降低了测序成本。这种经济、快速的测序仪有利于测序技术的普及，也为临床基因快速检测带来了希望。

四、二代测序技术的特点

（1）技术特征　相对于第一代测序，二代测序技术有三大主要技术特征。①通过有序或者无序的阵列配制可以实现大规模的并行化，以提供高程度的信息密度，极大地提高了总的测序数据的通量。②高通量，一次能对几十万到几百万条 DNA 分子进行并行测序，单次运行能够产生 100～200Gb 的序列数据量，产生高覆盖度的测序数据。③不采用电泳分离，主要检测光信号，也有电信号，设备易于微型化，极大减少了测序成本。

（2）应用特点　接头的运用使二代测序不再局限于单纯的基因组测序，而是作为一个平台，可以开展全基因表达谱分析、SNP、小 RNA、ChIP、DNA 甲基化、宏基因组等诸多研究。

（3）二代测序存在的问题　二代测序获得的数据读长短，最好的平台可以达到 500bp 以上，但整体存在读长短，难拼接的问题。随测序通量的不断提高，海量数据给后续的生物信息分析带来了巨大的挑战，需要开发出能满足数据储存、处理和利用分析的软件和方法，才能充分发挥出二代测序高通量数据的应用价值。

相对于一代测序，二代测序的错误率较高，需要对测序拼接数据进行校正，因此需要更高的覆盖深度。二代测序随机建库，将基因组切割为很小的片段，即使有高深度的测序，仍然会存在大量的 gap。对高度复杂的基因组，特别是重复序列较多的基因组，拼接更是极大的挑战。

第三节　第三代测序技术

第三代测序技术是指不需要经过 PCR 扩增，实现对每一条 DNA 分子的单独测序，即单分子实时 DNA 测序。第三代测序技术原理主要分为两大技术阵营。第一大阵营是单分子荧光测序，代表性的技术为美国螺旋生物（Helicos）的 tSMS 技术和美国太平洋生物（Pacific Bioscience）的 single-molecule real-time sequencing（SMRT）技术。将脱氧核苷酸用荧光标记，显微镜可以实时记录荧光的强度变化。当荧光标记的脱氧核苷酸被掺入 DNA 链的时候，它的荧光就同时能在 DNA 链上被检测到。当它与 DNA 链形成化学键的时候，它的荧光基团就被 DNA 聚合酶切除，荧光消失。这种荧光标记的脱氧核苷酸不会影响 DNA 聚合酶的活性，并且在荧光被切除之后，合成的 DNA 链和天然的 DNA 链完全一样。第二大阵营为纳米孔测序，代表性的公司为英国牛津纳米孔公司。新型纳米孔测序法（Nanopore sequencing）采用电泳技术，借助电泳驱动单个分子逐一通过纳米孔来实现测序的。由于纳米孔的直径非常细小，仅允许单个核酸聚合物通过，而 A、T、C、G 单个碱基的带电性质不一样，通过电信号的差异就能检测出通过的碱基类别，从而实现测序。

一、Helicos BioScience tSMS 技术

2008 年 Helicos Bioscience 推出的 Heliscope 单分子测序平台被认为是第一个商品化的三代测序仪。其测序原理是主要是利用合成测序理论，测序时首先将待测序列打断成小片段并在 3′端加上 polyA，并用末端转移酶阻断，同时在玻璃芯片上随机固定多个 polyT 引物（其末端皆带有荧光标记），将小片段 DNA 模板与检测芯片上的 polyT 引物进行杂交并精确定位，通过成像来精确定位杂交模板所处的位置，建立边合成边测序的位点，逐一加入荧光标记的单色末端终止子及聚合酶的混合液进行孵育，洗涤，利用全内反射显微镜（total internal reflection microscopy，TIRM）进行单色成像，之后切开荧光染料和抑制基团，洗涤，加帽，允许下一个核苷酸的掺入。通过掺入、检测和切除的反复循环，就可以实现实时测序。由于该技术采用了 Cy5（吲哚-5-菁）荧光基团（具有很好的光稳定性、高水溶性和高荧光效率，激发波长在 647nm 处）和灵敏的监测系统，能够直接检测到单个碱基的荧光，从而克服了其他方法须同时测数千个相同基因片段以增加信号亮度的缺陷。

优势：样本通量非常高，2 个流动槽可同时运行，每个流动槽有 25 个独立通道，每个通道又可以运行最多 96 个标记分子条形码的样本，这样每次运行的样本数可高达 4800 个。把 DNA 聚合酶用逆转录酶代替还可以进行 RNA 直接测序。但这种测序平均读长相对较短，只有 35bp，准确率较低，约≤ 97%。

二、PacBio 的 SMRT 测序技术

1. SMRT 测序原理

SMRT 测序技术是基于边合成边测序的思想，以 SMRT 芯片为载体进行测序。其核心技术是零模波导孔（zero-mode waveguides，ZMW）。ZMW 是一个孔状的光电结构，其直径只有几十个纳米，外径 100 多纳米，比检测激光波长小（数百纳米），激光从底部打上去后不能穿透小孔进入上方溶液区，能量被限制在一个小范围里，正好足够覆盖需要检测的部分，

使得信号仅来自这个小反应区域，即为荧光信号检测区。孔外过多游离核苷酸单体依然留在黑暗中，从而实现将背景降到最低。另外，可以通过检测相邻两个碱基之间的测序时间，来检测一些碱基修饰情况，即如果碱基存在修饰，则通过聚合酶时的速度会减慢，相邻两峰之间的距离增大。

用四色荧光标记 dNTP，荧光信号连接在 dNTP 的 5′-磷酸基团上，ZMW 底部有一个激发光，并且固定着 DNA 聚合酶和引物。对单个 DNA 分子的测序时，这个激发光在进入 ZMW 后会呈指数级衰减。当进行合成反应的时候，模板和引物与酶结合，互补配对的 dNTP 因为在底部停留的时间较长，所以能够被激发光激发荧光信号，而其他的游离 dNTP 则信号弱，这样子就有力区分了背景噪音和荧光信号。返回的荧光信号会形成一个特殊的脉冲波。另外，由于荧光信号连接在 dNTP 的 5′-磷酸基团上，当上一个 dNTP 合成后，脱水缩合时磷酸基团自动脱落，能够将荧光基团去除，保证了检测的连续性，提高了检测速度，以每秒合成 3 个碱基的速度，配上高分辨率的光学检测系统，实现了实时检测。SMRT 测序最大限度地保持了聚合酶的活性，是最接近天然状态的反应体系，它的损伤主要是由激光造成的。

2. SMRT 测序的关键技术

（1）磷酸-荧光基团　荧光信号连接在核苷酸的磷酸基团上，带有不同荧光标记的脱氧核苷酸在参与 DNA 合成中被检测到荧光信号。该核苷酸的荧光基团连接在磷酸基团上，与以往测序中使用的连接在碱基上的核苷酸不同，在 DNA 聚合酶的作用下生成磷酸二酯键，该荧光标签被切除，不会保留在延伸的 DNA 链中对后续的 DNA 合成产生空间位阻影响 DNA 聚合酶的活性，也不会增加背景荧光，合成和天然 DNA 相同的 DNA 链。

（2）零模波导孔（zero-mode waveguides，ZMWs）　测序是在厚度为 100nm 的金属薄膜 SMRT cells 上进行的，每个 SMRT cell 中有 150000 个 ZMWs。ZMW 是直径为 10～50nm 的纳米微孔，由于其短于激光的单个波长，激光无法穿过小孔而发生衍射，只照亮 ZMW 底部形成一个很小的检测区域。DNA 聚合酶和 DNA 模板复合物就被固定在这个区域内，并且有约三分之一的 ZMWs 中只有一个 DNA 聚合酶，且在后续数据分析中没有 DNA 链或含有两条及以上 DNA 链的 ZMWs 数据会被过滤掉，从而实现单分子测序。另外，在这个空间有限的纳米结构中，游离在 DNA 链周围的核苷酸也十分有限，因此形成的背景荧光信号也十分稳定。

（3）实时检测　带有不同荧光标签的核苷酸进行布朗运动快速地进出 ZMW，一旦某个核苷酸与模板 DNA 碱基互补配对就会被 DNA 聚合酶捕捉，形成磷酸二酯键延伸 DNA 链，这个过程时间较长，荧光基团被激光激发产生一定强度的荧光，特定的荧光信号会维持一段时间。成千上万个 ZMWs 中 DNA 合成反应平行进行，过程中产生的荧光信号通过共聚焦荧光显微镜被实时监测收集，即无数个 ZMWs 中核苷酸掺入 DNA 链产生的荧光脉冲被实时记录下来，再通过生物信息学分析得出相应位置上的 DNA 序列。

3. SMRT 测序的流程

（1）样本质检　在整个建库及测序过程中，不需要对样品 DNA 进行 PCR 扩增，实现了对每一条单分子 DNA 的测序，所以测序结果的好坏在很大程度上取决于样品的质量。因此，对样品 DNA 质量的检测显得尤为重要。主要包括浓度检测和电泳检测。浓度检测：以 Qubit 检测的 DNA 浓度为标准（包括后续的整个建库过程），Nanodrop 辅助检测（要求 OD260/280 在 1.8～2.0 之间）。若 Nanodrop 测的值大于 Qubit 值的两倍，表明样品所含杂质较高，在建库之前需要对样品进行纯化；假如两者测的值相差不大，一般可直接进行打断建库。电泳检测：进行 1% 的琼脂糖凝胶电泳检测样品 DNA 的完整性。

（2）建库　首先将 DNA 样品片段化，DNA 损伤修复和末端修复，在两端连接上环化接头，用 Exo Ⅲ和 Exo Ⅷ酶切处理，去除有接口或缺口以及未和环状接头连接的 DNA，进一步纯化 DNA，去除片段较短的文库以及接头二聚体。SMRT 测序的一个最大优点是具有超长的读长，文库片段的大小直接影响着测序结果的平均长度。因此，为了提高测序质量，获得更长的平均插入片段，需要对文库进行 BluePippin（BP）片段选择，以去除短片段的文库分子。

（3）测序　在环化接头上杂交上测序引物，将聚合酶绑定在环化接头上，SMRT 测序有两种模式。一种是环形一致测序（circular consensus sequencing，CCS）。模板双链打开成环形，先合成正链，形成单链区，跟着合成负链。因酶读长（平均 90～100kb）远大于插入片段长度（10～20kb），聚合酶每合成一圈，对于定向目标序列，就相当于 2X 覆盖度。由于合成产物和天然产物一致，聚合酶可以持续合成很长的产物，亦即循环合成很多圈（重复多次），对于定向单分子目标序列来说，可以得到很高的覆盖度，即获得很多 subreads。这就意味着可以对非常低频率的片段获得很高的准确度，适用于稀有突变及需要高精确度的测序。该模式克服了三代测序最大的缺点——碱基读取不准，错误率在 12.5%，也就是每读 8 个碱基就会读错 1 个。通过多次重复读取同一位置的碱基，发生同样的错误概率很小，这样就可以将读错的碱基校正过来，消除错误率。这种测序模型复制出来的 reads 叫 HiFi reads，测序准确率超过 99%。

另一种测序方法称为连续长读长测序（continuous long read sequencing，CLR），通过 BluePippin 筛选出长片段（一般超过 30kb），构建哑铃状分子环状结构，测序引物连接到环化接头上，在超长的插入片段上进行合成测序。由于片段足够长，测序往往不能够重复，测序酶沿模板链完成测序后，到另一端的环状接头处完成一次超长测序反应（图 5-7）。

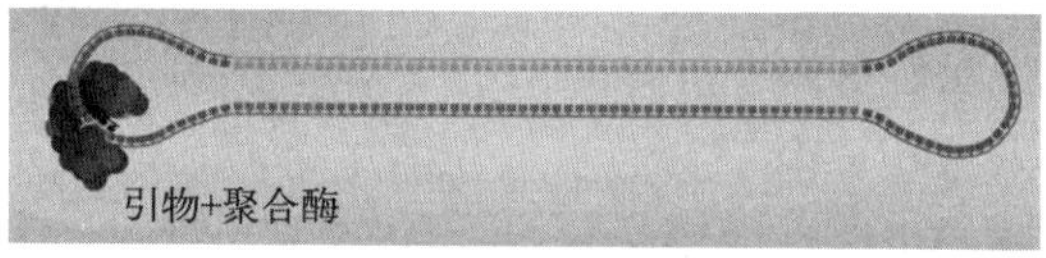

图 5-7　SMRT 测序环化及引物聚合酶结合测序

5 个单分子叠加可以得到 99% 准确度，10 个单分子叠加可以得到 99.9% 准确度，15 个单分子叠加可以得到 99.99%，20 个单分子叠加可以得到 99.999% 的准确度，依此类推。因此可以看出，利用环形一致测序模式，对同一单分子就可以得到非常非常高的准确度。但利用连续长读长测序模式可以获得超长读长，但相对测序的准确度降低。

4. SMRT 测序优势

（1）超长测序读长　长的读长特别适合基因组的从头测序（de novo）组装。尽管新一代测序能够提供基因组的深度覆盖，但短的读长和扩增偏倚会导致片段化的组装，特别是在遇到复杂重复或扩增不佳的区域。利用 SMRT 测序的长 reads，将覆盖更多重复和缺失的碱基，从而自动消除缺口，节省整理时间。

（2）较高的准确性　SMRT 测序数据的优势在于其读长较长和错误的随机性。单个 reads 确实包含较多的错误，但通过 CCS 测序，可以通过多次测序进行校正，获得较高的测序准确性。

（3）均一覆盖度　SMRT 测序过程完全模拟了生物体内 DNA 的合成过程，无扩增和任何偏好性。随着 GC 含量的变化，每个碱基的覆盖度都基本保持一致。大大解决了二代测序中 GC 区难以跨越的问题，促进了高 GC 含量物种的测序研究。

（4）直接检测表观修饰　SMRT 测序另外一大亮点就是在测序的同时能够直接检测碱基修饰。在碱基合成过程中，四色荧光标记的 dNTP 释放特定的荧光信号，并对应特定的脉冲信号。当碱基带有特定修饰时，相邻两个碱基的脉冲信号就会出现一个对应的时间间隔（interpulse duration，IPD），根据 IPD 值就可以判定出碱基修饰类型。

三、牛津大学纳米孔（Nanopore）单分子测序技术

最早提出纳米孔测序想法的人之一是迪默（David Deamer）教授。1989 年，他勾勒出了一个计划，通过嵌入薄膜中的蛋白质纳米孔驱动单链 DNA，作为从零开始合成 RNA 工作的一部分。迪默团队意识到同样的方法可能具有改善 DNA 测序的潜力，并在接下来的十年里进行了测试。1999 年，迪默等发表了第一篇使用“纳米孔测序”一词的论文；两年后，他制作了一张实时通过纳米孔的 DNA 发夹图像。贝利（Hagan Bayley）教授领导的团队为纳米孔测序奠定了另一个基础。他从 20 世纪 90 年代开始独立开发随机传感技术，该技术用于测量通过纳米孔的离子电流的变化，以确定物质的浓度和身份。到 2005 年，贝利在 DNA 测序方法方面取得了重大进展，并共同创立了牛津纳米孔技术公司，进一步推进了这项技术。2014 年，该公司发布了其首个便携式纳米孔测序设备。这标志着一个重大突破，因为它使 DNA 测序几乎可以在任何地方进行，即使在资源有限的偏远地区也是如此，为实地实时检测、追踪、探索病原体的演变开辟了新的篇章。

1. Nanopore 测序原理

Oxford Nanopore 测序技术简单说就是一个盛满电解质溶液的容器被一纳米孔膜隔成两半，如果施以比较小的电压，如约 100mV 电压，就能使用标准的电生理检测手段测量通过纳米孔的电流大小。很多生物电通道的开关都是靠小肽段分子是否堵塞通道来实现的。基于这一事实，DNA 分子或者 RNA 分子也能堵塞某个通道，那么应该可以运用上述方法来检测电流。单链 DNA 和 RNA 分子能通过蛋白质组成的孔道，并且能检测到它们通过这种纳米级孔道时所造成的电流改变。以 α-溶血素来构建生物纳米孔，核酸外切酶依附在孔一侧的外表面，一种合成的环糊精作为传感器共价结合到纳米孔的内表面。这个系统被镶嵌在一个磷脂双分子层内，为了提供既符合碱基区分检测又满足外切酶活性的物理条件，磷脂双分子层两侧为不同的盐浓度。在适合的电压下，核酸外切酶消化单链 DNA，单个碱基落入孔中，并与孔内的环糊精短暂的相互作用，影响了流过纳米孔原本的电流，腺嘌呤与胸腺嘧啶的电信号大小很相近，但胸腺嘧啶在环糊精停留的时间是其他核苷酸的 2～3 倍，所以每个碱基都因其产生电流干扰振幅是特有的而被区分开来（图 5-8）。纳米孔检测的另一个特点是可以

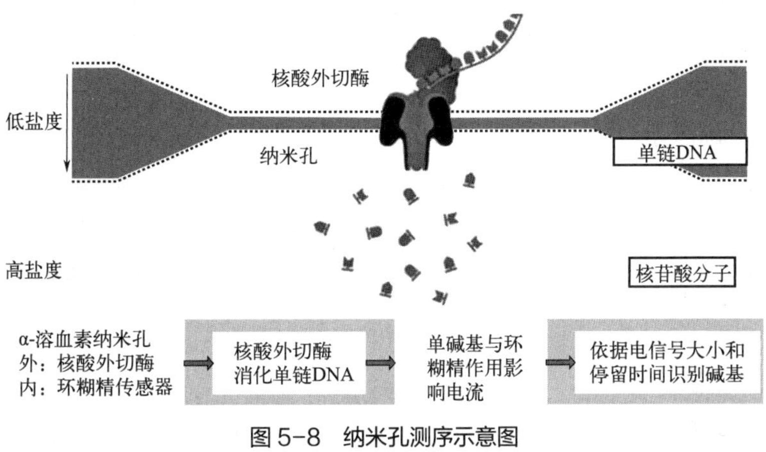

图 5-8　纳米孔测序示意图

直接读取甲基化的胞嘧啶。因为在相同条件下，甲基化的胞嘧啶在环糊精的停留时间基本为未甲基化胞嘧啶停留时间的两倍。纳米孔单分子测序技术的准确率能达到99%，而且被检测过的碱基能很快地从纳米孔清除而不会出现重复测序。

2. Nanopore 测序的关键技术

DNA 高速通过纳米孔的特性使高速测序成为可能，但同时这种高速度也正是很多纳米孔测序技术的“阿喀琉斯之踵”。因为速度太快，检测的信号质量就不高，甚至很多小的信号根本就检测不到。在 120mV 的条件下，DNA 会以每个碱基 /1～20μs 的速度通过 α-溶血素纳米孔。这就需要探测器的检测带宽达到兆赫级，才能检测到皮安级的电流强度。

当 DNA 在电泳作用下通过纳米孔时，由于扩散作用的影响，降低了测序的质量。DNA 分子的随机运动使得它通过纳米孔的时间跨度非常大（这一点从理论上和实验上都已经证实了）。因此，人们无法判断有多少碱基通过了纳米孔。而且，由于跨孔 DNA 分子与纳米孔表面间存在的非特异性的相互作用还会受到非连续性的黏滑现象影响，所以相互作用会发生改变。这种相互作用改变的本质和频率会引起“逃避时间，解离时间”发生非泊松分布，于是，同一种碱基通过纳米孔时的通过时间也会不同。而且，如果碱基通过纳米孔的时间小于平均通过时间，那么它极有可能被漏检。

鉴于此，对于纳米孔测序技术来说，最为重要的一点就是如何控制并减慢 DNA 分子通过纳米孔的速度，同时尽量消除由于纳米孔表面相互作用给 DNA 分子跨孔动力学上造成的波动现象。降温和增加溶液的黏稠度可以在一定程度上减慢 DNA 分子通过纳米孔的速度，但这两种方法都不能消除因纳米孔表面相互作用造成的跨孔动力学波动现象。

3. Nanopore 测序流程

（1）样本准备　从待测样本中提取 DNA 或 RNA，经质检和定量，确保样本质量和浓度达到要求。

（2）文库构建　利用 phi29 聚合酶将双链 DNA 解旋，使其中一条单链穿过镶嵌在磷脂双分子层中的 α-溶血素纳米孔，通过电流的变化，获得 DNA 的序列信息。phi29 聚合酶的解旋速度可相应降低 DNA 在纳米孔中的迁移速度，有利于捕获更为准确的序列信息。

（3）DNA 单分子停留在孔道中，有一些离子通过带来电流变化，而不同的碱基带来的电流变化是不同的。

（4）转化器蛋白分子感受 5 个碱基的电流变化。

（5）根据电流变化的频谱，应用模式识别算法得到碱基序列。每个碱基 ATGC 以及甲基胞嘧啶都有自己特有的电流振幅，因此很容易转化成 DNA 序列。每个碱基也有特有的平均停留时间。

4. Nanopore 测序的优缺点

Nanopore 测序的优点如下：

①仪器小，携带方便；②可进行碱基修饰的检测，检测准确率 92%～98%；③实现实时测序监控；④测得更长的 reads，保证了更高的数据产量；⑤可进行结构变异的检测，结果更可靠。

Nanopore 测序的缺点有：

①它采用的是水解测序法，不能进行重复测序，因而无法达到一个满意的测序精确度；②不能很好处理长于 6 个核苷酸的同聚物的测序，同时缺少碱基修饰检测的内参训练。

SMRT 和 Nanopore 两种三代测序各自有自己的优势。从基因组组装看，SMRT 准确性更高，基因组更完整，基因组连续性更好，更有利于基因分型；Nanopore 具有更长的读长，对于重复区域有更好的解决办法（表 5-4）。

表 5-4　SMRT 和 Nanopore 测序数据比较

测序技术	SMRT		Nanopore	
测序模式	CLR	HiFi	Long	Ultra-long（50kb）
平均产出 /Gb	100～200	15～30	50～100	15～35
最大产出 /Gb	220	40	130	40
平均读长 N50/kb	30～60	10～20	20～40	50～150
最长读长 /kb	＞200	＞20	＞1000	＞2000
准确率 /%	87～92	＞99	87～98	

第四节　全基因组测序的拼接方法和策略

随着高通量测序技术的飞速发展，获取一个物种的全基因组序列已不再是遥不可及的梦想。然而，测序仪器产生的并非完整的长链 DNA 序列，而是数以亿计、长度较短（几十到数万碱基对）的片段序列，称之为“读长”。将这些杂乱无章的短读长重新组装成完整、准确的长序列，即染色体或基因组骨架的过程，就是基因组拼接。

一、拼接的基本原理与挑战

1. 拼接的基本原理

拼接的核心思想是利用读长之间相互重叠的部分，像“拼图”一样将它们连接起来。其理论基础是鸟枪法：将基因组 DNA 随机打断成小片段进行测序，然后通过计算生物学方法寻找重叠区域，最终重建出原始序列。

2. 拼接面临的主要挑战

（1）重复序列　基因组中存在大量高度相似的重复序列（如转座子、着丝粒区域），它们远长于单个读长。这会导致拼接软件无法判断读长在重复区域内的正确位置，从而造成拼接错误或中断，形成多个独立的“重叠群”。

（2）测序错误　测序过程中不可避免会引入碱基错误，这些错误会干扰重叠区域的准确识别。

（3）杂合度　对于二倍体或多倍体生物，来自不同等位基因的序列差异可能会被拼接软件误认为是不同的区域，导致拼接片段化或产生“嵌合”序列。

（4）覆盖度不均　基因组中某些区域（如 GC 含量过高或过低）可能难以被测序或扩增，导致这些区域的覆盖度低，形成缺口。

二、主要的拼接方法与策略

根据测序读长的类型和数据特点，基因组拼接主要分为两大类策略：基于重叠-布局-共识的拼接和基于德布鲁因图的拼接。

1. 基于重叠-布局-共识的拼接

这是一种较为直观和传统的拼接策略，尤其适用于长读长数据，其过程分为3步：

（1）重叠　将所有读长进行两两比对，寻找彼此之间显著的重叠区域。这需要设定最小重叠长度和序列相似度阈值。

（2）布局　根据读长间的重叠关系，将它们构建成一个复杂的重叠关系图，然后寻找一条能够贯穿大部分读长的路径，这条路径即代表一个候选的基因组区域。最终形成的连续序列片段称为重叠群。

（3）共识　在每条路径上，将覆盖该区域的所有读长进行多序列比对，通过“投票”机制，确定每一个位置最可能的碱基，生成一条高质量的一致序列。

其优点有：方法直观，对长读长数据效果极佳，能有效跨越中等重复序列。缺点有：计算量大，尤其在两两比对的步骤上，时间复杂度高，对计算资源要求苛刻。主要应用在PacBio HiFi 读长、Oxford Nanopore 长读长的拼接。

2. 基于德布鲁因图的拼接

这是目前处理短读长数据最主流、最高效的方法。它通过将序列分解为更短的“*K*-mer”来间接地寻找重叠。*K*-mer 是将一个读长从头开始，依次截取长度为 *K* 的短序列。例如，读长 ATGCTA 的 3-mer 为 ATG、TGC、GCT、CTA。其过程分为两步：

（1）构建德布鲁因图　将所有读长分解为*K*-mer，将每个*K*-mer视为图中的一个“节点”，如果两个 *K*-mer 之间存在 *K*-1 个碱基的重叠（如 ATG 和 TGC 重叠 TG），则在它们之间建立一条“边”。

（2）序列重构　基因组序列的组装问题就转化为在德布鲁因图中寻找一条“欧拉路径”——一条能够遍历图中每条边恰好一次的路径。这条路径所经过的节点连接起来，就是组装出的序列。如获得读长 ATGCT 和 TGCTA，可分解为 3-mer：ATG、TGC、GCT，TGC、GCT、CTA，构建德布鲁因图：(ATG)- ＞ (TGC)- ＞ (GCT)- ＞ (CTA)，通过寻找路径 ATG- ＞ TGC- ＞ GCT- ＞ CTA，即可组装出序列 ATGCTA。

基于德布鲁因图的拼接的优点有：计算效率极高，避免了烦琐的两两比对，非常适合处理海量的短读长数据。缺点有：对重复序列敏感。当遇到长度大于 *K* 的重复序列时，图结构会变得复杂（出现“气泡”或“岔路”），导致拼接中断。主要应用在 Illumina 等第二代测序技术产生的短读长拼接。

三、拼接策略的选择：从短读到长读的演进

在实际研究中，单一的拼接策略往往存在局限。因此，根据研究目标和预算，发展出了多种组合策略。

（1）单一短读长拼接　仅使用 Illumina 短读长数据进行德布鲁因图法拼接。成本低，准确性高，但拼接结果碎片化严重，重叠群较短，难以解析重复区域和获得完整基因结构。

（2）单一长读长拼接　直接使用 SMRT 或 Nanopore 的长读长进行 OLC 法拼接。其最大优势是能够产生更长的重叠群，甚至直接获得完整的染色体序列，有效跨越重复区域。但原始长读长错误率较高，需要高覆盖度或使用高精度模式来保证共识序列的准确性。

（3）混合拼接　结合短读长的高准确性和长读长的大跨度优势。首先用长读长搭建出基

因组的“骨架”，然后用高精度的短读长数据对其进行校正，填补缺口、修正错误。其优点是在成本和效果之间取得良好平衡，能显著提升拼接的连续性和准确性。

（4）分级拼接　这是目前获得高质量染色体级别基因组的黄金标准。其策略首先是构建一代草图：使用短读长或长读长进行初步拼接，获得重叠群。再获得支架构建：利用 Hi-C（染色体构象捕获）、光学图谱或 BioNano 等技术，获得远距离的基因组空间位置信息或物理图谱，将重叠群排序、定向归并到不同的染色体上，形成“支架”，甚至以三代测序作为支架。scaffold 与 contig 的关系可以理解为 scaffold 是由一系列已知顺序和方向的 contig，加上它们之间的未知缺口组成。最后进行缺口填补：利用 PCR、长读长测序等技术，尝试填补支架中的缺口。

四、拼接结果的评估

拼接完成后，需要从多个维度评估其质量，包括连续性、完整性和准确性。

（1）连续性　常用指标包括重叠群 N50/L50 和支架 N50。N50 是指将所有重叠群 / 支架按长度从大到小排列，累加长度达到总长一半时，对应的那个重叠群 / 支架的长度。N50 值越大，说明拼接连续性越好。

（2）完整性　使用基准通用单拷贝直系同源基因来评估组装基因组是否包含了绝大多数核心基因。

（3）准确性　通过将原始读长回贴到组装序列上，评估碱基错配率、插入缺失率等。

第五节　核酸测序技术的应用

随着人类基因组计划的完成和测序技术的不断发展，测序技术在生物学和医学各个领域的应用越来越广泛。测序技术被广泛应用于农作物品种鉴定、基因分型、基因组学研究、病虫害防治等场景以及肿瘤学、免疫学、微生物学、药学等学科中。随着测序成本和技术门槛的降低，各种研究和检测都应用测序作为手段和方法。与传统的 PCR 检测比较，高通量测序具有更高的精确性、灵敏性和高信息量等优势，更适合于基因水平的检测，为各类研究和检测提供更高、更快、更准确的鉴定和研究方案，成为很多研究的新方法。

在应用测序技术分析核酸序列时，首先需要建立一个完善的测序方案，一般考虑以下几个方面：①测序目的，为了解决某个问题进行相关的测序；②测序规模，进行基因片段测序，还是基因组测序，或者是混合池测序；③根据测序规模选择测序手段，如选用一代测序，还是大规模的二代测序，甚至是二代 + 三代的联合测序；④测序结果分析和整理，获得可靠的测序数据。

一、测序在基因组研究中的应用

利用高通量测序平台对不同个体或群体进行全基因组测序，是基因组学研究中最基础也是最重要的一项任务。测序能够精确确定 DNA 序列，帮助研究人员分析基因组结构和功能，发现、鉴定和定位基因、蛋白质及其相互作用，对基因组特征进行准确描述。全基因组测序可全面挖掘 DNA 水平的等位基因遗传变异，为筛选疾病的致病及易感基因，研究疾病遗传机制、群体进化和群体遗传等提供重要信息。

1. 基因组测序在人类研究中的应用

（1）个体基因组研究　全基因组测序可以用于分析个体的基因组，揭示其基因组中的所有基因、调控区域和变异。这有助于了解个体的遗传特征、疾病易感性和药物反应等。

（2）人类进化和人类种群研究　全基因组测序可以比较不同个体之间的基因组差异，从而揭示人类的进化历史和种群之间的遗传变异。

（3）遗传性疾病研究　全基因组测序有助于发现与遗传性疾病有关的致病基因突变。通过比较患者和对照组的基因组数据，可以鉴定可能导致疾病的基因变异。

（4）癌症基因组学研究　全基因组测序用于揭示肿瘤细胞中的突变，有助于了解肿瘤的发病机制、驱动因子和治疗靶标。

（5）药物治疗个性化　基于全基因组测序结果，医生可以根据患者的基因组信息为其量身定制药物治疗方案，以提高治疗效果并减少不良反应。

2. 基因测序技术在农业领域的应用

（1）遗传改良　基因测序技术可以通过对农作物基因组的测序，帮助科学家们了解各种性状与遗传变异之间的关系，揭示农作物基因组特征，包括耐逆性、产量等重要性状，从而促进农作物品种改良。科学家们可以鉴定拥有特定性状的个体，筛选出更耐逆、高产的品种，提高农作物的产量和质量。

（2）病虫害防治　有助于了解作物抗病虫害的遗传机制。科学家们可以通过分析病害相关基因和致病菌的基因组，预测作物与病虫害之间的互动，并开发抗虫、抗病的新型农药。

（3）生物育种　有助于了解家畜的遗传特性，进行功能基因鉴定，提高繁殖效率和产品质量。科学家们可以鉴定具有优良性状的个体，进行有针对性的繁殖，培育出更具经济价值的家畜品种。

3. 基因测序技术在环境领域的应用

（1）环境修复　基因测序技术可以应用于环境修复中，帮助科学家们了解微生物的功能和相互作用，促进土壤污染、水体污染的修复。通过分析微生物的基因组，可以预测某些微生物在解污过程中的作用，并针对性地引入这些微生物进行环境修复，增加微生物的多样性。

（2）生态研究　基因测序技术可用于研究生物多样性和生态系统功能。通过分析环境中不同生物的基因组，科学家们可以了解不同物种之间的关系、能量流动和生态功能，有助于更好地保护和管理生态系统。

（3）微生物组学研究　对微生物的全基因组测序有助于了解微生物的遗传特性、生态学角色和与宿主之间的相互作用。

4. 基因测序技术在基础科学研究中的应用

（1）进化研究　通过对不同物种的基因组测序，科学家们可以深入了解物种的演化历程和演化机制。基因测序技术可以揭示基因变异和突变的过程，从而推测不同物种之间的遗传关系，进一步了解生命起源和进化。

（2）功能基因组学研究　基因测序技术可以帮助科学家们识别各类基因的功能和作用，了解不同基因与生理功能之间的关系。对揭示基因调控网络、研究生物体的发育和生理过程等具有重要意义。

二、RNA 测序及其应用

RNA 测序是通过测定 RNA 分子序列和表达量来揭示细胞中整个基因表达谱，其原理是基于转录和逆转录反应，通过将 RNA 分子反转录为 cDNA 序列，再进行高通量测序，最终明确 RNA 分子序列信息和表达量。

RNA 测序主要步骤包括：① RNA 提取，从细胞或组织中提取总 RNA；② RNA 质量检测，包括电泳检测和定量检测，检测 RNA 的完整性和浓度；③逆转录，通过逆转录酶将 RNA 反转录为 cDNA 第一条链，主要是针对 mRNA 的反转录；④文库构建，将 cDNA 片段连接接头，进行 PCR 扩增，构建 RNA 文库；⑤上机测序，将构建的文库进行平台测序；⑥数据分析，对产生的原始数据进行质控、比对、基本表达量计算分析，从而获得基因表达量和表达差异，差异基因的 GO 富集分析和 Pathway 分析等。

RNA 测序能够在单核苷酸水平对特定物种的整体转录活动进行检测，从而全面快速地获得该物种在某一状态下的几乎所有转录本信息。转录组测序可以得到全部 RNA 转录本的丰度信息，加之准确度又高，使它具有十分广泛的应用领域。主要应用于：①检测新的转录本，包括未知转录本和稀有转录本；②基因转录水平研究，如基因表达量、不同样本间差异表达；③非编码区域功能研究，如 microRNA、长链非编码 RNA(lncRNA)、RNA 编辑；④转录本结构变异研究，如可变剪接、基因融合；⑤开发 SNPs 和 SSR 等。

目前转录组测序及分析技术可以解决新基因的深度发掘、低丰度转录本的发现、转录图谱绘制、可变剪接的调控、代谢途径确定、基因家族鉴定及进化分析等各方面的问题。转录组研究是基因功能及结构研究的基础和出发点，已经被广泛应用于生物学、医学、农学等许多领域。

随着测序技术的不断进步，能够对转录组开展更为深入的测序工作，能够发现更多、更可靠的转录子，目前的大规模并行测序技术已经彻底改变了对转录组的研究方法，测序结果的质量也在不断提高，得到的信息量也在爆炸式增长。然而和其他所有新生技术一样，RNA-Seq 技术也面临着一系列新问题。①庞大的数据量所带来的信息学难题，比如如何最好地诠释和比对鉴定多个类似的同源基因，如何确定最佳测序量以获得高质量的转录图谱等。②如何针对更复杂的转录组来识别和追踪所有基因中罕见 RNA 亚型的表达变化。有可能提前实现这一目标的将是使用配对末端测序和单分子测序等更新的测序技术，以及使用更长的读段来增加测序深度和覆盖度。③目前的高通量测序技术大都需要较多的样品起始量，使来源极为有限的生物样品分析受到限制，因此如何对单细胞或少量细胞进行转录组测序是一个亟待解决的问题。

三、全基因组测序

测序仪器一次测量的长度有限，通常会对样本中的序列进行饱和式测量，原始数据文件中会包含大量来自基因不同位置、长度不同的短序列。拼接工作将这些短序列按照一定顺序排列并筛除重复部分，合成长序列。

尽管测序手段不断升级，但无论是二代测序数据拼接还是二、三代混合拼接，对测序数据进行拼接的算法思路是整体一致的。由于基因组中绝大部分的区域没有互相重复，所以通过比对读段上的碱基序列，找到它们的重叠区域（overlap），然后通过将这些读段通过重叠区域连接起来以得到更长的序列，即重叠群（contig）。基因组组装一般分为三个层次，

contig、scaffold 和 chromosomes-contig，表示从大规模测序得到的短读（reads）中找到的一致性序列。组装的第一步就是从短片段（pair-end）文库中组装出 contig。进一步基于不同长度的大片段（mate-pair）文库，将原本孤立的 contig 按序前后连接，其中会调整 contig 方向以及 contig 可能会存在缺口（gap，用 N 表示），这一步会得到 scaffolds，就相当于 supercontigs 和 meatacontigs。最后基于遗传图谱或光学图谱将 scaffold 合并调整，形成染色体级别的组装。

1. 贪心法

贪心法是最早被用于基因组拼接算法的方法。贪心法的策略是选取某一问题的初始解，然后选择最小代价的步骤，转移到下一个逼近最终目标的解，如此反复以达到最终目标或者其他终止条件。在基因组拼接过程中，贪心法的具体步骤如下：首先选取一个读段作为初始重叠群，然后寻找与当前重叠群重叠区域相似度得分最高的读段，与当前重叠群进行拼接，得到新的重叠群，直到没有读段与当前重叠群足够相似。思路简单、复杂度低是贪心法的主要优势，但该方法只能找到局部最优解。如何从局部最优逼近全局最优是该方法面临的主要挑战。使用这一方法的软件有 SSPACE 等。

2. OLC 算法

OLC 算法（overlap-layout-consensus）如其名字所示，主要可分为以下三个步骤。overlap：对所有读段进行两两比对，找到读段间的重叠信息。但由于两两比对的复杂度太高，实际算法通常先采取某种方式筛选可能比较相似的读段对，仅比较这些可能相似的读段，其余读段对相似度视为 0。layout：根据得到的重叠信息将测序读段视为图上的点，读段间的相似关系视为连线，构建 OLC 图。consensus：利用 OLC 图上的连接信息，找到遍历图上所有节点的最佳路径，即寻找图上的哈密顿路径。该算法复杂度通常较高，通常用于读段较长、总读段数较少的拼接。使用这一方法的软件有 Celera Assembler 等。

3. De Bruijn 图

De Bruijn 图是另外一种被许多流行的拼接软件使用的图模型算法，该算法首先将每个读段分解为一个 *K*-mer(此处使用的长度 *K* 远远小于 OLC 法中使用的长度)，并以这些 *K*-mer 为边，(*K*-1)-mer 为节点构建一张图。如果两个 (*K*-1)-mer 在 *K*-mer 上连续出现，则它们在图上会连接一条边，每条读段均会形成一条链，将这些链上的点和边的信息整合到一张图上，就得到了 De Bruijn 图。这种方法没有显式地对读段间的重叠信息进行计算，而是通过 *K*-mer 建图的方式进行有效捕获，从而节省了大量的计算时间。接下来，算法通过遍历 DBG 中的无分支路径的方式来构造重叠群。然而，测序错误，或者存在重复序列，或者基因组的多样性如多条染色体，都会导致高度相似的序列中存在局部差异，这些差异在图中就表现为一些“分叉”和“气泡”，导致得到的高质量的重叠群非常短。为了解决这一问题，程序会预先在图中搜索分叉和气泡并检测对应读段是否可能是错误序列，尽可能地剪除分叉和气泡。如果路径对应的读段非常少，则说明该路径很可能是测序错误导致的，应该删去。实践证明，如果在实际装配过程前加入错误校正步骤，可以得到更好的拼接结果。该方法的主要缺点是在将读段转化为 *K*-mer 路径的过程中，大量 *K*-mer 间的信息丢失，导致图上路径的正确性很容易受到其他 *K*-mer 连入边的干扰。同时，由于该方法使用了大量基于图的计算，导致难以进行并行化处理，因而在处理哺乳动物等复杂生物的基因组测序数据时不能有效拓展。除此之外，图的存储需要极其大量的内存，因而限制了该方法的应用范围。使用这一方法的软件有 SPAdes 等。

4. 混合拼接软件介绍

自第三代测序问世以来，已经有许多混合拼接工具问世。这些工具除了在拼接算法主要思路的选取上有所不同，结合使用二、三代测序数据的方式也各有异同。大体而言，可以主要分为以下几种：

（1）三代骨架拼接　用二代数据拼接为重叠群，然后结合三代数据进行骨架拼接。这一方式的主要创新点在骨架拼接阶段。优点在于可以利用之前二代测序单独拼接、骨架拼接的相关成果。但是如果由于重复区域等原因，二代拼接结果有较多错误，难以利用三代测序数据对二代拼接结果进行直接校正，这是该方法的不足。采用这种方式的软件有 AHA、Cerulean 和 SSPACE-LongRead 等。

（2）校正-拼接　将二代测序数据比对到三代测序数据上，对三代测序数据进行校正，再使用校正后的三代数据进行拼接。这种方法的创新点主要在于比对和校正三代测序数据。校正后的流程与前代拼接流程基本相同，但由于读段长度变化极大，拼接方法的选择相对比较受限，Celera Assembler(runCA) 是通常的选择。采用这种方式的软件有 PBcR pipeline。此外，还有专门的纠错软件 Proovread。

（3）拼接-校正-拼接　首先对二代测序数据进行预处理，将其拼接为重叠群（contigs），然后将这些重叠群比对至三代测序数据上，从而对三代长读段进行校正，最终基于校正后的三代数据完成基因组拼接。由于第二代测序的读段较短，而第三代读段错误率较高，直接将第二代测序数据比对到第三代测序数据通常会得到较多可能的正确位置，直接选出正确位置是一个相当具有挑战性的问题。为了优化这一问题，先对第二代测序数据进行预处理，如拼接成重叠群、构建 De Bruijn 图、将相邻的相同碱基压缩处理等方式。以拼接的重叠群为例，该策略通过增加读段有效长度，显著减少了可能的比对位置数量，提高了比对和校正的准确性。然而，该方法也引入了新的问题：如何避免或校正二代数据在拼接过程中可能引入的结构错误。针对这一挑战，不同工具采用了不同的预处理策略：ECTools 将二代数据拼接为重叠群；LoRDEC 则先构建 De Bruijn 图；而 LSC 采用将相邻相同碱基合并的方式，以应对三代测序中频繁出现的插入与删除错误。

四、基因组测序发展趋势

随着基因测序技术的不断发展，基因测序发展以单细胞基因测序技术兴起，有助于更好地了解生物的发展过程，有助于更好地了解人体疾病的发生原因和基因突变的机制。随着三代测序技术的发展，长读长测序成为可能，更好地解决了复杂的、重复碱基的区域测序。

1. 基因组拼接趋势

从基因组拼接来看，多个物种已获得了完整的 T2T 基因组（telomere-to-telomere genome）。T2T 基因组是指端粒到端粒的完整基因组，是基因组组装的终极目标。基于 Nanopore 超长序列（N50 ＞ 100kb），结合 PacBio HiFi 和二代数据进行混合组装，通过 Hi-C（high-throughput/resolution chromosome conformation capture）进行勾错，能够有效获得染色体的三维空间构象，得到高质量的 T2T 基因组。人类首个完整的 T2T-CHM13 基因组组装完成，标志着基因组组装应用进入 4.0 时代。

① 片段重复和变异研究。组装物种完整的 T2T 基因组，与历史版本参考基因组进行比

较，鉴定出此前未被成功组装的大片段复制，并改进此前针对 SNV、InDel、SV 等变异的鉴定结果。

② 解锁基因组新区域。获得物种完整 T2T 基因组，填补此前未被组装的基因组片段，能够修正历史版本的组装错误，同时能够解锁基因组复杂区域。

③ 全基因组表观遗传图谱构建。利用 Nanopore 直接测序优势（保留碱基修饰信息），构建 T2T 基因组的同时，捕获全基因组表观遗传信息，构建全基因组表观遗传图谱。

④ 基因组演化深入探究。物种完整 T2T 基因组组装，意味着更多科学研究将被提出，例如重复元素的功能和进化、染色体进化的分子机制、端粒重复序列的获得与丢失、基因的复制、性染色体的解码等。

2. 转录组测序应用

① 三代技术直接得到全长转录本，无需组装，结果更可靠，基因定位和结构注释更加准确；②转录本可变剪接识别更加容易，结果也更加可靠；③转录本的 5′ 和 3′ 端覆盖更均匀、完整，基因的 UTR（非翻译区）定位更加精准等优势。

思考题

一、选择题

1. Sanger 测序中测序反应与普通体外合成 DNA 反应的主要区别是（　　）

A. DNA 聚合酶不同　　B. dNTPs 的种类不同

C. 引物不同　　D. 需要加入 ddNTPs

2. DNA 的一级结构是指（　　）

A. DNA 空间构象　　B. 核苷酸序列

C. 氨基酸序列　　D. DNA 双螺旋结构

3. 全自动 DNA 测序仪的主要应用范围，不包括（　　）

A. 人类遗传病、传染病和癌症的基因诊断

B. 法医的亲子鉴定和个体识别

C. 生物工程药物的筛选

D. 新蛋白质的鉴定

4. 测序反应体系中加入的酶为（　　）

A. 限制性内切酶　　B. RNA 聚合酶

C. DNA 聚合酶　　D. DNA 水解酶

5. 在 DNA 自动测序中广泛应用的示踪物是（　　）

A. 荧光素　　B. 同位素

C. 电化学发光物质　　D. 色素染料

6. 下列有关多色荧光标记引物法标记引物的特性的叙述中，正确的是（　　）

A. 四种标记引物的序列相同，但 5′ 端标记的荧光染料颜色不同

B. 四种标记引物的序列相同，但 3′ 端标记的荧光染料颜色不同

C. 四种标记引物的序列不同，其 5′ 端标记的荧光染料颜色也不同

D. 四种标记引物的序列不同，其 3′ 端标记的荧光染料颜色也不同

7. 下列关于测序读长相对最短的是（　　）

A. 一代自动测序　　B. 焦磷酸法测序

C. Illumina 测序仪测序　　D. 三代测序 SMRT 测序

8. 采取连接酶法建库测序的平台是（　　）

A. Roche　454 平台　　B. Illumina 测序平台

C. ABI 公司 SOLiD 测序平台　　D. Ion Torrent 测序平台

9. 三代测序中读长最长的测序方法是（　　）

A. SMRT 的连续长读长法　　B. SMRT 的环形一致测序（HiFi）

C. Nanopore 的单边长读长法　　D. Nanopore 的多边长读长法

二、名词解释

1. Sanger 双脱氧链终止法
2. 自动测序
3. TA 克隆
4. 转座酶
5. PCR 扩增子
6. 单分子测序

三、简答题

1. 简述双脱氧链终止法测序原理。
2. 简述荧光标记引物法和荧光标记终止物法的不同之处。
3. 简要介绍全自动测序仪的基本结构。
4. 简述 TA 克隆连接接头法建库的基本过程。
5. 简述 Illumina 测序平台测序的基本过程。
6. 简述 ABI 公司 SOLiD 测序仪的连接酶测序的基本过程。
7. 简述 SMRT 测序原理。
8. 简述 Nanopore 测序的基本原理。
9. 简述 SMRT 测序和 Nanopore 测序的优缺点。

第六章

DNA 芯片技术

知识目标 1. 掌握 DNA 芯片技术的概念和原理。

2. 熟悉 DNA 芯片技术的检测流程和特点。

3. 了解 DNA 芯片技术的新进展及应用。

能力目标 1. 掌握 DNA 芯片技术的原理和特点。

2. 学会在分子检测中运用所学 DNA 芯片检测技术。

思政目标 1. "卡脖子" 技术清单中的生物芯片技术，我们该如何突破？引导学生思考个人学习与国家战略需求的结合，培养学生为祖国科学事业奋斗的崇高理想。

2. 回顾基因芯片技术的几次重要革新（如从 cDNA 芯片到寡核苷酸芯片，再到液相芯片），分析其背后的创新思维。介绍基因芯片与人工智能、纳米技术等结合的最新进展，激发学生对未来技术融合创新的想象力。

第一节　DNA 芯片技术的原理与特点

一、生物芯片与 DNA 芯片

1991 年，美国硅谷的 Affymatrix 公司创新性地将芯片光刻技术与光化学合成技术相结合，制成了寡核苷酸微阵列芯片，成为20世纪90年代以来影响最深远的重大科技进展之一。以 DNA 芯片（DNA chip）为代表的生物芯片技术是融合微电子学、生物学、物理学、化学、计算机科学为一体的高度交叉的新技术。该技术之所以被称为生物芯片（biochip），源于其制备过程中常采用玻片、硅片等作为固相支持物，并模拟计算机芯片的制备技术。生物芯片通过光导原位合成或微量点样等技术，将核酸片段、多肽分子、组织切片及细胞等大量生物大分子有序地固定在玻片、硅片、聚丙烯酰胺凝胶或尼龙膜等载体表面，形成密集的二维分子阵列。随后，这些阵列与标记后的待测生物样品中的靶分子进行杂交反应，再利用特定仪器对杂交信号进行快速、并行且高效的检测与分析，从而准确判断样品中靶分子的特性。生物芯片具有高通量、微型化及自动化等特点，根据芯片上固定探针种类的不同，分为 DNA 芯片、蛋白质芯片、细胞芯片和组织芯片等；根据芯片用途的不同，分为表达分析芯片、测序芯片和芯片实验室等；根据原理和最终检测载体的不同，分为固相芯片和液相芯片。目前常见的生物芯片主要有三大类：DNA 芯片、蛋白质芯片、芯片实验室。由于基因芯片（gene chip）这一专有名词已经被业界的领头羊 Affymetrix 公司申请了专利，因而其他厂家的同类产品通常称为 DNA 芯片或 DNA 微阵列（DNA microarray）。

图 6-1　DNA 芯片示意图

DNA 芯片作为生物芯片中最重要的类型之一，采用微阵列技术将大量已知序列的特定寡核苷酸或基因片段作为探针，有序固定于固相载体表面，通过与标记的待测样品中靶核酸杂交，根据杂交信号的强度与分布特征，对靶核酸序列及功能进行分析研究（图 6-1）。根据结构的不同，DNA 芯片可分为寡核苷酸芯片、cDNA 芯片和基因组芯片等类型，其优势在于可集成大量探针，实现样品的高通量、快速、灵敏检测，有效克服了传统核酸印迹杂交技术操作复杂、自动化程度低、检测通量有限等问题，因而成为分子生物学研究的重要技术手段，并广泛应用于疾病诊疗、新药研发、生物安全、司法鉴定、环境监测及食品卫生监督等领域，引发全球学术界与产业界的持续关注。目前，技术较为成熟的产品有基因突变检测芯片及细胞基因表达谱芯片。

二、DNA 芯片技术的基本原理与特点

DNA 芯片技术源于核酸分子杂交技术，其雏形可追溯至 Southern 印迹法。该技术基于核酸单链间的特异性杂交原理，能够从复杂核酸群体中精准捕获目标分子，通过分析核酸序列特征揭示基因表达水平变化、特定碱基突变等生物学信息。芯片探针的制备材料既可采用合成寡核苷酸、克隆 DNA 片段或 PCR 产物，也可使用单链 DNA 或 RNA 片段；待测样本类型涵盖 DNA 与 mRNA。在特定反应条件下，芯片表面固定分子与待测物发生特异性结合，其杂交信号通过化学荧光法、酶标法、同位素法或电化学法等方法表征，经扫描仪采集后由专用软件进行数据分析。通过优化探针阵列设计与分析方法，该技术已拓展出基因表达谱分析、突变检测、多态性分析、基因组文库作图及杂交测序等用途，为后基因组时代基因功能研究及现代医学诊断提供了关键技术支撑。

作为新一代基因诊断技术，DNA 芯片凭借其快速、高效、灵敏、经济及高度自动化的特性展现出显著优势。相较于传统基因诊断技术，DNA 芯片技术通常可在 30 分钟内完成基因诊断；实现每批次数百至数千个基因序列的同步检测，极大提升了检测通量；通过显微加工技术将核酸分离、扩增、标记及杂交等步骤集成在同一块芯片内部，构建成缩微芯片实验室，不仅降低了操作成本，更通过全封闭设计有效避免了交叉污染；同时，通过精准控制分子杂交条件，显著降低了基因诊断的假阳性率与假阴性率，为临床诊断与结果分析提供了可靠的技术支撑。

第二节　常用 DNA 芯片的设计与制备

DNA 芯片制备主要包括探针设计与布局优化。探针设计需根据具体应用需求确定序列特征，而布局优化则需选择适宜的排列方式以实现最佳检测效果。在设计过程中，需综合

考量探针的互补性、敏感性、特异性、容错性、可靠性、可控性以及可读性。目前常用的DNA芯片主要采用寡核苷酸探针与cDNA探针两类：前者适用于基因突变检测、DNA测序、基因图谱构建及多态性分析等；后者则更常用于文库筛选、基因表达谱分析、药物筛选及毒理学研究等。

一、探针的设计

在杂交反应中，假阳性、假阴性、错配及杂交信号不稳定等常见问题可能影响检测准确性。为实现最优杂交效果，提升检测的灵敏度与特异性，需严格遵循探针设计的基本原则。

（1）寡核苷酸探针设计原则：①完全互补性，针对目的基因或相关序列的保守区进行设计；②高度特异性，针对基因家族的某个成员或不同物种的同源基因；③探针丰度，针对靶基因序列设计多个核苷酸探针；④单碱基错配，设计错配探针作内参照来衡量探针的特异性；⑤设阳性对照，通常采用管家基因 *β-actin* 或 *GAPDH* 基因作为阳性对照，验证杂交体系的有效性。

（2）cDNA探针设计原则：①探针应靶向目的cDNA的3′端，避免长片段重复序列对杂交信号的干扰；② cDNA探针在制备后须经纯化处理，以消除细胞污染物残留，防止假阳性或假阴性结果产生；③需选用与目的基因亲缘性较远的管家基因作为阴性对照，通过信号对比识别潜在污染；④ cDNA探针应长度适中且避免重复序列，以确保杂交反应的特异性与稳定性。

（3）表达型芯片探针设计旨在解析不同组织、发育阶段或药物处理条件下，样品中数千个基因的表达差异。在设计探针时，无需预先掌握靶基因的完整序列信息，仅需针对基因特定区域设计多套寡核苷酸探针，或直接采用cDNA作为探针，其序列通常来源于已知基因的cDNA或表达序列标签（expressed sequence tag，EST）库。

（4）单核苷酸多态性（single nucleotide polymorphism，SNP）是单个碱基的改变而导致的核酸序列多态性，最多的表现形式是单个碱基的替换，如A-T或G-C。单核苷酸多态性检测芯片探针设计一般采用等长移位法：将靶序列从头到尾依次截取一定长度（如15～23个碱基）的互补序列构建完全匹配的野生型探针，随后对每个野生型探针的中央碱基进行三种碱基替换（如A → T/G/C），形成对应的突变型探针组。通过芯片杂交，仅与靶序列完全匹配的探针会产生较强的荧光信号，由此可识别样本序列中所有可能存在的SNP位点。

（5）特定突变位点检测芯片探针用于分析DNA序列中特定位点的突变，要求检测出发生突变的位置及其类型。鉴于杂交反应对中心单碱基错配的识别灵敏度显著高于两端，设计时应将待检突变位点置于探针中央以实现最大分辨率。采用叠瓦式设计探针，以突变区每个碱基位点为中心，向两侧延伸15～23个碱基构建与突变区互补的野生型探针，并对中心碱基进行三种碱基替换生成突变型探针，形成每组4个仅单碱基差异的探针组，可检测该位点的所有可能碱基替换突变。通过相邻探针组间错开一个碱基的排列方式（即叠瓦式布局），共需 $4n$ 个探针即可完整覆盖长度为 n 的突变区域。

二、载体的选择与预处理

芯片技术的核心在于通过载体（或片基）实现生物分子（DNA/蛋白质）的高密度阵列化。用于连接、吸附或包埋各种生物分子，并使其以固相化的状态进行反应的固相材料可分为玻片、硅片等刚性材料，或硝酸纤维素膜、尼龙膜及聚丙烯薄膜等柔性材料。这些原始载体表面缺乏羟基、氨基等活性基团，无法直接进行探针合成或固定，需预先对载体表面进行活化处理，包括涂布多聚赖氨酸或者包被氨基硅烷偶联试剂，在载体表面引入氨基等活性位点，从而通过共价结合或静电吸附作用实现探针的稳定固定。

理想的固相载体需满足以下指标：①具有可以进行化学反应的活性基团，便于与生物分子进行偶联；②要有很好的惰性，即非特异性吸附低且不干扰生物分子活性，同时保持物理稳定性，可耐受常规处理条件（如温度、pH 及机械压力变化）；③具有良好的兼容性，支持多种芯片制备技术的集成应用；④载体表面需提供适宜的微环境，确保探针与靶分子间能发生稳定、特异的杂交反应；⑤在激发光下，荧光背景低，变异系数小。

三、DNA 芯片的制备

不同类型的芯片其制备方法也不尽相同，常见的芯片制备方法基本上可分为两大类：原位合成法，也称为在片合成；直接点样法，也称为离片合成。

（1）原位合成（*in situ* synthesis）技术通过直接在芯片载体表面进行化学合成实现探针阵列构建，适用于制备寡核苷酸芯片和制作大规模 DNA 探针芯片，实现高密度芯片的标准化和规模化生产。该方法包括光导原位合成、原位喷印合成和分子印章多次压印合成三种技术路径。

光导原位合成（light-directed synthesis）又称原位光蚀刻合成，由 Affymatrix 公司首创，采用了将显微光蚀刻技术和 DNA 合成技术结合起来的组合化学合成原理：①通过光敏保护基团（-X）修饰载体表面活性羟基（-OH），利用光刻掩模（photolithographic mask）1 选择性暴露目标位点（保护非聚合部位）；②用激光点光源照射聚合部位，去除-X，暴露-OH；③加入亚磷酰胺活化单核苷酸（如 dCMP）与-OH 发生化学偶联，光敏保护非活化端；④更换光刻掩模 2，激光点光源照射下一个聚合位点；⑤脱保护，偶联第二个核苷酸（如 dAMP）；⑥重复上述步骤，直至合成完所需探针。该技术优势在于无需预先制备克隆或 PCR 产物，可在微小区域实现高精度、高密度探针构建；但劣势在于造价较高，生成探针的长度通常不超过 25-mer。光导原位合成法制备 DNA 芯片的原理如图 6-2 所示。

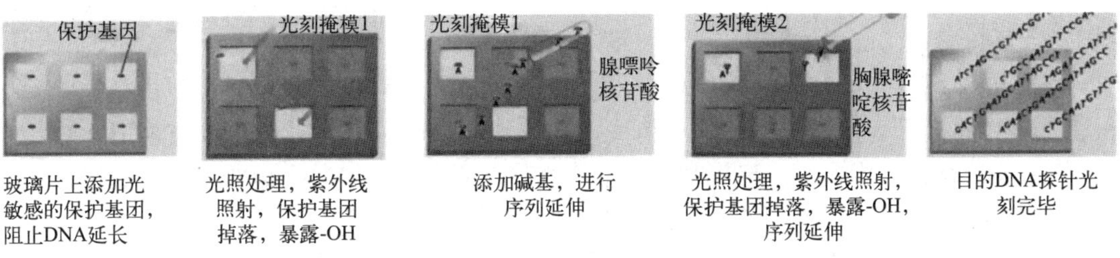

图 6-2　光导原位合成法制备 DNA 芯片示意图

原位喷印合成也称压电打印法（piezoelectric printing），其原理和装置与普通的彩色喷墨打印机类似，不同的是有多个芯片喷印头和墨盒，墨盒中装的是四种碱基等液体而不是碳粉，利用微喷头把 DNA 合成试剂按一定顺序依次逐层地喷印在片基表面的不同位置上，化学原理与传统的 DNA 固相合成一致，经过固定、冲洗、去保护、偶联，如此循环，直到合成完所需长度的探针（图 6-3）。该方法不需要特殊试剂，效率较高；缺点是耗时长，不适于大规模 DNA 芯片的批量生产。

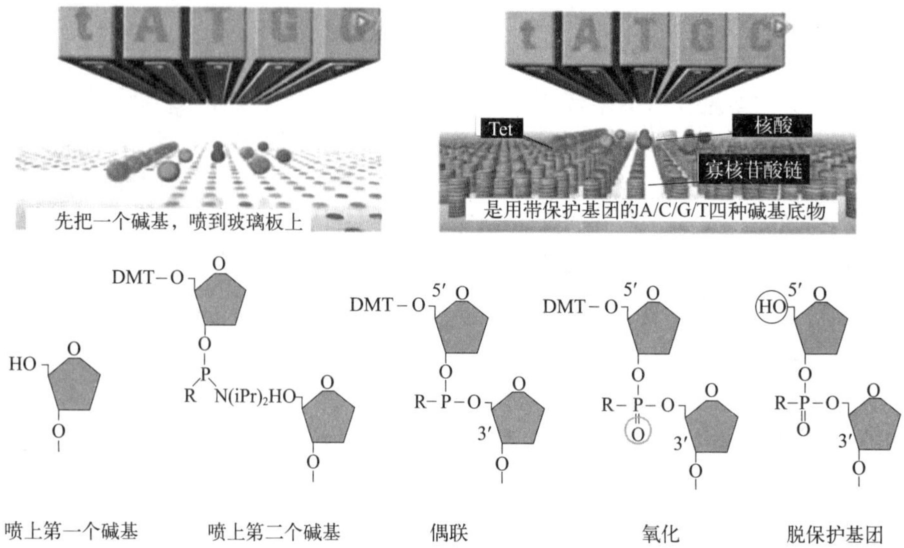

图 6-3　原位喷印合成法制备 DNA 芯片示意图

分子印章多次压印合成法采用表面带有微结构的硅橡胶模板进行芯片制备：首先，根据所需微阵列预先设计并利用光刻技术制备出一套具有特定凹凸图案的微印章，随后，在制备好的印章表面涂覆对应单核苷酸，再按照预设的探针排列顺序，将不同微印章逐一精准压印在同一载体表面，最终形成高密度 DNA 芯片。该方法芯片制备产率高，且 DNA 探针的准确率高，分辨率高。

（2）直接点样法是将预先通过液相化学合成的寡核苷酸、PCR 技术扩增的 cDNA 或基因组 DNA 经纯化、定量分析后，利用高速点样机直接定量点样于带正电荷的尼龙膜或硅片等相应位置上（支持物应事先进行特定处理，如包被以带正电荷的多聚赖氨酸或氨基硅烷），并通过紫外交联等理化方法使之固定。该方法技术较成熟、灵活性大、成本低、速度快，但构成方阵的寡核苷酸或 cDNA 片段需要事先纯化。多用于大片段 DNA（有时也用于寡核苷酸甚至 mRNA）探针的芯片制备。该方法包括接触式点样和非接触式点样两种途径：①接触式点样，即点样针直接与固相支持物表面接触，将 DNA 样品保留在固相支持物上，又称打印法；②非接触式点样，即喷墨式点样，利用压电原理将 DNA 样品通过毛细管直接喷射至固相支持物表面。

（3）生物电子芯片的制备。生物电子芯片采用带正电荷的硅基材料，经热氧化工艺制成 1mm×1mm 的微阵列结构，每个阵列集成多个微电极，通过氧化硅沉积和蚀刻技术制备出独立样品池。在样品检测时，将链霉亲和素修饰的琼脂糖凝胶覆盖于电极表面，利用电场作用使生物素标记的探针特异性结合至目标电极区域，达到检测单碱基错配的分辨率。该技术最大的优点是杂交速度快，可大大缩短分析时间；缺点是制备复杂、成本高。

（4）三维芯片的制备。三维生物芯片以显微镜载玻片为基底，集成 10000 个微小聚丙烯酰胺凝胶条，每个凝胶条可用于靶 DNA、RNA 和蛋白质的分析。在样品检测时，先将已知配体加样于凝胶条上，再通过 3cm 长的微型玻璃毛细管将 0.2nL 的待测样品添加到凝胶条上。该技术具有两个明显优势：①三维化的凝胶结构显著提升了配体负载容量，增加了敏感性；②芯片上可以同时进行扩增与检测，减少额外操作。

（5）流过式芯片的制备。流过式芯片采用格栅状微通道结构设计，通过共价化学修饰将特异性寡核苷酸探针固定于芯片微通道内的特定区域，经荧光标记的核酸样品流经芯片，目标序列与固定探针发生特异性杂交捕获。流过式芯片用于高通量分析已知基因的变化，其特点为：①高灵敏度，由于寡核苷酸吸附表面的增大，流过式芯片可监测稀有基因表达的变化；②快速检测，微通道加速了杂交反应，减少了每次检测所需时间；③成本可控，由于采用了特殊的共价化学技术将寡核苷酸吸附于微通道内，使每一种流过式芯片可反复使用多次，从而使其成本降低。

第三节　DNA 芯片技术检测的基本流程

一、样品的制备

生物样品多为复杂生物分子的混合体，受靶分子含量、灵敏度等因素限制，一般不能直接用于芯片杂交反应，往往需要在样品标记和检测分析前进行分离纯化与扩增。通过扩增既可使样品核酸拷贝数满足检测的灵敏度，又能在扩增过程中进行标记。针对检测基因表达的芯片，样品制备通常涉及总 RNA 或 mRNA 的分离纯化、RT-PCR 和标记等步骤（图 6-4）；而对于 SNP 或者突变检测，则往往涉及基因组 DNA 分离纯化、PCR 和标记等步骤。

待测样品的标记多采用荧光标记法。采用 PCR 或反转录法标记时，可利用荧光标记的引物或 dNTPs 对样品进行标记。常用的荧光分子有 Cy3、Cy5、异硫氰酸荧光素、六氯-6-甲基荧光素、罗丹明 B200、四甲基罗丹明、羧基荧光素等。此外，也可用生物素对引物进行标记。标记样品往往还需要进一步纯化才能用于杂交，否则会造成检测时荧光背景高而影响检测结果。

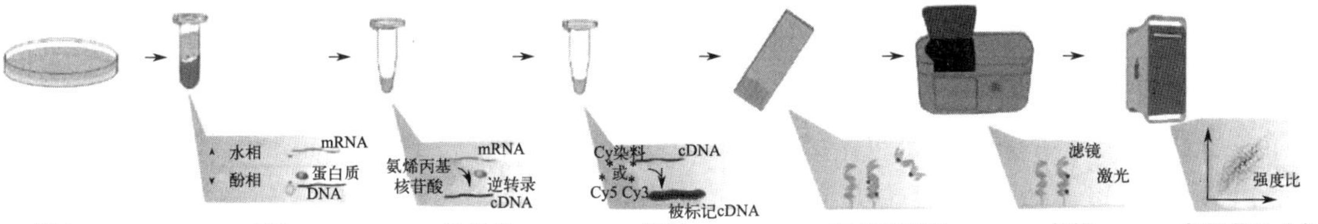

图 6-4　DNA 芯片技术检测 mRNA 示意图

二、杂交反应与结果分析

（1）杂交反应　与传统的固液相杂交方法类似，DNA 芯片本质是探针和靶核酸通过碱基互补配对形成杂合双链。杂交条件的控制要根据芯片中探针片段的长短、类型及芯片本身的用途来选择，必须满足检测时的灵敏度和特异性。基因表达分析通常采用低温、高盐浓度及长时间杂交以提升信号强度，但允许较低严谨性；而突变检测则需高温、低盐、短时间的高严谨性条件以区分单碱基差异。杂交质量与效率受多重因素影响，包括反应体系中的盐浓度、探针的 GC 含量及电荷特性、探针与芯片间连接臂的种类与长度，以及靶基因二级结构的空间位阻效应，这些参数均需通过实验优化以确保检测结果的可靠性。

（2）杂交信号的检测　杂交信号检测系统主要包括杂交信号产生、信号收集及传输、信号处理及成像三部分。根据标记物不同，可选择荧光法、质谱法、光导纤维法等多种方法检测靶 DNA 与探针杂交信号，其中荧光法应用最为广泛。荧光法检测技术主要通过电荷耦合器件（charge-coupled device，CCD）芯片扫描仪和激光共聚焦芯片扫描仪检测。前者扫描速度快，成本低，但灵敏度和分辨率相对有限；后者检测的灵敏度、分辨率均较高，但扫描耗时较长且设备成本较高。当探针与样品完全互补配对时，产生的荧光信号要比错配时强得多，因此对荧光信号强度的精确测定可有效区分正确与错误配对，实现特异性检测。

当采用生物素标记引物时，生物素标记的扩增产物经芯片杂交、洗脱后，再加入荧光标记的亲和素进行结合。此时，靶序列与芯片探针的碱基配对作用，以及生物素与亲和素的高亲和力结合，共同将荧光分子锚定于杂交位点，然后通过荧光检测系统对荧光信号进行定量分析。

（3）数据分析　芯片杂交图谱的处理与存储由专用软件来完成。一个完整的生物芯片配套软件包括生物芯片扫描仪的硬件控制软件、生物芯片的图像处理软件、数据提取和统计分析软件，最终生成可解读的检测报告。

第四节　DNA 芯片技术的应用

DNA 芯片技术作为一种高通量、大规模、平行检测技术，凭借其同时检测数万至数百万个核酸位点的独特优势，在细胞中基因表达分析、基因突变及多态性分析、基因测序、病原微生物快速鉴定、疾病诊断、产前诊断、肿瘤和药物筛选及个性化指导用药等方面应用广泛，是疾病诊断治疗、预防和机制研究的有力工具。

（1）基因表达分析　基因表达谱芯片可在 mRNA 水平上同步并行分析数千乃至全基因组范围的基因表达模式，通过量化个体、组织类型、发育阶段及病理状态下的表达差异，实现遗传信息的系统性分析和判断。该技术通过对比肿瘤与正常组织的基因表达特征，可快速筛选差异表达基因，其中经定量验证的标志物已被广泛应用于肿瘤分子分型与早期诊断。相较于传统的差异 cDNA 文库筛选或 Northern blotting 等技术，其检测通量提升数个数量级，显著降低了时间与经济成本，被广泛应用于疾病的基因表达差异检测、疾病分型、分子诊断标志物的发现和药物靶点筛选等领域。近年来，随着对 miRNA 调控基因表达的认识不断深入，检测 miRNA 表达谱的芯片也已被开发应用。

（2）基因分型、基因突变和多态性分析　同一物种不同群体及个体间广泛存在着基因多态性，这种多态性有可能是导致表型差异和遗传性疾病发生的重要遗传学基础。要分析这些基因的多态性与生物功能和疾病的关系，需要依赖高通量检测技术对大规模样本进行分析研究，而 DNA 芯片技术是实现这种大规模研究的重要工具。如采用寡核苷酸芯片对 SNPs 进行分析，可以确定基因多态性和疾病的关系、致病机制和患者对治疗的反应等。DNA 芯片技术应用于病原微生物基因分型时，可显著提升感染性疾病的病原鉴定精度，指导制定精准用药方案。1998 年，法国的 T.Livache 等利用 DNA 芯片技术完成对人血液中丙型肝炎病毒的基因型分析，为临床制定合理的治疗方案提供了重要的依据。

（3）疾病诊断　人类疾病的发生、发展与遗传变异密切相关。DNA 芯片技术凭借其高通量、高灵敏度的检测特点，已成为现代临床诊断的重要工具，尤其在遗传性疾病、感染性疾病和恶性肿瘤等疾病的临床诊断方面具有独特的优势。针对感染性疾病、肿瘤和遗传性疾病诊断，国内外已推出多种商品化芯片。相较于传统检测方法，诊断芯片可同时对多个病人进行多种疾病的检测，无需依赖免疫应答反应期即可实现早期诊断，且仅需微量样本即可精准识别病原微生物亚型及变异。这种分子水平的检测能力使临床医师能够快速获取全面诊断信息，为个性化治疗方案的制定提供科学依据。2007 年 2 月，美国 FDA 批准的首款临床基因诊断芯片（用于乳腺癌分子分型与预后评估）标志着该技术正式进入临床应用阶段，其诊断效能与预后预测准确性均显著优于传统病理学方法。

① 遗传性疾病的诊断。随着人类基因组计划的完成，许多遗传性疾病（如血友病、苯丙酮尿症、地中海贫血、亨廷顿舞蹈症等）的致病基因已被精准定位。对于这些疾病，可通过设计覆盖突变热点区域的特异性寡核苷酸探针 DNA 芯片，构建可同时检测多种突变类型的诊断平台，通过一次杂交完成对待测样品多种突变可能性的筛查，实现对多种遗传性疾病的高效快速诊断。如诊断芯片在血友病、苯丙酮尿症、血红蛋白异常等的筛查中被广泛应用。

② 感染性疾病的诊断。伴随着病原微生物基因组学的不断展开，通过基因诊断技术捕获感染“真凶”，突破了传统培养法检测局限性。DNA 芯片技术避免了耗时长的病原微生物培养过程及抗体制备周期，仅需通过核酸提取与杂交反应即可在数小时内完成检测，为病原微生物诊断提供了强有力的技术手段。针对病毒性疾病，可将各种病毒的特异性序列制成探针有序地点布到芯片上，再与处理后的样本进行杂交，实现多种病毒及其亚型的一次性检查。例如，采用 DNA 芯片技术可同时对 21 种不同类型的人乳头瘤病毒进行诊断，而用于 HIV-1 的测序分型及多态性分析的 DNA 芯片试剂盒早已问世。此外，DNA 芯片技术在人巨细胞病毒、肝炎病毒、结核分枝杆菌的诊断及致病微生物的鉴别等方面也发挥了一定的作用。

③ 肿瘤的诊断及治疗。对基因突变进行检测是肿瘤诊断的重要手段之一。DNA 芯片技术通过整合基因突变检测与表达谱分析，可快速准确扫描大量基因，适用于大量标本的检测。针对肿瘤发生关键基因，如 50% 以上肿瘤患者中出现的 *p53* 基因突变，基于全长序列与突变位点制备的 *p53* 基因芯片，其突变检测准确率达 94%、灵敏度达 92%、特异性达 100%，明显优于传统的 DNA 测序分析。当前技术已实现数百种肿瘤相关基因的同步筛查，在癌症的早期诊断中将发挥重要作用。基因芯片技术通过对比肿瘤与正常组织的 mRNA 表达差异，可系统解析肿瘤发生、发展的分子网络，是研究肿瘤发生机制的有力工具。DNA 芯片技术能够对包括白血病、淋巴瘤、皮肤黑色素瘤及乳腺癌等多种肿瘤的细胞亚群进行区分、对治疗方案进行评估、对新药药效进行评价，以及对肿瘤的发生、发展和转归的预测提供分子依据。此外，利用 DNA 芯片技术还可观察药物对肿瘤细胞基因表达谱的影响，评估药物对肿瘤治疗的可行性，从中筛选出抗肿瘤候选药物，为抗肿瘤药物的研究和开发提供了极具价值的参考依据。

（4）药物筛选　生物芯片技术具有高通量、大规模、平行检测等特点，在药物靶标发现、多靶点同步高通量药物筛选、药物作用分子机制解析及药效 / 毒性评估等方面展现出其他方法无可比拟的优越性。生物芯片用于大规模的药物筛选研究可有效替代传统动物实验中的部分环节，缩短药物筛选所用时间，大大节省新药研发经费。

（5）指导用药及治疗方案　在临床治疗中，有时同一药物相同剂量对不同患者的疗效和副作用差异很大，其主要源于患者遗传背景的多样性，尤其是单核苷酸多态性（SNPs）的影响。利用生物芯片技术对患者的 SNPs 进行分析，可解析药物代谢相关基因（如细胞色素 P450 酶系）的多态性特征，为临床制定个性化用药方案提供分子依据。2005 年，美国 FDA 批准了第一张进入临床的 SNP 芯片 CYP450 检测芯片，该芯片通过对患者体内决定细胞色素氧化酶活性的多态性位点进行检测，预测患者药物代谢水平的高低。

（6）预防医学　应用 DNA 芯片技术进行产前、产后遗传病诊断可提高染色体疾病患儿的病因检出率并有效指导再次生育。产前可用 DNA 芯片进行有效筛查和诊断，防止患有先天性疾病的婴儿出生；产后可用 DNA 芯片分析其基因图谱，预测其患某些疾病的潜在可能性，以便采取预防措施。

思考题

一、选择题

1. 下列哪一项不属于生物芯片的特点（　　）
   A. 高通量　B. 微型化　C. 低通量　D. 集成化
2. 下面哪一项方法不属于基因芯片原位合成技术（　　）
   A. 原位光蚀刻合成　B. 压电打印　C. 分子印章　D. 合成点样
3. DNA 芯片的实质是一种（　　）
   A. 高密度的核酸阵列　B. 高密度的寡核苷酸微阵列
   C. 高密度的蛋白质阵列　D. 高密度的多肽阵列
4. DNA 芯片技术可以直接检测（　　）
   A. DNA　B. DNA 或 RNA　C. 蛋白质　D. RNA
5. 以下哪一项不属于基因芯片技术的应用（　　）
   A. 基因表达分析　B. 基因多态性分析　C. 疾病诊断　D. 核酸提取

二、名词解释

1. DNA 芯片
2. 原位合成法
3. 直接点样法

三、问答题

1. 试述 DNA 芯片技术的原理与特点有哪些？
2. 试述 DNA 芯片的主要制备方法有哪些？
3. 试述 DNA 芯片技术检测的基本流程有哪些？
4. 试述 DNA 芯片技术可应用于哪些领域？

第七章

蛋白质的理化分析技术

知识目标 1. 理解蛋白质的核心理化性质及其应用价值。

2. 熟悉常规的蛋白质定量分析技术。

3. 掌握蛋白质电泳技术类型及其应用。

4. 了解光学分析法在蛋白质分析中的应用。

能力目标 1. 深刻理解蛋白质分子中核心理化性质及特点，并将这些理化性质同蛋白质分子的检测技术进行有效关联，提高理论联系实际的能力。

2. 通过对蛋白质定量分析方法、电泳分析方法、光学分析方法及其原理与应用的掌握，培养学生对蛋白质进行多方面分析的基础能力。

思政目标 1. 蛋白质研究领域，涌现出众多重要科学发现，通过重要科学发现引导培养学生实事求是、敢于否定、勇于探索的科学精神。

2. 将基本知识与生命健康、疾病相联系，引导学生树立健康生活的理念。

第一节 蛋白质的基本理化性质

人类对蛋白质的认识始于18世纪末，早期人们将其称为“动物样物质”，认为这些“物质”稍稍变化就组成了肌肉、皮肤和血液。1742年，意大利科学家Beccari首次从面粉团中分离出了谷蛋白（洗剩的面筋）。从那时起，人类开始了对蛋白质的本质及其理化性质的认识。后来，随着化学的发展，人们逐渐认识到蛋白质中含有淀粉、脂肪和糖类所不具有的氮元素。19世纪末，德国科学家Fischer证明了蛋白质由氨基酸组成。随后人们逐渐认识到，自然界中几十万种功能各异的蛋白质，都是由不同氨基酸通过不同的数量比例和排列顺序经由肽键连接构成的。1953年，英国科学家F. Sanger首先测定了胰岛素（insulin）的一级结构。随着研究的不断深入，人们也逐渐认识到蛋白质具有高度可塑性和复杂的三维结构，而且决定于其特殊的氨基酸序列结构。1959年佩鲁茨和肯德鲁利用X射线衍射技术，依次完成了对血红蛋白和肌红蛋白的三维结构分析，共享了1962年诺贝尔化学奖。而且，沃森和克里克的DNA双螺旋结构模型的提出也使蛋白质的研究深入到了基因组时代。此后，随着核磁共振（NMR）、冷冻电子显微术和计算机建模技术等技术的不断发展，未来在蛋白质分析研究领域也许会有更高精度、更高效的结构解析技术出现。

蛋白质的基本理化性质是实现其分析的关键，其中的很多性质可以直接或间接地被应用于蛋白质成分的提取、定量、检测以及结构分析中。

一、元素组成

蛋白质主要由碳、氢、氧、氮四种化学元素组成，多数蛋白质还含有硫和磷，有些蛋白质还含有铁、铜、锰、锌等。在生物体中氮元素是蛋白质的特征元素，各种天然蛋白质的含氮量很接近，平均为 16%，这一特点是凯氏定氮法测定蛋白质含量的基础。该方法由丹麦化学家凯道尔于 1883 年建立的，该方法将蛋白质与浓硫酸和催化剂一同加热消化，使蛋白质分解，分解的氨与硫酸结合生成硫酸铵，然后碱化蒸馏使氨游离，用硼酸吸收后再以硫酸或盐酸标准溶液滴定，根据酸的消耗量乘以换算系数 6.25，即 1g 氮所代表的蛋白质含量（单位：g），从而换算得到样品中的蛋白质含量。该方法是目前认为最准确的蛋白质定量方法，一直沿用至今，广泛应用于食品、奶制品以及生物制品等的检测。硫也属于蛋白质的特征元素，天然蛋白质中的硫元素来自于半胱氨酸和甲硫氨酸，含硫量 0.3%～2.2%。硫的反应可用来鉴别蛋白质的存在，当与碱和乙酸铅共热时，分子中的硫键被分解成硫离子，遇铅即产生褐色硫化铅沉淀。

二、分子量

分子量是蛋白质分子的一个重要的生物化学参数，它反映了蛋白质的大小和复杂性。本质上蛋白质是氨基酸的聚合物，组成蛋白质的二十种主要氨基酸分子量各不相同，氨基酸个数和组成的差异直接导致蛋白质的分子量变化范围很大，质量大小从几千道尔顿到数百万道尔顿不等。因此，分子量是评价蛋白质性质和功能的重要指标之一。由于蛋白质是生物体内重要的功能分子，其分子量对于了解蛋白质的结构、功能和相互作用具有重要意义，因此蛋白质分子量的准确测定为生物研究、生物医学和药物研发提供了关键信息。

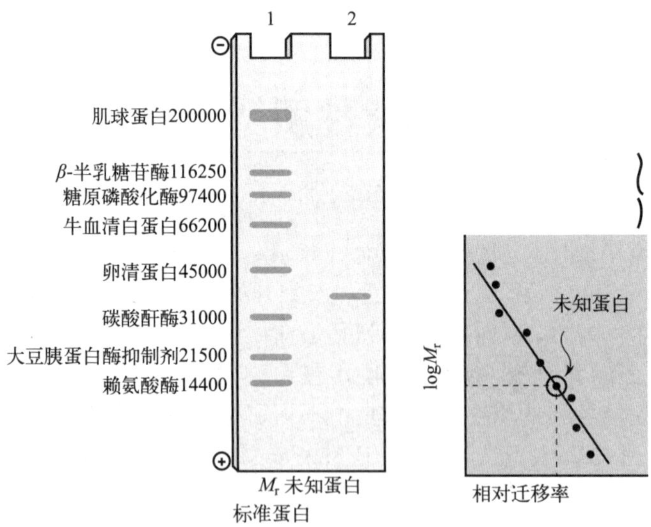

图 7-1 SDS-PAGE 中电泳迁移率与分子量关系

十二烷基硫酸钠聚丙烯酰胺凝胶电泳（SDS-PAGE）法是目前最常用的蛋白质分子量测定方法之一。其具有操作简单、成本低廉的优点。该方法利用 SDS（十二烷基硫酸钠）使样品中的所有蛋白质带上负电荷，并通过电场力在聚丙烯酰胺凝胶中迁移作用下使不同蛋白质按分子量谱带排列。如图 7-1 所示，将已知分子量的标准蛋白质在 SDS-PAGE 中的电泳迁移率与其分子量的对数作图，即可得到一条标准曲线，只要根据未知分子量蛋白质在相同条件下的迁移率，就能根据标准曲线求出其分子量。但是该方法仍然属于一种相对分子量测定，分辨率有限，通常仅被应用于蛋白质分子量大小的估算。

质谱是一种高灵敏度、高分辨率的化学分子量测定方法，可用于准确测定蛋白质总分子量。该方法将样品分子离子化后，通过质谱仪测定其离子的质荷比，从而计算出其相对分子量。早期方法电离过程中生物大分子易于发生分子碎裂，难以实现完整蛋白质分子的检测。随着电喷雾电离（ESI）和基质辅助激光解吸电离（MALDI）等软电离技术的不断发展，目前已经可以实现蛋白质等生物大分子的完整准分子离子化。质谱分析对样品的消耗量少，对生物大分子的分子量分析范围大，最高可达几十万道尔顿，可用于蛋白质的变异体、多聚体以及分子间的结合的检测。虽然生物质谱对设备依赖性高，但是随着技术的不断发展与普及，这项技术将是未来蛋白质等生物大分子分析的首选方法。

色谱技术是一类常用的分离和分析方法，也可用于蛋白质总分子量的测定。例如，凝胶渗透色谱（GPC）和高效液相色谱（HPLC）等。在 GPC 中，蛋白质在固定相中根据分子大小进行分离，通过与标准分子量蛋白质进行比较，可以推测样品中蛋白质的总分子量。HPLC 则利用流动相中的梯度洗脱和不同色谱柱的分离能力，实现蛋白质的分离和分析。色谱和质谱联用技术的不断发展，将使分子量检测有效应用于复杂蛋白质样品的精确检测中。

在过去的几十年中，蛋白质分子量测定的方法已经获得了飞速的发展，黏度法、胶体浊度法、沉降离心法、反射光谱法等多种方法也都曾被应用于蛋白质分子量的测定中，但随着科技的进一步发展，以 ESI-MS 和 MALDI-MS 为代表的高精度测定方法必将蛋白质研究工作带入一个全新的纪元。

三、两性解离及等电点

蛋白质是由氨基酸组成的，氨基酸属于两性化合物，其分子中除两端的游离氨基和羧基外，侧链中尚有一些解离基，如谷氨酸、天门冬氨酸残基中的 γ 和 β-羧基，赖氨酸残基中的 ε-氨基，精氨酸残基中的胍基和组氨酸的咪唑基。蛋白质的肽链两端同样各保留一个游离的 α-氨基和 α-羧基，同时由于氨基酸组成不同，肽链中氨基酸侧链的解离基也各不相同。因此，蛋白质分子具有两性解离的特征，既能和酸作用，也能和碱作用。如图 7-2 所示，在强酸条件下，蛋白质分子被完全阳离子化，带正电荷；在强碱条件下，则完全阴离子化，带负电荷。

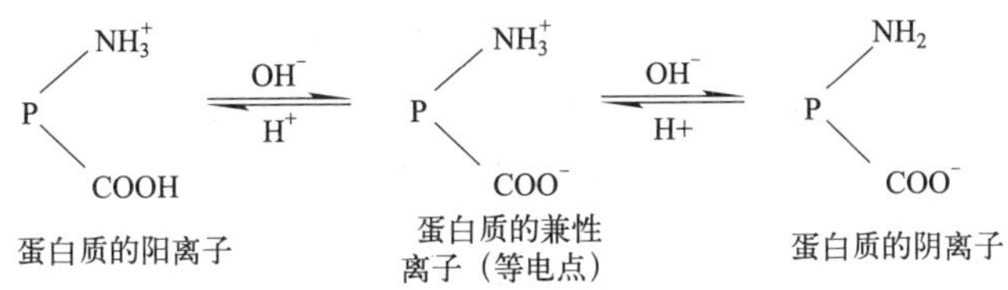

图 7-2　蛋白质的两性解离

等电点是指一个特殊的 pH 值，在这个 pH 值下，蛋白质本身不带电荷，也就是静电荷为零。不同蛋白质间由于氨基酸组成及其侧链所带的可解离基团的不同，每个蛋白质分子都有其特定的等电点。如果蛋白质中碱性氨基酸较多，则等电点偏碱，如果酸性氨基酸较多，等电点偏酸。酸碱氨基酸比例相近的蛋白质其等电点大多为中性偏酸，在 5.0 左右。溶液中蛋白质的带电状况与其所处环境的 pH 有关。由于等电点的不同，在同一 pH 条件下不同蛋白质所带净电荷数不同，这是蛋白质等电点电泳分离的基本原理。等电点也影响着蛋白质在水中的溶解度，溶液 pH 在等电点，蛋白质所带净电荷数为零，此时的溶解度最低。

四、溶解性

蛋白质溶解度的大小在实际应用中非常重要，因为溶解度特性数据在确定天然蛋白质的提取、分离和纯化时是非常有用的，蛋白质变性的程度也可以通过蛋白质的溶解行为的变化作为评价指标。此外，蛋白质在饮料中的应用也与其溶解性能有直接的关系。蛋白质属于生物大分子，分子量可自 1 万至 100 万之巨，其分子的直径可在 1～100nm，为胶体颗粒范围之内。一般而言，蛋白质在水中无严格意义上的溶解度，只是将蛋白质在水中的分散量或分散水平相应地称为蛋白质的溶解度。

影响蛋白质溶解度的因素主要包括外在因素和内在因素两方面。外在因素包括溶剂的性质、溶液的 pH、离子强度以及温度等。极性蛋白质由于相似相容原理，一般溶于水；而非极性的蛋白质则不易溶于水。蛋白质的溶解度会随 pH 值的改变而不同，特别是在其等电点时溶解度最小，某些蛋白质可溶于水、稀盐、稀酸或碱溶液。有些有机溶剂可引起蛋白质变性沉淀，主要是有机溶剂降低了水的介电常数，使蛋白质之间的静电斥力降低。当溶液中的中性盐浓度在 0.5mol/L 时，可增加蛋白质的溶解性，减弱蛋白质分子之间的相互作用，这种现象被称为盐溶。而高浓度的中性盐（大于 1mol/L）会破坏蛋白质的胶体性质，降低其溶解度，使蛋白质从溶液中析出，这种现象称为盐析。不同盐类对蛋白质的盐析作用强弱不同，这种强弱顺序被称为感胶离子序。蛋白质的溶解度会因温度升高而增大，但过高的温度会导致蛋白质变性失活。当温度低于 50℃时，随温度的增大，蛋白质水溶性增大；当温度大于 50℃，随温度的增大，其水溶性降低。从内在因素上看，蛋白质的溶解性与其氨基酸序列、结构等因素密切相关。因此蛋白质溶解性的研究可以帮助我们了解蛋白质的折叠和聚集过程，以及其在细胞内的功能和相互作用。根据蛋白质的溶解性对蛋白质分类，可分为：①清蛋白：可溶于 pH 6.6 的水中，如血清清蛋白、卵清蛋白、α-乳清蛋白；②球蛋白：能溶于 pH 7 的稀碱溶液，如 β-乳球蛋白；③醇溶蛋白：能溶于 70% 的乙醇，如玉米醇溶蛋白；④谷蛋白：在上述溶剂中都不溶解，但可溶于酸（pH 2）或碱（pH 12）。

蛋白质溶解性的测定主要有直接观察法、比色法和聚丙烯酰胺凝胶电泳法。直接观察法是最简单直观的测定蛋白质溶解性的方法。将待测蛋白质加入不同浓度的缓冲溶液中，观察其是否完全溶解或产生沉淀。通过观察蛋白质的溶解情况，可以初步判断其溶解性。比色法是一种常用的测定蛋白质溶解性的方法。通过测定溶液的吸光度，可以间接反映蛋白质的溶解程度。常用的比色试剂有 Bradford 试剂等。将待测蛋白质与比色试剂反应后，通过测定吸光度，可以得到蛋白质的溶解度。聚丙烯酰胺凝胶电泳是一种常用的分离和测定蛋白质溶解性的方法。将待测蛋白质经过电泳分离后，根据蛋白质在凝胶上的迁移距离，可以初步判断其溶解性。此外，还可以通过 Western blotting 等方法进一步确定蛋白质的溶解情况。

蛋白质的溶解性研究在生物医药、食品科学等领域具有广泛应用。通过了解蛋白质的溶解性，可以优化蛋白质的表达和纯化方法，提高其产量和纯度。此外，还可以研究蛋白质的聚集和沉淀过程，探索蛋白质相关疾病的发病机制。总之，蛋白质溶解性的实验测定与分析是了解蛋白质结构和性质的重要手段。通过实验测定蛋白质的溶解性，可以揭示其折叠和聚集状态，为蛋白质的功能和相互作用研究提供基础。随着科学技术的不断发展，相信蛋白质溶解性的研究将为生命科学领域带来更多的突破和进展。

五、蛋白质的光学性质

蛋白质是构成生物体中最重要的生物分子之一，其由氨基酸构成，具有高度可塑性和复杂的三维结构。蛋白质的光学性质主要包括吸收、荧光和旋光性等。

其中蛋白质的吸收光谱是其最重要的光谱之一，可以由此了解蛋白质的结构和构象变化。蛋白质的吸收光谱主要位于紫外-可见区域，这与其分子内构象变化有关。例如，酪蛋白经与钙离子结合形成酪钙蛋白后，在 280nm 左右会产生一个增强的吸收峰，这表明蛋白质分子的三级结构发生了改变。

此外，蛋白质的荧光性质也十分重要。蛋白质的荧光主要来源于其氨基酸残基的芳香环，如色氨酸、酪氨酸和苯丙氨酸等。蛋白质的荧光性质可以由激发光谱和荧光光谱来表征。激发光谱通常在较短波长时观察到荧光峰，而荧光光谱通常在较长波长时观察到。荧光强度和峰位与蛋白质的环境和构象密切相关。

蛋白质的旋光性也是其重要的光学性质之一。旋光性是指蛋白质溶液对通过其的平面极化光产生的旋转作用。旋光性可以通过测量旋光度和 CD 光谱来研究。旋光度与蛋白质的构象、二级结构和手性有关。CD 光谱可以提供关于蛋白质二级结构和构象变化的信息。

第二节　蛋白质定量分析技术

蛋白质是一种十分重要的生物大分子，因此蛋白质定量是常规生产与科研工作中非常重要的分析内容，涉及食品、药物、农业等相关的多个领域及行业，是食品与药品检验、临床检验、疾病诊断和质量检验中最常见的方法，而且对于蛋白质组学研究而言，准确的样品蛋白质定量是一个首要的内容。由于蛋白质种类很多，结构不均一，分子量又相差很大，给建立一个理想而又通用的蛋白质定量分析方法带来了许多具体的困难。蛋白质的检测分析方法多种多样，其中基于蛋白质基础化学性质的方法较多，例如凯氏定氮法、Folin-酚试剂法（Lowry 法）、BCA 法等；有的方法基于蛋白质的基础物理性质，例如紫外吸收法；有的则依赖于染色试剂来完成，例如考马斯亮蓝染色法与银染法。此外，免疫荧光检测、质谱检测、色谱检测等方法也都逐渐开始被研究和利用。以下主要介绍目前食品与药品等生产行业常用的蛋白质定量检测方法。

一、凯氏定氮法

凯氏定氮法是最经典的蛋白质定量检测方法之一。该方法应用范围广泛、测定结果准确、重现性好，因而广泛应用于食品与药物检测中。但是该方法灵敏度较差，一般可检测 0.2～2.0mg 氮，而且操作复杂费时、试剂消耗量大，不适用于低浓度与微量蛋白样品的分析与检测。而且该方法无法区分样品中的有机氮与无机氮，会造成“假蛋白”的问题。为了避免这一检测错误的产生，目前的食品和药物检测中，多采用测定非蛋白氮方法来解决。即通过特殊的处理，去除样品中的蛋白质成分，获得非蛋白氮供试品，对于未处理的总氮供试品和非蛋白氮供试品，分别通过凯氏定氮法测定其中的氮含量，然后利用总氮含量减去非蛋白氮含量，从而得到蛋白氮含量。这种方法能够有效地去除样品中无机氮成分的干扰，获得准确的蛋白质定量。目前非蛋白氮供试品制备方法主要有钨酸沉淀法和三氯醋酸沉淀法，主要操作过程如下：

（1）钨酸沉淀法　精密量取供试品（如供试品为冻干制剂或固体粉末时，应复溶后量取）适量（蛋白质含量不高于 0.2g），置 20mL 量瓶中，加水 10mL，加 10% 钨酸钠溶液 2.0mL，0.33mol/L 硫酸溶液 2mL，加水至刻度。或精密量取上述供试品 2mL，加水 14.0mL，10% 钨酸钠溶液 2.0mL，0.33mol/L 硫酸溶液 2.0mL。摇匀，静置 30min，过滤，弃去初滤液，取续滤液，即得非蛋白氮供试品（可依据蛋白质浓度适当调整 10% 钨酸钠溶液及 0.33mol/L 硫酸溶液用量，使钨酸终浓度保持在 1%）。

（2）三氯醋酸沉淀法。精密量取供试品（如供试品为冻干制剂或固体粉末时，应复溶后量取）适量（蛋白质含量 6～12mg），加等体积的 10% 三氯醋酸溶液，混匀，静置 30min，过滤，弃去初滤液，取续滤液，即得非蛋白氮供试品（可依据蛋白质浓度适当调整 10% 三氯醋酸溶液用量，使三氯醋酸终浓度保持在 5%）。

二、双缩脲法与 Folin-酚试剂法

双缩脲法最早是一种用于鉴定蛋白质的分析方法，其原理基于双缩脲反应，即蛋白质中的连续肽键（-CONH-）在碱性溶液中能与 Cu^{2+} 作用生成紫红色络合物。由于在碱性溶液中蛋白质与 Cu^{2+} 形成紫红色络合物，其颜色的深浅与蛋白质的含量成正比，而与蛋白质的分子量及氨基酸成分无关，故可用来测定蛋白质含量。该方法反应快速、干扰物质少、不同蛋白质产生的颜色深浅相近，但灵敏度差，仅可测定 1～10mg 范围的蛋白质，硫酸铵不干扰此呈色反应，但是三羟甲基氨基甲烷、一些氨基酸和 EDTA 等会干扰该反应。因此，该方法仅用于需要快速但并不需要十分精确的测定，例如利用硫酸铵沉淀后早期蛋白质纯化产物。

Folin-酚试剂法也称作 Lowry 法，它是双缩脲法的发展。同样利用蛋白质中的肽键和铜离子结合产生双缩脲反应，只是加入了第二种试剂，即 Folin-酚试剂，以增加显色量，从而提高了检测蛋白质的灵敏度。Folin-酚试剂中的磷钼酸-磷钨酸试剂被蛋白质的酪氨酸和苯丙氨酸残基还原，产生深蓝色的钼蓝和钨蓝的混合物。在一定条件下，蓝色深度与蛋白质的量成正比，由此可测定蛋白质的含量。该方法灵敏度高（可达 20～250μg），对水溶性的蛋白质含量的测定很有效。缺点是费时，要精确控制操作时间；Folin-酚试剂的配制比较烦琐，且干扰物质较多，对双缩脲反应产生干扰的离子，同样容易干扰 Folin-酚反应，且影响更大。酚类和柠檬酸、硫酸铵、Tris 缓冲液、甘氨酸、糖类、甘油、还原剂（二硫代苏糖醇、巯基乙醇）、EDTA 和尿素均会干扰反应。

三、二喹啉甲酸法

二喹啉甲酸法（bicinchonininc acidassay，BCA 法），最初由 Smith 等建立。该方法也是基于在碱性条件下，铜离子被还原形成亚铜离子（还原剂、金属离子螯合剂会产生干扰），亚铜离子通过与 BCA 反应形成的深紫色反应产物，最大吸收波长是 562nm，在一定条件下，此复合物吸光度与蛋白质浓度成正比。BCA 法灵敏度高，检测浓度下限达到 25μg/mL，最小检测蛋白量达到 0.5μg，待测样品体积为 1～20μL。该方法在碱性条件下稳定，可以一步完成反应且抗干扰能力强，测定蛋白质浓度不受绝大部分样品中的去污剂等化学物质的影响，可以兼容样品中高达 5% 的 SDS，5% 的 Triton X-100，5% 的 Tween 20、60、80，因此常被用于生物提取后总蛋白定量。但是该方法对还原剂、金属离子螯合剂等很敏感，测定时样品需要充分

稀释，需要确保 EDTA 低于 10mmol/L，DTT 低于 1mmol/L，巯基乙醇低于 1mmol/L。

四、Bradford 法

1976 年 Bradford 建立了基于考马斯亮蓝 G250 与蛋白质结合的原理，迅速、敏感的定量测定蛋白质的方法。考马斯亮蓝 G250 在酸性溶液中与蛋白质中的碱性氨基酸（特别是精氨酸）和芳香族氨基酸残基相结合（蛋白质与染料间的疏水作用也很重要），结合后引起染料最大吸收波长的改变（从 465nm 变为 595nm），溶液的颜色也从棕黑色变为蓝色，使光吸收增加，并且在 595nm 下测定的吸光度与蛋白质溶度成正比。蛋白质 - 染料复合物具有高消光系数，大大提高了蛋白质测定的灵敏度，检出量可达 1μg 蛋白质。而且操作简便、快速，染料与蛋白质的结合大约只需 2 分钟，结合物的颜色在 1 小时内保持稳定。该方法干扰物质少，不受酚类、游离氨基酸和缓冲剂、络合剂的影响，但是大量的去污剂如 TritonX-100、SDS 等严重干扰测定，少量的去污剂则可通过用适当的对照而消除。此外，一些碱性试剂，如尿素、碱性载体两性电解质等，还是会影响 G250 与蛋白质结合，所以在加入染料之前使用酸来中和样品能够改善测定效果。该方法另一个问题在于不同类型蛋白质定量会存在差异，这是由于各蛋白质中的精氨酸和芳香族氨基酸含量不同，因此不同蛋白质测定时有较大的偏差。需要注意的是，该方法不要用石英杯做比色（染料会与之结合），使用玻璃或塑料为佳，使用后用甲醇或去污剂来洗掉结合的痕量染料。用该方法进行实验时，选用标准品最好用 γ- 球蛋白或卵清蛋白，因为 BSA 会比其他多数蛋白质结合多一倍的染料，所以用 BSA 时会低估蛋白质含量，但是测定血清白蛋白时使用 BSA 更准确。该方法用于大多数蛋白质定量是相当精确的，特别是用于小分子多肽定量。如核糖核酸酶或溶菌酶等。但是，去污剂的浓度超过 0.2% 则影响定量结果，如 TritonX-100，SDS，NP-40 等。

五、紫外吸收法

蛋白质中的酪氨酸、苯丙氨酸和色氨酸残基使其在 280nm 处具有紫外吸收，其吸光度与蛋白质含量成正比。此外，蛋白质溶液在 280nm 处的吸光度与肽键含量成正比。利用一定波长下蛋白质溶液的吸光度与蛋白质含量的正比关系可以测定蛋白质含量。该方法简便、灵敏、快速、不消耗样品，测定后能回收。缺点是测定蛋白质含量的精确度差、专一性差；干扰物质多，若样品中含有嘌呤、嘧啶等能吸收紫外光的物质会出现较大的干扰。

紫外吸收法是所有的蛋白质定量方法中最快的方法。通常在 280nm 光波长下读数。蛋白质在 280nm 光波长下的最大吸光率主要取决于酪氨酸和色氨酸的存在。在 205nm 光波长的吸收也常用到。蛋白质在 205nm 光波长下的最大吸光率主要取决于肽链。

第三节 蛋白质的电泳分析技术

蛋白质电泳技术是一种分析液体或提取物中蛋白质的常用方法，它利用带电粒子在电场作用下向极性相反的电极方向泳动的现象，实现多组分物质分离、分析，可用于蛋白质的分离、分子量测定和纯度鉴定等。蛋白质电泳的应用历史悠久，1937 年 Arne Tiselius 教授利用些电泳现象发明了最早期的界面电泳，成功地将血清蛋白质分成几个组分，开创了电泳技术的新纪元。界面电泳也称“自由电泳”，溶质在自由溶液中泳动，没有支持介质。早期界面电泳装置主件是U形玻璃管，等电点不同的蛋白质在缓冲液的电场内运动速度不同，从而使均匀的样品溶液中蛋白浓度差异在管内形成界面，通过光学装置测出界面和计算出各组分的比例。该方法适用于高分子的检测，但不易完全分离。后人在界面电泳基础上发展出纸电泳和凝胶电泳等区带电泳技术。区带电泳是含有支持物的电泳，支持物上混合样品被置于狭小的区带中泳动，彼此分离，因此具有更高分辨率，推动了电泳技术的快速发展。

根据支持介质的不同，蛋白质电泳技术可分为纸电泳、醋酸纤维素薄膜电泳、琼脂糖凝胶电泳、聚丙烯酰胺凝胶电泳、等电聚焦电泳和毛细管电泳等。根据电泳方向的不同，电泳还可分为水平电泳和垂直电泳。纸电泳、醋酸纤维素薄膜电泳、琼脂糖电泳等均采用水平电泳方式，电泳介质在电泳槽中水平放置。聚丙烯酰胺凝胶电泳属于典型的垂直电泳，凝胶平板在垂直方向放置。垂直电泳单位截面积的电量强度更高，因此分辨率也更高，分离效果好。此外，等电聚焦电泳与SDS-PAGE结合又形成二维凝胶电泳（也称双向电泳，2-DE），可用于更好地分离蛋白质。在2-DE的基础上又发展有双向荧光差异显示凝胶电泳（two-dimensional fluorescence difference gel electrophoresis，2D-DIGE），可在同一块胶上同时分离多个分别由不同荧光标记的样品。此外，将电泳和琼脂扩散结合起来所形成的免疫电泳（immunoelectrophoresis）是用于分析抗原组成的一种定性方法，具有灵敏快速的优点。

一、纸电泳

纸电泳（paper electrophoresis，PE）指用滤纸作为支持载体的电泳方法，是最早使用的区带电泳。其分离的原理在于蛋白质在电场作用下的迁移速度与其电荷量和分子大小有关，通过这种方式可以实现对不同蛋白质的分离和鉴定。该方法对某些蛋白质（如糖蛋白、脂蛋白等）的分离，尤其对氨基酸混合物的分离非常有效。

纸电泳一般使用滤纸或者特制的电泳纸均可，要求材料对电流敏感，可以有效地传导电流，并能够提供足够的分离效果。纸电泳一般采用水平电泳方式，如图7-3所示，将滤纸条水平架设在两个装有缓冲溶液的容器之间，样品点于滤纸中央，常用的缓冲液是枸橼酸盐缓冲液（pH 3.0）（取枸橼酸39.04g与枸橼酸钠4.12g溶解于4L水中）。样品的制备和加载是纸电泳中至关重要的一步，需要将待分离的蛋白质样品溶解在缓冲液中，然后用一根细管或者微量移液管将样品加载到载体的起点处。加载时需要注意控制样品的量，以免造成扩散效应影响分离效果。加载有湿点和干点法两种：湿点法是将裁好的滤纸全部浸入缓冲液中湿润后取出，吸干多余的缓冲液后置于电泳槽架上，使起始线靠近阴极端，将滤纸两端浸入缓冲

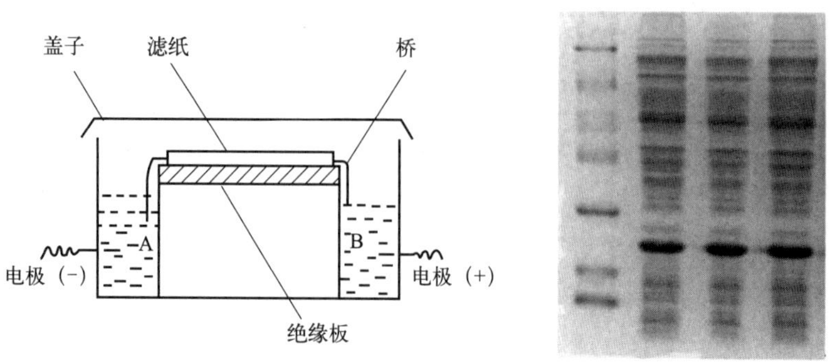

图7-3　纸电泳示意图

液中，然后用微量注射器精密点加供试品溶液，每点 10μL；干点法是将供试品溶液点于滤纸上，吹干、再点，反复数次，直至点完规定量的供试品溶液，然后用喷雾器将滤纸喷湿，点样处最后喷湿，干点法适用于稀的供试品溶液。电泳电压一般控制在 18～20V/cm，电泳时间约 1 小时 45 分钟。电泳后取出并立即吹干，可置紫外光灯（254nm）下检视，并用铅笔划出紫色斑点的位置，也可采用一些特定的染色剂对载体进行染色，染色完成后通过成像设备对载体进行检测，确定分离效果和蛋白质的位置。

总的来说，纸电泳是一种简单而有效的蛋白质分离技术，最初用于蛋白质，后来也用于氨基酸、核苷酸等一些低分子物质，其优点在于电泳后可剪下滤纸的任何部分来分离并抽提其中的物质。然而由于纸电泳时间长，分辨率较差，近年来逐渐为其他快速、简便、分辨率高的电泳技术所代替。血清蛋白纸电泳是临床上常用的一种血清蛋白分析方法。将样本血清滴于滤纸的一端，将滤纸置于电泳槽中进行电泳。因血清蛋白各种成分的结构与电荷不同，故在滤纸上的泳动速度不同而呈现五种部分，即白蛋白（A）、甲 1(α1) 球蛋白、甲 2(α2) 球蛋白、乙种（β）球蛋白及丙种（γ）球蛋白。通常用百分率（%）表示其相对量。在不同的疾病中，此五种蛋白的百分率可发生特征性变化，有助于诊断肝病、结缔组织疾病、肾病综合征、多发性骨髓瘤等。

二、醋酸纤维素薄膜电泳

醋酸纤维素薄膜电泳（cellulose acetate membrane electrophoresis，CAME）是以醋酸纤维素薄膜为支持物。它是纤维素的醋酸酯，由纤维素的羟基经乙酰化而制成，含有许多微孔，可阻止蛋白质扩散。作为电泳支持体，它有以下优点：①电泳后区带界限清晰；②通电时间较短（二十分钟至一小时）；③对各种蛋白质（包括血清白蛋白、溶菌酶及核糖核酸酶）几乎不吸附，因此无拖尾现象；④对染料也没有吸附，因此不结合的染料能完全洗掉，无样品处几乎完全无色。与聚丙烯酰胺凝胶电泳相比，操作简单，但分离效果不太好。该方法同样已经广泛用于血清蛋白分析，如图 7-4 所示，该方法可以将血清蛋白质大致分为白蛋白、

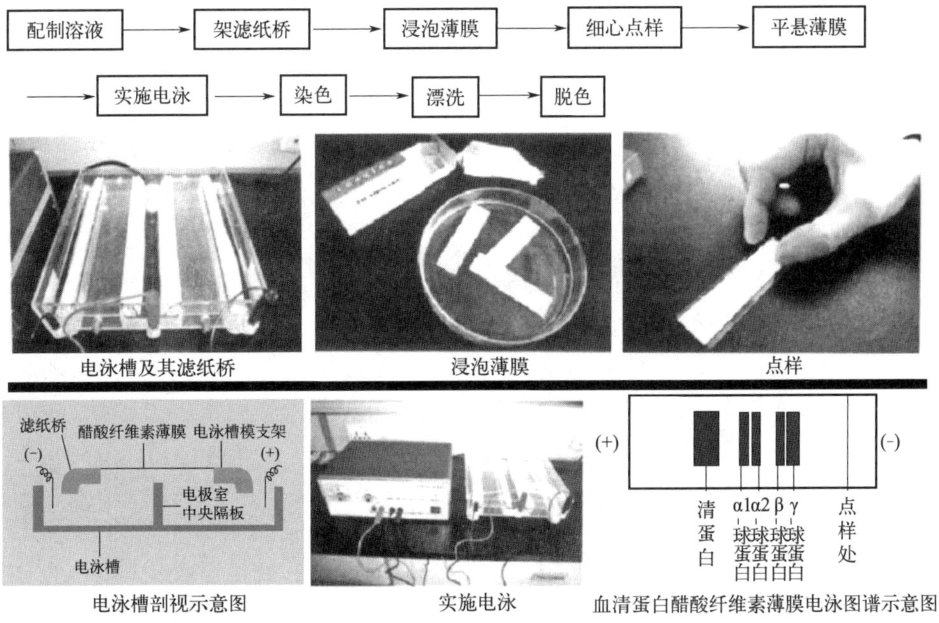

图 7-4　醋酸纤维素薄膜电泳的操作流程图

α-球蛋白、β-球蛋白和γ-球蛋白。可选用pH 8.6的巴比妥缓冲液或硼酸缓冲液。由于血清中5种蛋白质的等电点大多低于7.0，在该缓冲液中它们都电离成负离子，在电场中均向阳极移动。而且由于各蛋白质的等电点不同，在同一pH溶液中所带的电荷性质及电荷数目不同，因此在电场中各种蛋白质泳动的方向和速度也不同，从而使蛋白质混合样品得以分离。电泳后可以经染色剂显色，血清蛋白电泳常采用氨基黑作为染料。此外，电泳后各蛋白组分区带也可经洗脱后可用分光光度计法定量，通过光吸收扫描自动绘出区带吸收峰及相对百分比。临床上常利用它们之间相对百分比的改变或异常区带的出现作为疾病诊断和鉴别的依据。

三、聚丙烯酰胺凝胶电泳

聚丙烯酰胺凝胶电泳（polyacrylamide gel electrophoresis，PAGE）是以聚丙烯酰胺凝胶作为支持介质的一种常用电泳技术。聚丙烯酰胺凝胶为网状结构，具有分子筛效应。它有两种形式：非变性聚丙烯酰胺凝胶电泳（native-PAGE）和变性聚丙烯酰胺凝胶电泳。在蛋白质的非变性聚丙烯酰胺凝胶电泳中，蛋白质能够保持完整状态，并依据蛋白质的分子量大小、蛋白质的形状及其所附带的电荷量而逐渐呈梯度分开；在变性聚丙烯酰胺凝胶电泳中，由于加入了变性剂——蛋白质变性剂（SDS，即十二烷基硫酸钠），所以被称为SDS-PAGE。该技术是目前应用最广泛的蛋白质电泳方法，最初由Shapiro于1967年建立，他们发现在样品介质和丙烯酰胺凝胶中加入变性剂和还原剂后，蛋白质亚基的电泳迁移率主要取决于亚基分子量的大小（可以忽略电荷因素）。SDS是阴离子去表面活性剂，作为变性剂和助溶剂，它能断裂分子内和分子间的氢键，使分子去折叠，破坏蛋白分子的二、三级结构。强还原剂如巯基乙醇或二硫苏糖醇（DTT），能使半胱氨酸残基间的二硫键断裂。SDS-PAGE中分子被解聚成多肽链，解聚后的氨基酸侧链和SDS结合成蛋白-SDS胶束，所带的负电荷大大超过了蛋白质原有的电荷量，这样就消除了不同分子间的电荷差异和结构差异。

SDS-PAGE一般采用的是不连续缓冲系统，与连续缓冲系统相比，有较高的分辨率。如图7-5所示，凝胶系统由浓缩胶和分离胶组成。浓缩胶起到压缩样品的作用，凝胶浓度较小，孔径较大，把较稀的样品加在浓缩胶上，经过大孔径凝胶的迁移作用而被浓缩至一个狭窄的区带；分离胶则根据分子量大小分离各组分。在SDS-PAGE不连续电泳中，制胶缓冲液使

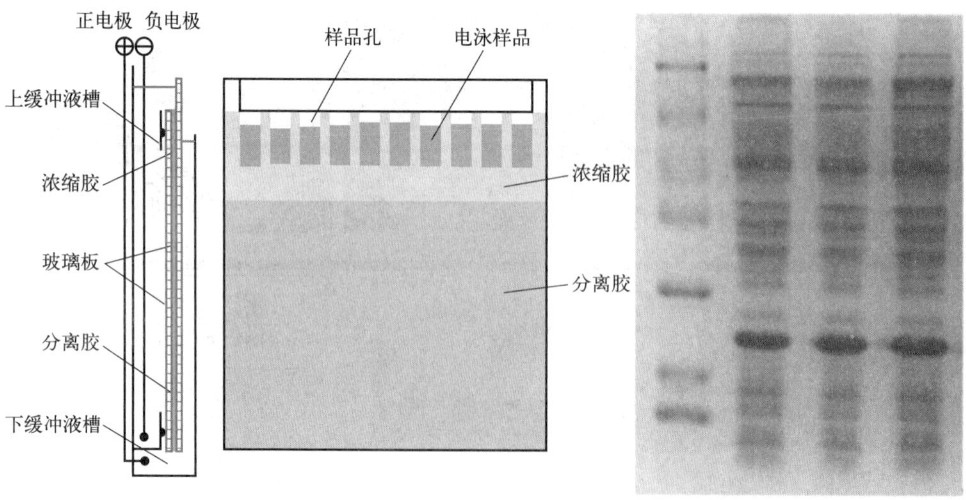

图7-5　蛋白质的SDS-PAGE

用的是 Tris-HCl 缓冲系统，浓缩胶 pH 6.7，分离胶 pH 8.9，电泳缓冲液使用的 Tris-甘氨酸缓冲系统。在浓缩胶中，其 pH 环境呈弱酸性，因此甘氨酸解离很少，其在电场的作用下，泳动效率低；而 Cl^-离子浓度却很高，两者之间形成导电性较低的区带，蛋白分子就介于二者之间泳动。由于导电性与电场强度成反比，这一区带便形成了较高的电压梯度，使蛋白质分子聚集到一起，浓缩为一狭窄的区带。当样品进入分离胶后，由于胶中 pH 的增加，呈碱性，甘氨酸大量解离，泳动速率增加，直接紧随氯离子之后，同时由于分离胶孔径的缩小，在电场的作用下，蛋白质分子根据其固有的带电性和分子大小进行分离。

SDS-PAGE 具有较高的灵敏度，一般只需要不到微克量级的蛋白质，而且此方法中，蛋白质的迁移率主要取决于它的分子量，与所带电荷和分子形状无关，通过电泳还可以同时得到关于分子量的情况，这些信息对于了解未知蛋白及设计提纯过程都是非常重要的。此外，分离后的样品凝胶可以通过转移电泳的方式原位转移到固相膜介质上，固相膜上的蛋白质可以充当抗原，与相应的抗体发生免疫反应，实现目标蛋白质分子的免疫检测，即 Western blot 检测。该技术被广泛应用于研究基因在蛋白质水平的表达、检测抗体活性以及早期诊断疾病等多个领域。

四、等电聚焦电泳

等电聚焦电泳（isoelectric focusing，IEF）利用两性物质等电点（pI）的不同而进行分离。蛋白质分子是典型的两性电解质分子。它在大于其等电点的 pH 环境中，解离成带负电荷的阴离子，向电场的正极泳动；在小于其等电点的 pH 环境中，解离成带正电荷的阳离子，向电场的负极泳动。这种泳动只有在等于其等电点的 pH 环境中，即蛋白质所带的净电荷为零时才能停止。等电聚焦的特点就在于它利用了一种被称为两性电解质载体的物质在电场中构成连续的 pH 梯度，使蛋白质的样品进行聚焦，从而达到分离、测定和鉴定的目的（图 7-6）。该方法分辨力高、重复性好、样品容量大、操作简便迅速，在生物化学、分子生物学及临床医学研究中得到广泛的应用，目前已可以分辨等电点（pI）只差 0.001 pH 单位的生物分子。

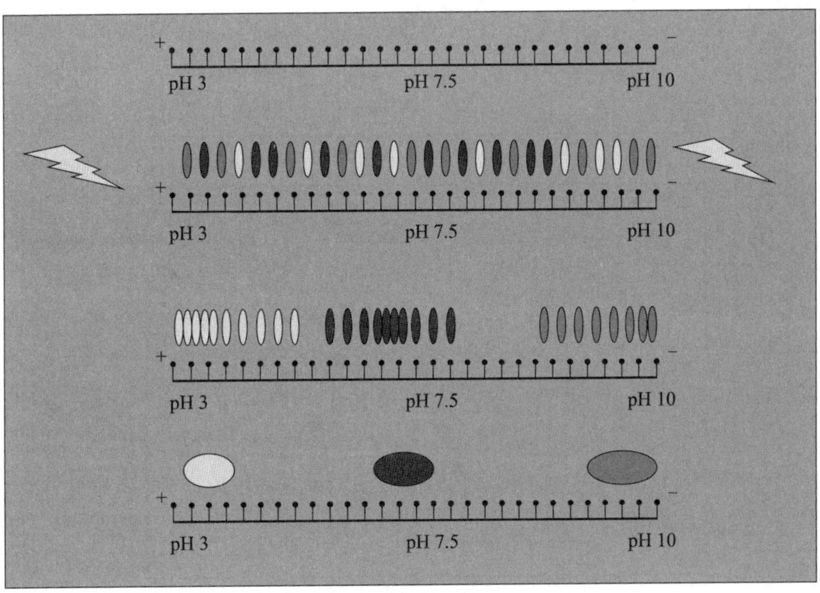

图 7-6 蛋白质的等电聚焦分离过程

两性电解质是人工合成的一种复杂的多氨基-多羧基的脂肪族化合物。不同的两性电解质有不同的 pH 梯度范围，既有较宽的范围如 pH 3～10，也有较窄的范围如 pH 7～8。要根据待分离样品的情况选择适当的两性电解质，使待分离样品中各个组分都在两性电解质的 pH 范围内。两性电解质的 pH 范围越小，分辨率越高。

等电聚焦电泳早期采用垂直管式，特点是体系封闭，不与空气接触，可防止样品氧化。由于两性电解质的价格昂贵，近年来，又发展了超薄层水平板式等电聚焦电泳，大大降低成本，是目前的主流使用方式。由于等电聚焦过程需要蛋白质根据其电荷性质在电场中自由迁移，通常使用较低浓度（如 4%）的聚丙烯酰胺凝胶以防止分子筛作用，也经常使用琼脂糖，尤其是对于分子量很大的蛋白质。制作等电聚焦薄层凝胶时，首先将两性电解质、核黄素与丙烯酰胺贮液混合，加入到带有间隔胶条的玻璃板上，而后在上面加上另一块玻璃板，形成平板薄层凝胶。随着等电聚焦技术的不断应用，许多国内外公司都推出了 IPG（immobilized pH gradient）预制胶条，大大地提高了电泳分析的便捷性与稳定性。

等电聚焦还可以用于测定某个未知蛋白质的等电点，将一系列已知等电点的标准蛋白（通常 pI 在 3.5～10 之间）及待测蛋白同时进行等电聚焦。测定各个标准蛋白电泳区带到凝胶某一侧边缘的距离对各自的 pI 值作图，即得到标准曲线。而后测定待测蛋白的距离，通过标准曲线即可求出其等电点。等电聚焦还可以用于研究蛋白质微观不均一性，例如蛋白质中存在的单磷酸化、双磷酸化和三磷酸化形式，通过分子量差异不足以在 SDS-PAGE 中实现分离，但在等电聚焦中则可以被分离检测到。一些同工酶之间一两个氨基酸的差别，利用等电聚焦也可以得到较好的分离效果。此外，等电聚焦也可以用于蛋白质纯化制备，虽然成本较高，但操作简单、纯化效率很高。

五、双向电泳

双向电泳（two-dimensional electrophoresis，2-DE）技术是等电聚焦和 SDS-PAGE 凝胶电泳技术的组合，即先进行等电聚焦电泳（按照蛋白质等电点对蛋白质进行分离），然后再进行 SDS-PAGE 凝胶电泳（按照蛋白质分子量大小对蛋白质进行分离），最后经染色得到的电泳图是个二维分布的蛋白质图（图 7-7）。

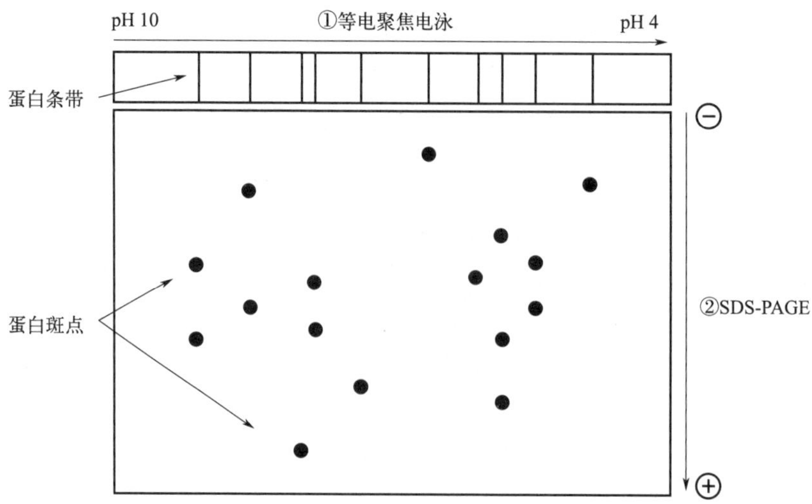

图 7-7　蛋白质的双向电泳示意图

双向电泳在蛋白质组学中有着重要的应用，它的运用可以大幅提高蛋白质分析的复杂度以及分辨率。以下是关于其在蛋白质组学中的几个主要应用：

（1）蛋白质分离和鉴定。使用双向电泳，可以根据蛋白质的等电点和分子量来进行分离。在第一维中，以等电点为分离基准；在第二维中，按分子量分离。这种方法可以分离出数千种不同的蛋白质，能够分析和鉴定更多类型的蛋白质。

（2）比较蛋白质表达模式。双向电泳也被用于比较不同样本（如正常和疾病样本）的蛋白质表达差异。通过比较蛋白质的相对丰度，可以确定在某种特定状态（例如疾病、药物治疗等）下会上调或下调的蛋白质。

（3）研究蛋白质修饰。此外，双向电泳可用于研究蛋白质的翻译后修饰。例如，蛋白质磷酸化可能会改变蛋白质的等电点，这种变化可以通过双向电泳被检测到。

（4）研究蛋白质交互作用。双向电泳也可用于研究蛋白质-蛋白质交互作用。例如，使用双向电泳来分离复合的蛋白质，然后进行质谱分析，以确定组成这些复合物的各种蛋白质。

六、琼脂糖凝胶电泳

琼脂糖主要通过氢键而形成凝胶。电泳时因凝胶含水量大（98%～99%），近似自由电泳，因为固体支持物的影响少，故电泳速度快，区带整齐。而且琼脂糖不含带电荷的基团，电渗影响很少，是一种较好的电泳材料，分离效果较好。琼脂糖多用于核酸电泳，在蛋白质的分析检测中同样有着广泛的应用。

（1）分子量测定。琼脂糖凝胶电泳可用于分析蛋白质样品中不同分子量的成分，并通过与已知分子量的标准物质进行比较，确定待测蛋白质的分子量。

（2）蛋白质分离。琼脂糖凝胶电泳的凝胶孔隙大小可以调节，可以根据蛋白质的大小进行选择，从而使得不同大小的蛋白质能够在凝胶中分离，为蛋白质组分的分析和研究提供了便利。

（3）多蛋白质复合体分析。琼脂糖凝胶电泳也可以用于研究多蛋白质复合体的组成和大小，通过凝胶孔隙的选择，可以分离出不同组分的复合体，并通过染色和检测，得到有关复合体的相关信息。

（4）疾病诊断。琼脂糖凝胶电泳在临床诊断中也有一定的应用，特别是对于一些蛋白质异常变化与疾病相关的情况。通过对血清样品中蛋白质的分析，可以帮助疾病的早期诊断和治疗。

电泳后的检测技术也是推动蛋白质分析提升的一个关键。1960 年以前，电泳分离、染色后，通常用人工方法将各种电泳条带剪下后，再通过回收并比色测定和计算出各种成分的浓度及所占百分比。这一方法操作比较复杂、干扰因素多、重复性差。1960 年～1980 年，随着电泳分离效果的提升，为了检测出更多成分，国外多家设备厂家相继生产出电泳扫描仪，大幅提高电泳分析浓度计算的准确度，但此时期的电泳扫描仪均为可见光系统，主要用于蛋白质如血清蛋白、脂蛋白、血红蛋白等项目分析。1981 年～1990 年，各生产厂家推出了可见光 / 荧光双系统自动电泳扫描仪，大大提高了分析的准确度与精密度；电泳检测系统也由单一可见光增加为荧光及可见光，而荧光试剂的应用也使分析的灵敏度大幅提高。以往无法检出或检出效果不佳的项目（如各种同工酶），由于荧光试剂与荧光扫描仪的推出，其测定也得到了极大改善。到现在，电泳技术自动化程度日益提高，许多临床实验室常规使用的分析仪已经实现高度的自动化，如全自动荧光 / 可见光双系统电泳仪、全自动醋纤膜电泳仪和全自动琼脂糖电泳仪。此外，随着科学技术的发展，推出了双向电泳及双向电泳-液相色谱-质谱联用、高效毛细管电泳及高效毛细管电泳-质谱联用、高效毛细管芯片电泳等高端的电泳检测与分析设备，极大地提高了蛋白质分离与检测效率，为蛋白质组学的研究奠定了坚实的基础。

第四节　光学分析技术在蛋白质结构分析中应用

光学分析是根据物质发射或吸收的电磁辐射以及物质与电磁辐射的相互作用来对待测样品进行分析的一类方法。光学分析可分为光谱法和非光谱法两大类。光谱法是利用物质的光谱特征，进行定性、定量及结构分析的方法，根据光学行为的差异可以分为吸收光谱（如紫外-可见分光光度法、红外分光光度法、原子吸收分光光度法等）、荧光光谱和散射光谱（拉曼光谱法）。非光谱法也称为一般光学分析法，主要检测被测物质的某种物理光学性质，如折射法、旋光法、圆二色性法及浊度法等。相比于其他方法，光学分析技术有快速、准确、灵敏、操作简便等特点，目前已广泛应用于蛋白质的定性与定量分析、结构识别与天然构象表征等多个方面。

一、紫外吸收光谱法

蛋白质对紫外光的吸收主要来自于肽键和芳香族氨基酸（如苯丙氨酸、酪氨酸、色氨酸等）。蛋白质的肽键具有一定的共轭双键结构，在 200～250nm 有强紫外吸收，光吸收强度在一定范围与浓度成正比。芳香族氨基酸残基的苯环含有共轭双键，该共轭双键对紫外光有吸收（其中酪氨酸最大吸收在 274nm；苯丙氨酸最大吸收在 257nm；色氨酸最大吸收在 280nm），且其吸光度值与这三种氨基酸的浓度相关，由于天然蛋白质中这三种氨基酸的含量差别不大，所以很多蛋白质的浓度与 A280 成正比。

蛋白质的紫外吸收主要被应用于含量测定。目前可被应用的包括 A280 法、A238 法和 A215/225 光吸收差法。A280 法是最常用的测定蛋白质浓度的紫外吸收法，然而该方法的主要干扰物质包括含有共轭双键的有机溶剂、核酸，一般只适用于纯蛋白溶液。A238 法也叫肽键测定法，这是因为蛋白质在 238nm 处的光吸收强弱与肽键的多少成正比。相比于 A280 法，A238 法的灵敏度更高，但多种有机物，如醇、酮、醛、醚、有机酸、酰胺类和过氧化物等对该方法均有干扰作用。所以最好用无机盐、无机碱或水溶液进行测定。此外，由于不同蛋白质中酪氨酸和色氨酸的含量不同，也会导致测定的准确度降低。A215/225 光吸收差法为一个经验公式，适用于蛋白质稀溶液的测定。通过测定蛋白质标准溶液在 215nm 和 225nm 处的吸收值，计算出吸收差，再利用标准曲线计算出蛋白质浓度。NaCl、$(NH_4)_2SO_4$ 以及 0.1mol/L 磷酸、硼酸和 Tris 等缓冲液对该方法都无显著干扰作用，但是 0.1mol/L NaOH、0.1mol/L 乙酸、琥珀酸、邻苯二甲酸、巴比妥等缓冲液在 215nm 光吸收值较大，必须将其浓度降到 0.005mol/L 以下才无显著影响。

蛋白质分子结构中存在着 α-螺旋、β-折叠等不同类型的二级结构，它们在紫外光谱上表现为不同的吸收特性，因此蛋白质二级结构的变化会影响最大吸收峰。通过对最大吸收峰的位置和形状进行分析，可以得到蛋白质的二级结构信息。例如，α-螺旋和 β-折叠对应的最大吸收峰位置不同，而 β-折叠还表现出肩峰和谷底等特征。

二、红外光谱法

红外光谱的原理是通过测量物质对红外光的吸收程度来确定物质的分子结构和化学键等信息。红外光谱中的吸收峰与分子中的化学键和官能团有关，可以反映出分子的结构和成分。蛋白质的IR光谱的谱带归属主要分为三大类：氢键化的氨基或羧基等活性基团的特征性吸收、组成蛋白质的氨基酸性质所决定的特征吸收和由酰胺键决定的酰胺吸收带。蛋白质分子中的酰胺带主要由9个酰胺吸收带组成，即酰胺Ⅰ带、酰胺Ⅱ带、酰胺Ⅲ带、酰胺Ⅳ带、酰胺Ⅴ带、酰胺Ⅵ带、酰胺Ⅶ带、酰胺A带和酰胺B带。其中，酰胺Ⅰ带（$1600 \sim 1700cm^{-1}$）和酰胺Ⅲ带（$1200 \sim 1330cm^{-1}$）被认为包含了丰富的二级结构信息，如α-螺旋、β-折叠、β-转角、无规卷曲结构等，可以被用来解析和定量蛋白质分子中的二级结构。通过红外光谱，可以了解蛋白质中维持二级结构的氢键是否被破坏以及破坏的原因，还可以用于分析大多数蛋白质以及不同环境下蛋白质样品的二级结构稳定性。总之，红外光谱是一个强大的工具，可以提供关于蛋白质结构和功能的重要信息，也是测定蛋白质二级结构相对含量的重要手段之一。同时，有报道指出IR的特征峰还可以作为一个重要的标志帮助确定蛋白质中的氨基酸序列。

三、拉曼光谱法

拉曼光谱是一种常用于化学、材料科学和生物学研究的技术，它可以通过测量拉曼散射的强度和波长，提供分子结构和化学键的详细信息。在蛋白质颗粒表征方面，拉曼光谱可以提供有关蛋白质构象、蛋白质与溶剂相互作用以及蛋白质聚集状态的重要信息。

1. 蛋白质构象研究

拉曼光谱可以用于研究蛋白质的二级结构，如α-螺旋、β-折叠和无规卷曲。这些结构在拉曼光谱中具有独特的指纹，可以通过光谱分析进行识别。例如，α-螺旋结构中的酰胺Ⅰ带（约$1650cm^{-1}$）和酰胺Ⅱ带（约$1550cm^{-1}$）是拉曼光谱识别α-螺旋结构的重要特征。此外，拉曼光谱还可以检测到蛋白质构象变化，例如在折叠和去折叠过程中。

2. 蛋白质与溶剂相互作用

拉曼光谱还可以用于研究蛋白质与溶剂分子之间的相互作用。例如，拉曼光谱可以检测到水分子与蛋白质的氢键相互作用，这可以通过水拉曼谱带的位移和形状变化来观察。此外，拉曼光谱还可以用于研究蛋白质在溶液中的稳定性，例如测量蛋白质的二级结构在溶液中的变化。

3. 蛋白质聚集状态研究

拉曼光谱也可以用于研究蛋白质的聚集状态。在某些情况下，蛋白质可能会聚集形成纤维或颗粒。拉曼光谱可以通过测量蛋白质聚集体的散射光谱来识别这些聚集状态，并通过比较散射光谱与理论模型（例如Rayleigh-Gans-Debye模型）来估计聚集体的粒径分布。此外，拉曼光谱还可以用于研究蛋白质聚集的动力学过程，例如聚集速率和聚集机制。

4. 拉曼光谱在蛋白质颗粒表征中的应用

在蛋白质颗粒表征方面，拉曼光谱提供了一种非侵入性的方法来研究蛋白质颗粒的大小、形状、构象和聚集状态。例如，通过将拉曼光谱与显微镜技术相结合，可以实现对单个蛋白质颗粒的实时观察和表征。此外，拉曼光谱还可以用于研究蛋白质颗粒的物理和化学性质，例如颗粒的表面电荷、孔径分布和化学组成。

尽管拉曼光谱具有许多优点，但仍存在一些限制，例如对样品的要求较高、需要高分辨率的仪器以及需要经验丰富的分析人员等。因此，在使用拉曼光谱进行蛋白质颗粒表征时，需要综合考虑样品的性质、实验条件和分析目标，以选择最适合的方法和技术。

四、圆二色谱

圆二色谱是一种通过测量分子对圆偏振光的吸收和旋转来研究其结构的技术。蛋白质中的手性氨基酸残基对圆偏振光产生旋光效应，并表现出特定的吸收光谱。圆二色谱通过测量样品对左旋和右旋圆偏振光的吸收差异来获得蛋白质的结构信息。圆二色谱在蛋白质结构解析中具有广泛的应用。它可以帮助研究人员了解蛋白质的二级结构组成、构象变化以及与其他分子的相互作用。此外，圆二色谱还可以用于研究蛋白质的折叠动力学、构象稳定性以及与药物的结合等方面。

解析蛋白质结构的关键是从圆二色谱的数据中获取结构信息。这包括了圆二色谱图的解读和数据处理的方法。通过分析圆二色谱图中的吸收和旋转峰的形状、位置和强度，可以推断蛋白质的二级结构组成和空间分布，进而了解蛋白质的结构特征。尽管圆二色谱在蛋白质结构解析中具有重要作用，但也面临一些挑战。例如，蛋白质的复杂性和异质性可能导致圆二色谱图的解读和数据分析困难。此外，圆二色谱在样品浓度、缓冲条件和温度等方面的变化也可能影响解析结果的准确性。

五、荧光光谱法

荧光光谱法指通过测定蛋白质分子的自身荧光，或者向蛋白质分子特殊部位引入荧光探针然后测定其荧光，来研究蛋白质分子的构象变化，或者是研究色氨酸和酪氨酸残基的微环境，或者是蛋白质变性等。它是研究溶液中蛋白质分子构象的一种有效方法。

荧光光谱法通过激发蛋白质中的芳香族氨基酸（色氨酸、酪氨酸和苯丙氨酸）来产生荧光信号。在紫外激发下，这些氨基酸的分子进行电子激发，激发态的分子在退激发时会向周围发射荧光光子，产生荧光信号。荧光光子包括蓝色、绿色、黄色和红色等多种颜色，其中蓝色和绿色最常见。荧光光子的强度和荧光波长是用来描述荧光信号的重要参数。

荧光光谱法具有很好的选择性，因为只有蛋白质中特定的氨基酸残基能够吸收紫外波长的光来激发荧光。因此，蛋白质荧光光谱有以下几个特点。①高灵敏度：荧光光谱法具有极高的灵敏度，能够检测到极低浓度的蛋白质。②无损性：荧光光谱法对蛋白质无损伤，能够在蛋白质溶液中进行分析，同时不影响蛋白质的其他特性。③可重复性：荧光光谱法的结果非常可靠和稳定，能够反复重现。

荧光光谱法对设备虽然有较高的要求，但是能在多方面为蛋白质重要结构与功能分析研究提供多方面的支持。①蛋白质结构研究。蛋白质是一种具有复杂三维立体结构的生物大分子，氨基酸残基在蛋白质中的位置及其相互作用方式会影响蛋白质的荧光信号，而通过测量蛋白质在不同 pH、温度、离子强度等条件下的荧光信号变化，可以反映出蛋白质在特定条件下的结构变化情况，为蛋白质分子的功能结构研究提供支持。②蛋白质动力学研究。蛋白质在细胞内的活性状态往往受到周围环境的影响，例如温度、离子强度、pH 等。荧光光谱法能够通过显示蛋白质激发荧光的时间间隔来研究蛋白质的动力学过程。③蛋白质结合研究。荧光光谱法还能够研究蛋白质与其他分子的结合问题。许多蛋白质结合到核酸或其他小分子时，会产生一定程度的荧光信号。④蛋白质变性分析。荧光光谱法在蛋白质变性的研究中也有广泛的应用。因为荧光光谱法对蛋白质的结构较为敏感，分析变性过程中荧光信号的变化能够揭示蛋白质的变性过程。

思考题

一、选择题

1. 以下哪种基本性质能够反映蛋白质分子的复杂度（　　）
   A. 元素组成　B. 分子量　C. 溶解度　D. 等电点
2. 以下哪种定量方法灵敏度差但是准确度高（　　）
   A. 凯氏定氮法　B. 双缩脲法　C. BCA 法　D. Bradford 法
3. 以下哪种蛋白质电泳检测方法不属于水平电泳（　　）
   A. 纸电泳　B. 醋酸纤维素薄膜电泳
   C. 聚丙烯酰胺凝胶电泳　D. 琼脂糖凝胶电泳
4. 以下哪种方法主要用于蛋白质的二级结构鉴定（　　）
   A. 紫外吸收光谱　B. 荧光光谱　C. 红外光谱　D. 拉曼光谱
5. 以下哪种方法属于吸收光谱（　　）
   A. 圆二色性光谱　B. 荧光光谱　C. 红外光谱　D. 拉曼光谱

二、名词解释

1. 两性解离
2. BCA 法
3. 双向电泳
4. 光学分析法
5. 圆二色性

三、简答题

1. 简述蛋白质基本理化性质及其在蛋白质分子检测中的应用价值。
2. 简述常用的蛋白质定量方法及其应用特点。
3. 简述不同电泳分析技术在蛋白质分子分析中的应用领域。
4. 简述光学分析法在蛋白质鉴定、定量以及结构分析中的应用。

第八章

蛋白质的检测技术

知识目标 1. 把握蛋白质印迹技术原理，熟悉电泳转移、封闭、抗体孵育及信号检测各流程。
2. 认识蛋白质芯片技术，了解其原理，掌握芯片制备、杂交及数据分析要点。

能力目标 1. 熟悉蛋白质印迹技术的整套操作规范，理解各步骤原理，能熟练配制所需溶液。
2. 理解蛋白质芯片技术基本流程，具备从芯片结果中提取有效蛋白质信息的能力。

思政目标 1. 增强民族自信心，介绍我国在蛋白质检测技术相关领域取得的一系列卓越成就，激励学生为实现中华民族伟大复兴的中国梦而努力学习，投身科技强国建设。
2. 树立学生科学研究的正确态度与人生观，要求学生在实验过程和今后从业中要严格遵守实验室科学研究工作中的要求，确保检测实验结果的真实性、可信性，培养敬业精神。

第一节 蛋白质印迹技术

蛋白质作为生命活动的主要承担者，在维持细胞功能、信号转导、代谢调控以及疾病发生等过程中都起着重要作用。因此，对蛋白质进行准确、灵敏的检测和分析，对于揭示生命活动的本质和机制，以及疾病的诊断和治疗具有重要意义。蛋白质印迹技术，即 Western blotting，是一种经典的蛋白质检测方法，该方法自 20 世纪 70 年代被提出以来以其高敏感度、强特异性和广泛应用的特征成为主流蛋白质检测技术。该方法通过电泳分离、转印以及免疫标记可以实现特异性蛋白质的定性、定量分析，不仅可以检测细胞、组织、体液中的特异性蛋白质，同时也可以通过检测蛋白翻译后修饰（如磷酸化、糖基化）来识别并获取大量有关蛋白质功能及其调控途径的信息。此外，Western blotting 方法操作相对简单、结果直观易保存、比较分析方便等优点，使其在生命科学和医学研究中得到了广泛的应用。

一、蛋白质印迹技术原理

聚丙烯酰胺凝胶电泳（PAGE）将细胞或组织中的蛋白质依据其分子量进行分离，再将分离后的蛋白质转移到固相膜（PVDF 膜或硝酸纤维素膜），并将特异性抗体与膜上的蛋白质结合，用标记（如辣根过氧化物酶标记）的二抗（如 AP 抗体和 HRP 抗体等）与其结合，再以化学发光、荧光、比色等显色方法检测结合的二抗，从而识别并定量分析目标蛋白在样本中的表达情况。

二、蛋白质印迹技术的操作步骤

（一）样本制备

样本制备是 Western blotting 的第一步，也是至关重要的一步。样本的来源可以是细胞、组织或体液等。

1. 蛋白质提取

细胞蛋白质提取：将贴壁细胞进行离心，选用适当的裂解缓冲液（例如 PBS）（表 8-1）冲洗细胞，去除培养液以及杂质等，加入细胞裂解液以实现细胞裂解，将细胞内的蛋白质有效释放出来。常用的细胞裂解液包括去垢剂（如 SDS 或 Triton X-100）、盐类（如 NaCl）和蛋白酶抑制剂，能最大程度地实现蛋白质的有效释放，并能保证蛋白质完整性和相对稳定性。细胞裂解之后通过离心去除细胞碎片和杂质等，然后将离心收集的上清液为总蛋白提取物。

组织蛋白质提取：将新鲜取材组织剪切成小块并加入适量匀浆液，匀浆仪匀浆破坏组织，使蛋白质游离出来，加入适量裂解液，离心沉淀去除不溶性物质，取上清液为总蛋白提取液。

表 8-1　裂解缓冲液的选择

蛋白质定位	缓冲液推荐
整个细胞	NP-40
细胞质（可溶性）	Tris-HCl
细胞质（细胞骨架结合）	Tris-Triton
细胞膜膜结合	NP-40 或 RIPA
细胞核	RIPA 或核组分分离法
线粒体	RIPA 或线粒体组分分离法

2. 蛋白质定量

为了确保后续电泳和转膜步骤中蛋白质的均匀分布和一致性，需要对提取的蛋白质进行定量。常用方法有 BCA、Bradford 及 Lowry 法等。这些方法的共同原理是利用蛋白质的某一特性，使其与试剂发生反应之后呈现相应颜色变化，根据颜色变化的程度进行相应的蛋白质含量的测量。根据所做实验类型和自身需求选择测量方式，并严格按照试剂所说明的步骤进行操作。

（二）SDS-PAGE 凝胶电泳

1. 凝胶制备

SDS-PAGE 凝胶分为浓缩胶和分离胶。样品浓缩胶主要用于样品浓缩，分离胶依样品分子量不同进行蛋白质分离。凝胶中的丙烯酰胺浓度对凝胶的分离效果有很大影响，一般根据实验中期望分离蛋白质的分子量范围选择合适的凝胶浓度。凝胶浓度偏低适合分子量较大的蛋白质，凝胶浓度偏高则适合分子量小的蛋白质。电泳过程中，待分离样品中的蛋白质在电场的作用下向阳极移动，而不同样品中的蛋白质电泳迁移距离会因为分子量的不同而存在差异，进而形成不同条带，即蛋白样品中的蛋白质随分子量大小从上层到下层分别形成不同条带，实现蛋白样品的分离。当丙烯酰胺、交联剂（如 *N*，*N'*-亚甲基双丙烯酰胺）、SDS、缓冲液、过硫酸铵等按一定体积比配好后，加适量的催化试剂 TEMED（通常为 30～50mg/mL），催化聚合反应过程。在制备过程中，要确保各成分混合均匀，并避免气泡的产生。

2. 样品处理

样品一般需与上样缓冲液混匀，并加热至适宜温度（如 95℃）变性。上样缓冲液常含有 SDS、还原剂（如 DTT 或 *β*-巯基乙醇）和甘油。SDS 可使蛋白与其结合的同时消除电荷差异，还原剂破坏蛋白质中的二硫键使蛋白质呈现出线性结构。变性后的蛋白质可在电泳过程中更好地按分子量大小分离显色。

3. 电泳过程

将处理好的蛋白质样品加入到凝胶的上样孔中，并在电泳槽中加入适量的电泳缓冲液。然后连接电源，设置合适的电压和时间对电泳进行操作。蛋白质在电场力的作用下将会向正极泳动，且在分子大小不同的条件下在凝胶中出现可分辨的条带。如果想要得到充分有效的电泳结果就要选择合适的电压和时间参数以及凝胶浓度和蛋白质的分子量。

4. 凝胶染色与脱色（可选步骤）

对于某些样本，有必要在确认电泳结果及蛋白质区带分离情况的基础上，对凝胶进行染色和脱色的操作。常见的凝胶染色方法有考马斯亮蓝染色或银染等。染色后凝胶中的蛋白质区带就会显色，接着在去除背景后能够获得更加清晰的显带效果。不过，Western blotting 实验中的凝胶染色及脱色通常不是必须的，因为后续会通过免疫测定来检测特定蛋白质。

（三）转膜

转膜是将凝胶上的蛋白质转移到固相基质上的过程，常用的固相基质包括硝酸纤维素膜（NC 膜）和聚偏氟乙烯膜（PVDF 膜）。

1. 膜的选择与处理

根据实验需求选择合适的膜材料。一般而言，分子量低于 20kDa 的蛋白质实验选用 0.2μm 的膜，分子量超过 20kDa 的选用 0.45μm 的膜。常用的膜有 NC 膜和 PVDF 膜。NC 膜的结合蛋白质的性能强，而且具有较好的通透性，适用于大多数的 Western blotting 实验；PVDF 膜的机械强度和化学稳定性较好，适用于长时间的孵育和重复性要求较高的实验（表 8-2）。

表 8-2 NC 膜和 PVDF 膜的比较

对比项目	NC 膜	PVDF 膜
灵敏度和分辨率	高	高
背景	低	较高
结合能力	80～110μg/cm^2	125～200μg/cm^2
材料质地	干的 NC 膜易脆	机械强度高
溶剂耐受性	无	有
价格	较便宜	较贵

在使用前，需要将膜浸泡在适当的缓冲液中（如甲醇或转膜缓冲液）进行预处理。

2. 转膜装置与操作

转膜方法主要有湿转和半干转两种。

湿转法：将凝胶和膜夹在滤纸之间，置于转移缓冲液中，并放入电泳槽中进行转移（图8-1）。这种方法适用于大分子量蛋白质的转移，但耗时较长。优缺点见表8-3。

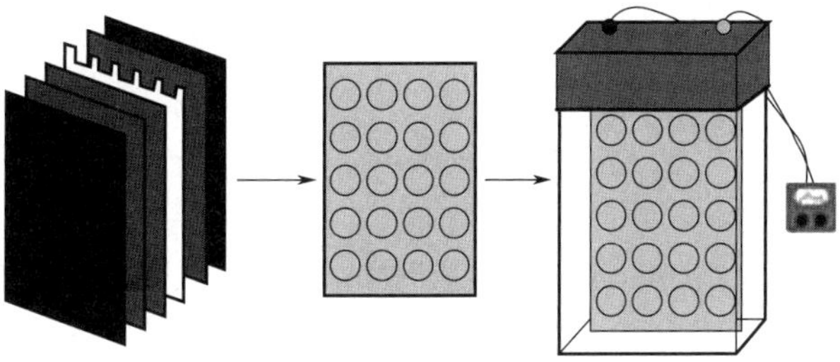

图8-1　湿转法组装示意图

表8-3　湿转法优缺点

优点	缺点
转膜条件灵活	Buffer 加热可能干扰转印
多种 Buffer 可用于优化转印	在转印的时候需要制冷装置
可以延长转印时间	需要大量的转膜缓冲液

半干转法：直接将凝胶和膜夹在浸有转膜缓冲液的滤纸之间，通过上下电极板进行转移（图8-2）。这种方法操作简便且转膜效率高，适用于小分子蛋白质的转移。优缺点见表8-4。

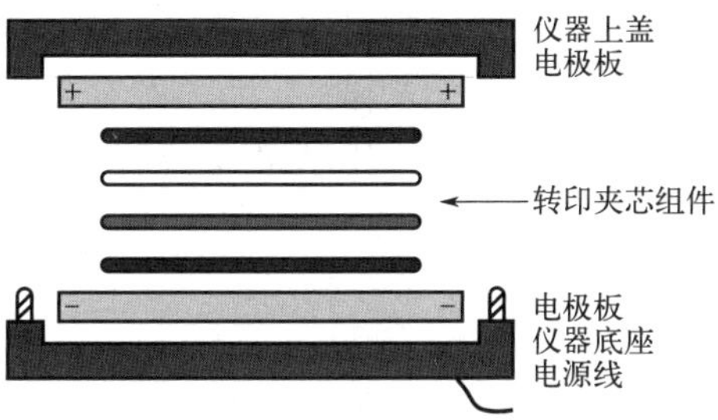

图8-2　半干转法组装示意图

表8-4　半干转法优缺点

优点	缺点
转膜速度快	低分子量蛋白容易转过
用不连续的 Buffer 系统优化转印的蛋白质	对于分子量＞120kDa 的蛋白质，转印较困难
转膜缓冲液用量少	转膜过程容易干胶
容易安装	对于定量的 Western blotting 实验不推荐使用

无论选择哪种方法在操作时，都需要将凝胶、膜和滤纸等按照一定顺序叠放在一起，形成“三明治”结构，并确保各层之间紧密接触且没有气泡。然后将叠放好的“三明治”结构

放入转膜装置中，加入适量的转膜缓冲液，并连接电源进行转膜。在转膜过程中，要确保转膜装置处于恒温状态，以避免蛋白质变性或降解。转膜效率可以通过预染蛋白 marker 或 Ponceau S 染色来评估。

3. 转膜条件与优化

电压、电流、时间等是转膜的重要条件，针对不同的转膜装置、膜材料，对于不同分子量的蛋白质进行转膜条件优化。一般小分子量蛋白质需要较高电压和较短时间就能成功转膜，较大分子量蛋白质需要较低电压、较长时间以实现转膜成功。并且可以通过对转膜缓冲液成分及 pH 进行优化。

（四）封闭与抗体孵育

封闭与抗体孵育是 Western blotting 的核心步骤之一，它们决定了实验的特异性和灵敏度。

（1）封闭　转膜后取出膜并用相应浓度的缓冲液清洗转膜缓冲液和杂质（如 TBST 等）后，进行封闭处理，常用的封闭液有脱脂牛奶、牛血清白蛋白（BSA）以及 TBST 等，封闭液的选择需要参考实验的具体条件与背景信号强弱，封闭时间为室温 1h 左右，亦可 4℃过夜，条件可以参考实验需求进行适当调整。封闭后再用 TBST（Tris 缓冲盐溶液加 Tween 20）或者 PBST（PBS 溶液加 Tween 20）清洗膜，洗掉未结合的封闭液。封闭的目的是封闭膜上非特异性结合位点，以免后续加入抗体与膜形成背景信号。

（2）一抗孵育　一抗是与目标蛋白质高度特异性的抗体，能够在膜上与目标蛋白质相互作用。一抗孵育前应将一抗用适宜缓冲液进行稀释，使其浓度保持在检测范围内。孵育时间通常 4℃过夜或室温孵育 1～2h 不等，具体孵育时间与孵育稀释度应依据不同抗体说明书要求及实验条件进行优化。孵育后用洗涤液（TBST 缓冲液等）反复清洗膜以去除未结合一抗，一般清洗 3 次。

（3）二抗孵育　二抗是针对一抗的特异性抗体，它通常被标记有辣根过氧化物酶（HRP）、碱性磷酸酶（AP）等酶类或荧光染料等标记物。进行二抗孵育之前，也要将二抗稀释。孵育时间在室温时大约为 1h。孵育结束后要用洗涤液充分地清洗掉膜上的游离二抗。二抗的选择以及稀释比例要取决于一抗的种类以及被标记物的种类。

（五）显色反应与结果分析

1. 显色反应

显色反应指能够将膜上的蛋白质条带可视化的过程。在显色过程中，显色底物在标记酶作用下与膜上抗原-抗体复合物发生反应，从而产生颜色、化学发光或荧光信号而使抗原-抗体复合物显示出来，并可借助压片、化学成像仪或荧光显微镜检测。

（1）酶促底物显色　这是最常见的显色方法之一。HRP 和 AP 是两种常用的标记酶。HRP 的底物主要包括 DAB（3,3′-二氨基联苯胺四盐酸盐）、4-CN（4-氯-1-萘酚）、AEC（3-氨基-9-乙基咔唑）和 TMB（3,3′,5,5′-四甲基联苯胺）等。AP 的底物则包括 BCIP（5-溴-4-氯-3-吲哚-磷酸盐）、NBT（四唑硝基蓝）等。这些底物在酶的存在下发生化学反应，产生颜色变化，从而可视化抗原-抗体复合物。

（2）酶促化学发光　化学发光法主要是在酶的作用下底物产生化学发光信号的方法。HRP 常用的化学发光底物有鲁米诺及其衍生物。AP 的化学发光底物包括 AMPPD 和 APS-5 等。化学发光具有灵敏度高的特点，在同一张膜上一次可以检测多种不同的靶蛋白。在显色反应检测之前，先将显色剂和适当的缓冲液混合均匀后涂在膜上，并在暗室内 X 光片曝光或用成像系统拍照记录。显色反应的时间需要根据显色剂的种类和浓度、膜的厚度以及目标蛋白质的表达量等因素进行优化。

（3）荧光标记　荧光标记包括普通荧光标记、多重荧光标记、量子点荧光标记和时间分辨荧光标记等。荧光标记的二抗与抗原-抗体复合物结合后，在特定波长光的激发下发出荧光信号，从而可视化复合物。这种方法具有多重检测的优势，可以同时检测多个目标蛋白质。

2. 结果分析

（1）预处理　实验结束后，通过显影设备获取蛋白质印迹图像。确保图像清晰，条带分明，无模糊或重叠现象。将获取的 X 光片或图像导入到专业的图像处理软件中，如 ImageJ、Image Lab、FluorChem HD2 等进行定量分析。在软件中，可以对图像进行裁剪、旋转、调整对比度和亮度等操作，以优化条带的显示效果。通过软件中的背景校正，消除图片中的背景信号，从而提高对条带的识别率。通过软件中条带识别功能对目标蛋白及内参蛋白的条带区域进行自动或手动选取。

（2）数据可视化与量化　采用图像处理软件对检测的靶点蛋白条带及内参蛋白条带的灰度进行测量，灰度值可以反映条带的亮度大小，与蛋白表达量正相关，可以通过观察靶蛋白的条带灰度值或是条带面积等数据，计算出靶蛋白在该样本中的相对表达量或绝对表达量；将测得的靶蛋白灰度值数据导入 Excel、CSV 等表格中，进行数据进一步处理及分析；通过表格软件或者统计软件（GraphPad Prism、SPSS 等）将分析后得到的数据制成柱状图、折线图等，通过折线图、柱状图等直观地了解到不同样品之间或不同实验条件下靶蛋白的表达差异；也可以通过观察靶蛋白的分子量大小来判断靶蛋白条带是否符合预期。

（六）注意事项与常见问题排查

在进行 Western blotting 实验时，需要注意以下几点事项并排查常见问题：

（1）样本制备　确保样本的新鲜度和完整性，避免蛋白质降解或污染。在提取蛋白质时，要严格控制操作条件和试剂质量，以确保蛋白质的完整性和稳定性。

（2）电泳与转膜　凝胶的制作应保证均匀、完整，避免气泡、裂缝的出现。电泳及转膜过程中的电压、电流及时间要掌握准确，使蛋白质得到良好的分离及转移。

（3）封闭与抗体孵育　确保封闭液的浓度和封闭时间的合理性，防止出现非特异性结合。在选择和使用抗体时，要严格控制其特异性及敏感性，防止交叉反应的出现。抗体孵育时注意抗体和膜的有效接触和均匀分布。

（4）显色反应与结果分析　确保显色剂的浓度和反应时间的合理性，避免过度曝光或不足曝光的发生。在结果分析时，要注意条带的灰度值、面积和分子量等参数的准确性和可靠性。

（5）常见问题排查　对于出现过高背景、条带不明显、分子量非预期等情况的实验，分别从样本制备、上样、电泳、转移、封闭、抗体孵育及显色反应进行排查并适当处理。如加强清洗次数和清洗时间，消除非特异性结合；调整抗体浓度、抗体孵育时间，提升特异性及敏感性；改善显色反应条件，提高信噪比等。

三、蛋白质印迹技术应用进展

Western blotting 作为一种检测特定蛋白质表达水平，具有高灵敏度、高特异性的技术，在生物医学及生命科学研究中应用日趋普及，被广泛用于研究与疾病有关的不同生理、病理状态下的特定蛋白质表达水平变化的情况，例如，在癌症研究中，可以利用 Western blotting 技术对研究者感兴趣的癌基因与抑癌基因表达的变化进行检测和分析，为癌症的诊断和治疗提供相关的信息，而近期的一些研究更将其拓展到单个细胞水平的蛋白质表达分析领域，为细胞异质性的研究提供新的视角。

在蛋白质翻译后修饰研究方面，Western blotting 技术发挥着不可替代的作用。利用特异性识别磷酸化、乙酰化、泛素化等修饰的抗体，分析修饰的动态及其生物学功能。例如，通过 Western blotting 技术对信号转导中重要的蛋白质进行检测，分析其磷酸化状态以解释信号转导的分子机制。近年来，随着新型修饰特异性抗体的开发，其在新型蛋白质修饰（琥珀酰化和巴豆酰化）研究中也做出重要贡献。

蛋白质相互作用研究是其另一个重要应用领域。虽然传统的 Western blotting 技术主要用于检测单个蛋白质，但是当 Western blotting 检测与 Co IP 或者 pull-down 检测结合在一起时，可以用来检测蛋白质间的相互作用情况，可用来验证酵母双杂交或者质谱筛选出来的相互作用蛋白，为蛋白质相互作用网络搭建提供实验结果证据。近几年基于邻近连接的 Western blotting 技术（例如 PLAt）的研究开发使得蛋白相互作用在接近天然状态下被研究成为可能。

Western blotting 技术还应用于疾病标志物的发现与验证。通过对患病组及对照组中疾病的特征性蛋白的表达量进行比较，从而寻找发现该疾病标志物。应用 Western blotting 技术将脑脊液中阿尔茨海默病 tau、β-淀粉样蛋白的含量进行检测，为临床提供早期诊断疾病的有效信息。在药物靶点和药物作用机制的验证中也具有指导意义，为新药研发提供重要信息。

随着技术的不断进步，蛋白质印迹技术正在向更高通量、更高灵敏度的方向发展。多重检测技术的应用使得同时分析多个目标蛋白质成为可能，大大提高了实验效率。自动化 Western blotting 系统的出现不仅提高了实验的可重复性和通量，还减少了人为误差。此外，新型纳米材料标志物和信号放大技术的应用，使检测灵敏度不断提高，为低丰度蛋白质的检测提供了新的可能。

综上所述，蛋白质印迹技术在各种生物医学研究领域有着广泛的应用，相信随着各类新技术的涌现，Western blotting 技术必将得到更广泛的应用，成为生命科学研究中更强大的工具。

第二节　蛋白质芯片技术

蛋白质芯片技术又名蛋白质微阵列（protein microarray），是基于微流控、微阵列技术的高通量生物分析工具。该技术参考 DNA 芯片的先例将已知蛋白质分子按照一定顺序排列在固态载体上组成微型阵列，通过对蛋白质之间的特异性相互作用实现样品中目标蛋白的检测。这种技术可以同时实现成千上万种不同蛋白的短时间检测，还能够提供关于蛋白质表达水平、修饰状态、相互作用关系等多方面的信息，为蛋白质组学研究提供了强有力的工具。

在农业领域，蛋白质芯片技术的引入为作物育种与病虫害防控策略带来了革新。通过分析作物在生长发育过程中相关蛋白质的变化情况，提供分子育种信息，进一步创制农作物高产、优质、抗病虫害的新型品种；通过分析作物病害及虫害相关蛋白的表达特性，研发绿色生物杀虫剂和药剂精准防治策略，以期减少杀虫剂、杀菌剂的施用，有利于农业的可持续发展等。在生命科学领域，蛋白质芯片技术更是成为连接基因组与表型组的桥梁。作为生命活动的直接执行者，蛋白质的功能、互作及调控机制是理解生命现象、探索疾病机制及开发治疗策略的核心。蛋白质芯片技术以其高通量、微型化的特点，能够揭示蛋白质间的相互作用网络，为精准医疗、个性化治疗及药物筛选提供强有力的支持。此外，该技术还促进了对细胞信号转导、代谢途径及发育过程等生命基本规律的认识，推动了生命科学研究的深入发展。

一、蛋白质芯片技术原理

蛋白质芯片技术的基本原理是将大量的蛋白分子产物（如酶、抗原、抗体、受体、配体、细胞因子等）有序地固定在经过特殊化学处理的固相载体（芯片）表面，形成蛋白质微阵列。根据生物大分子的特点，捕获能与之特异性结合的待测蛋白（靶蛋白），将其进行洗涤、纯化之后进行确认，最后进行生化分析，从中获得有意义的生命信息，如未知蛋白组成、序列、体内表达水平、生物学功能、与其他分子的相互作用以及药物筛选和药物靶点筛选等。该技术是微阵列技术与生物化学分析有机结合的一种技术，能够在微小面积上同时检测和分析大量的蛋白质。

从技术层面来看，蛋白质芯片通过将探针蛋白（如抗体、抗原、酶等）有序固定在经化学修饰的固相载体表面，与待测样品中的靶分子特异性结合，进而通过检测信号分析靶蛋白的种类、含量及功能。其制备过程中，保持蛋白质活性是关键，需避免其变性，确保正确折叠和功能完整性。常用的蛋白质芯片材质有玻片、硅片、云母片及各种膜片等，外形可制成各种不同的形状。

从应用层面来说，蛋白质芯片可用于蛋白质表达谱分析，研究蛋白质与蛋白质的相互作用，DNA-蛋白质、RNA-蛋白质相互作用以及蛋白药物靶点的筛选等。根据用途与设计策略，蛋白质芯片主要分为三类：蛋白质微阵列、微孔板蛋白质芯片、三维凝胶块芯片等。

二、蛋白质芯片技术的操作步骤

（一）芯片制备

1. 芯片基质材料的选择

蛋白质芯片的基质材料是芯片制备的基础，它直接影响到后续蛋白质固定化和检测的效率与效果。在选择基质材料时，需要考虑以下因素：①生物相容性：基质材料应具有良好的生物相容性，不对蛋白质的生物活性产生影响。②化学稳定性：基质材料应能够在化学和物理环境中保持稳定，不与固定化的蛋白质或检测试剂发生反应，减少非特异性吸附（如聚苯乙烯、硅片、金膜、硝酸纤维素膜）。③机械强度：基质材料应具有一定的机械强度，能够承受制备和检测过程中的机械应力。④光学性能：对于光学检测方法，基质材料应具有良好的透光性。⑤导电性：对于电化学检测方法，基质材料应具有适当的导电性。

常用的芯片材料包括玻片、硅片、云母片以及各种膜片等。这些材料具有良好的光学性能、化学稳定性和机械强度，能够满足蛋白质固定和检测的需求。

2. 芯片表面修饰

在制备蛋白质芯片之前，需要对芯片表面进行处理，以提高蛋白质的固定效率和稳定性。通常涉及以下步骤：

清洁：使用去污剂、超声波清洗等方法去除芯片表面的污染物，确保表面清洁。

活化：通过化学反应在芯片表面引入活性基团，如羟基、羧基、氨基等，以便与蛋白质分子发生共价结合。

功能化：将特定的功能分子，如亲和素、抗体、多肽等固定在芯片表面，以增强蛋白质的特异性结合。

以下是几种常见的表面修饰方法：①自组装单分子层（SAMs）：通过分子间的弱相互作用，如范德华力或氢键，在基底材料表面形成有序的单分子层。②共价结合：利用化学反应将功能分子共价连接到芯片表面的活性基团上。③物理吸附：利用静电力、疏水作用等物理作用将蛋白质吸附在芯片表面。

3. 芯片阵列的设计与制备

芯片阵列的设计是蛋白质芯片制备的关键步骤，它决定了芯片的功能和应用范围。以下是设计与制备过程的关键点：

阵列设计：根据研究目的，设计蛋白质的排列方式、密度和重复次数。设计时需考虑蛋白质之间的相互作用和潜在的交叉反应。

微阵列打印：使用微阵列打印技术，将蛋白质溶液精确打印到芯片的特定位置。打印参数如针头大小、打印速度和体积都需要优化。

微流体技术：对于需要精确控制液体流动的芯片，微流体技术可以用于设计和制备微通道和微室，以实现高通量的蛋白质固定和检测。

光刻技术：在硅片等硬质材料上，光刻技术可以用于制造微米级精度的微阵列结构。

以下是芯片阵列制备的具体步骤：①制备模板：根据设计，制备具有微阵列结构的模板。②打印或沉积：使用微阵列打印机或其他沉积技术，如喷墨打印、激光诱导前向转移等，将蛋白质转移到芯片上。③固化：通过热处理、光交联或化学交联等方法，使蛋白质固定在芯片表面。④封堵：为了减少非特异性吸附，使用适当的封堵剂如牛血清白蛋白（BSA）处理芯片表面。⑤质量检测：使用显微镜、扫描仪等设备检测芯片的质量，确保蛋白质阵列的均匀性和稳定性。

（二）探针蛋白的选择与固定

探针蛋白的选择与固定是蛋白质芯片制备的关键步骤，它直接影响到芯片的性能和应用效果。

1. 探针蛋白的选择

探针蛋白的选择取决于研究目的和待测样品的特性。在选择探针蛋白时，需考虑其生物学功能、特异性、稳定性和可获取性。理想的探针蛋白应能够特异性地识别目标分子，并在固定和检测过程中保持活性。

2. 探针蛋白的固定方法

探针蛋白的固定方法有多种，包括物理吸附法、化学偶联法、生物素-亲和素系统及原位合成法等。这些方法各有优缺点，要视情况而定。

（1）物理吸附法

物理吸附法是一种基于分子间弱相互作用力将蛋白质固定在固体表面的方法。利用疏水作用、静电力、氢键等弱相互作用力，将探针蛋白吸附到芯片表面。该方法操作简单，无需复杂的化学修饰。但固定的蛋白质可能因外界条件变化而脱落，稳定性较差。具体操作步骤如下：①芯片表面清洁——使用去离子水、醇类等溶剂清洁芯片表面。②蛋白质溶液准备——将探针蛋白溶解在适当的缓冲液中。③吸附——将蛋白质溶液滴加到芯片表面，静置一定时间后，去除未吸附的蛋白质。④洗涤——使用缓冲液清洗芯片，去除非特异性吸附的蛋白质。

（2）化学偶联法

化学偶联法通过共价键将探针蛋白固定在芯片表面的活性基团上。利用化学反应，如酰胺键形成、硫醇-马来酰亚胺反应等，实现蛋白质与芯片表面的共价连接。该方法固定的蛋白质稳定性高，不易脱落，但操作较为复杂，可能影响蛋白质活性。具体操作步骤如下：①表面活化——使用化学试剂（如戊二醛、环氧基团）活化芯片表面。②蛋白质交联——将探针蛋白与活化后的芯片表面进行交联反应。③封闭——使用封闭剂（如 BSA）减少非特异性吸附。④洗涤——清洗芯片，去除未反应的试剂和杂质。

（3）生物素-亲和素系统

生物素-亲和素系统利用生物素与亲和素之间的高亲和力和特异性结合，实现探针蛋白的固定。生物素化探针蛋白与亲和素修饰的芯片表面结合，形成稳定的复合物。该方法特异性强，稳定性好，可重复使用。但需要额外的生物素化和亲和素修饰步骤。具体操作步骤如下：①生物素化蛋白制备——将生物素标记到探针蛋白上。②芯片表面修饰——在芯片表面固定亲和素。③固定——将生物素化蛋白与亲和素修饰的芯片表面结合。④洗涤——清洗芯片，去除未结合的蛋白质。

（4）原位合成法

原位合成法是在芯片表面直接合成探针蛋白的方法，主要用于肽芯片的制备。通过逐步添加氨基酸，在芯片表面合成肽链，形成探针蛋白。该方法可在芯片表面合成具有特定序列的肽或蛋白质。但操作复杂，成本较高，对设备要求较高。具体操作步骤如下：①芯片表面活化——制备适合氨基酸偶联的表面。②氨基酸偶联——逐个或成组地将氨基酸偶联到芯片表面。③肽链延伸——重复偶联步骤，直到合成所需长度的肽链。④洗涤与脱保护——完成合成后，清洗芯片并去除保护基团。

（三）样本处理与分子反应

1. 样本的收集

根据研究目的，选择合适的样品来源，蛋白质芯片技术可分析多种生物样本，包括但不限于体液样本（血清、血浆、尿液、唾液、脑脊液等）、细胞样本（细胞裂解液、细胞培养上清液、单细胞悬液）、组织样本（组织匀浆、石蜡包埋组织切片提取物）、其他样本（植物提取物、微生物培养物、环境样本）。样品的收集需要严格控制条件，以避免蛋白质的降解和变性。

2. 样本预处理

样本预处理的目的是去除干扰物质、浓缩目标蛋白并提高检测灵敏度。不同样本的复杂性和蛋白质组成差异显著，因此需根据样本特性选择适当的预处理方法。以下是常见预处理方法：

（1）去除高丰度蛋白，其原理为高丰度蛋白（如血清中的白蛋白、免疫球蛋白）会掩盖低丰度目标蛋白的信号。常用方法有：免疫亲和层析——使用抗白蛋白或抗 IgG 抗体柱去除特定高丰度蛋白；化学沉淀法——利用有机溶剂（如乙腈）或盐（如硫酸铵）选择性沉淀高丰度蛋白；超滤法——通过分子量截留膜去除大分子蛋白。

（2）蛋白质提取与纯化　细胞裂解方法有：机械法——超声破碎、高压均质化；化学法——使用裂解缓冲液（含 Triton X-100、SDS 等去垢剂）破坏细胞膜；酶解法——利用溶菌酶或蛋白酶 K 消化细胞壁。

根据样本类型及特性选择合适的提取与纯化方法。以下列举了常用的几种方法：

盐析：盐析法是利用盐类使蛋白质溶解度降低而析出沉淀的方法，用于蛋白质分离纯化。适合从血液、血清、体外细胞裂解液中提取蛋白质，如常见的硫酸铵盐析法，就是利用硫酸铵使蛋白质析出沉淀后再离心收集。

有机溶剂提取：有机溶剂提取法是借助于有机溶剂和水相互不相容的特性，把蛋白质从水相中提取出来，适用于那些与脂类紧密结合或有较多非极性侧链的蛋白质。比如采用氯仿等有机溶剂进行提取，蛋白质分配于有机相中，实现分离。

亲和层析：亲和层析是利用蛋白质与特定配体之间的亲和力而使蛋白质从混合物中分离开来。可以应用于有特定标签的蛋白质。例如用镍-NTA 亲和层析柱可特异性地将带有 His 标签的蛋白质进行纯化。

（3）样品的标记　为了提高检测的灵敏度和特异性，通常需要对样品中的蛋白质进行标记。常用的标记方法包括荧光标记、放射性标记和酶标记等。

荧光标记：荧光标记是最常用的方法之一，通过将荧光染料与蛋白质结合，使蛋白质在检测时发出具有特异波长的荧光信号。常用的荧光染料为 Cy3、Cy5 等。荧光标记具有灵敏度高、检测范围广、可进行多重标记实验的优点。

放射性标记：放射性标记是利用放射性同位素（如 ^{32}P、^{35}S 等）标记蛋白质。放射性标记具有极高的灵敏度，但存在放射性污染、操作较烦琐的缺陷。

酶标记：酶标记是将酶（如辣根过氧化物酶、碱性磷酸酶等）与蛋白质结合。酶标记具有稳定性好和能够使测定信号增强等优点。

3. 芯片与样品的杂交反应

杂交反应是指样品中的目标蛋白质与芯片上固定的探针蛋白质之间的特异性结合。这种结合通常是基于蛋白质之间的亲和力，如抗原与抗体的结合、酶与底物的结合、受体与配体的结合等。通过样品目标蛋白质的捕获以及杂交反应以实现样品中目标蛋白质的检测。

（1）杂交反应过程　杂交是指待测样品（标记蛋白质溶液）滴至芯片上后与芯片探针蛋白表面通过多种相互作用力进行特异性结合，其相互作用力可能包括氢键作用力、疏水作用力、静电作用力等。杂交之后再通过漂洗将未结合芯片蛋白质的蛋白质成分去除。杂交需要在一定温度、湿度、pH 等适宜条件下进行，以确保探针蛋白与靶蛋白之间的特异性结合。

（2）杂交反应条件优化

① 反应时间与温度。杂交反应时间由探针蛋白和靶蛋白的结合速率及亲和力决定，通常杂交时间需满足其结合并产生信号的需要量。反应时间较短会引发杂交不充分、信号偏弱；反应时间过长会引发非特异性吸附增加、背景噪声升高。优化杂交时间的区间一般在 30min～2h。

② 反应温度。温度对杂交反应的影响显著。温度过低可能导致蛋白质结合不充分，而温度过高可能导致蛋白质变性或非特异性结合增加。通常，杂交反应的温度应设置在探针-靶序列解链温度（Tm）以下 20～30℃。可采取梯度温度实验确定适合的温度。

③ 缓冲液组成。pH 值：通常选择中性缓冲液（如 PBS，pH 7.4）以维持蛋白质稳定性。离子强度：高盐浓度——减少静电相互作用，降低非特异性结合；低盐浓度——增强蛋白

质-探针相互作用，但可能增加背景噪声。去垢剂：Tween20（0.05%～0.1%）减少非特异性吸附。封闭剂：BSA（1%～5%）封闭未结合位点。

（四）信号的检测与分析

1. 信号的检测

蛋白质芯片检测信号的基础是蛋白质相互作用（如蛋白质-蛋白质、蛋白质-DNA、蛋白质-RNA、蛋白质-蛋白质复合物、抗原 - 抗体等），而检测蛋白质相互作用可以运用光学法（如荧光法、放射免疫法和免疫杂交法）、电化学法（如阻抗谱分析法和吸附波分析法）以及质谱法等。

（1）光学检测技术　光学检测是蛋白质芯片中最常用的信号检测方法，具有高灵敏度和高通量的特点。

① 荧光检测。原理：利用荧光染料（如 Cy3、Cy5）标记目标蛋白，通过激发光激发荧光信号。仪器：共聚焦扫描仪或荧光显微镜。步骤：样本与荧光标记探针结合；用特定波长激光激发荧光染料；检测发射光强度，生成荧光图像。优缺点：灵敏度高（可达 pg/mL），适合多色标记；荧光染料可能猝灭，背景噪声较高。

② 化学发光检测。原理：利用酶（如 HRP）催化底物产生化学发光信号。仪器：化学发光成像仪。步骤：样本与酶标记探针结合；加入化学发光底物（如鲁米诺）；检测发光强度，生成化学发光图像。优缺点：无需激发光源，背景噪声低；信号持续时间短，需快速检测。

③ 表面等离子体共振（SPR）。原理：分子结合引起芯片表面折射率变化，通过检测反射光角度变化量化结合事件。仪器：SPR 检测仪。步骤：样本流经芯片表面，与固定探针结合；检测反射光角度变化，生成结合曲线。优缺点：实时监测，无需标记；设备昂贵，灵敏度受限于折射率变化。

（2）电化学检测技术　电化学检测通过测量分子结合引起的电信号变化实现目标蛋白的检测。

① 阻抗谱分析。原理：分子结合改变电极表面电荷转移特性，通过测量阻抗变化量化结合事件。仪器：电化学工作站。步骤：样本与电极表面探针结合；施加交流电压，测量阻抗谱；分析阻抗变化，生成结合曲线。优缺点：灵敏度高，适合微型化芯片；电极表面易污染，需严格清洗。

② 场效应晶体管（FET）。原理：分子结合引起半导体通道电导率变化，通过测量电流变化量化结合事件。仪器：FET 检测系统。步骤：样本与 FET 表面探针结合；施加偏置电压，测量电流变化；分析电流变化，生成结合曲线。优缺点：高灵敏度，适合实时监测；制备工艺复杂，成本较高。

（3）质谱检测技术　质谱检测通过分析蛋白质分子量实现目标蛋白的定性和定量分析。通常采用基质辅助激光解吸电离飞行时间质谱（MALDI-TOF）。原理：激光激发芯片表面蛋白质分子，通过飞行时间分析分子量。仪器：MALDI-TOF 质谱仪。步骤：样本与芯片表面探针结合；涂覆基质（如 α-氰基-4-羟基肉桂酸）；激光激发，检测分子离子峰。优缺点：高分辨率，适合复杂样本分析；设备昂贵，样品制备复杂。

2. 数据分析

（1）图像预处理

① 背景校正。芯片图像的背景来源繁杂，像芯片基底材质的自发荧光、溶液残留杂

质产生的荧光，以及检测设备本身的噪声等，均会干扰真实信号。图像分析软件为此专门设计了背景校正功能，其通常会依据芯片的布局特性，精准圈定多个背景区域，这些区域或是远离蛋白质点的空白角落，或是已知无蛋白质固定的对照位点。软件详细统计这些背景区域内各像素点的荧光强度数值，以统计学算法（如求平均数、中值等）计算一个背景强度的参考值，然后用该参考值分别扣除芯片上每一个蛋白质点的原始荧光强度数据，从而有效去除背景噪声，极大提高信号的信噪比，让后续分析聚焦于真正源自蛋白质的信号。

② 图像配准。当实验过程中有多个检测结果、对多张芯片进行检测，或者同一片芯片进行多个不同标志物的检测时，就需要对图像进行配准。因为在芯片的制备、操作和检测的过程中，会发生微小位移和旋转的误差，导致前后采集的图像无法直接对应匹配。此时，图像配准算法登场，它以芯片上特定的标记点、边框特征，甚至是蛋白质点分布的大致轮廓等作为参照，运用数学变换模型，如仿射变换、刚性变换等，对不同图像进行平移、旋转、缩放等操作调整，直至它们精准重叠。这种精确的配准，保障了后续数据比较、整合的准确性，避免因图像错位引发的数据误读。

（2）数据归一化

① 内参归一化。内参蛋白在芯片实验里充当着“校准标尺”的关键角色。这类蛋白通常是细胞内表达量极为稳定，不受实验条件波动、样本处理差异影响的蛋白质，常见的如管家蛋白。在实验设计初期，研究人员就会特意在芯片上固定已知量的内参蛋白点。数据处理阶段，软件依据内参蛋白点预先设定的标准荧光强度范围，对其他蛋白质点的荧光值进行校正。即先计算内参蛋白点实际检测到的平均荧光强度，再检测其他蛋白质点的荧光强度，将其他的蛋白质的荧光值 / 内参荧光值。这样能消除不同芯片间因样本上样量差异、检测环境微小变化等因素导致的整体信号强度浮动，使数据得到有效校正，让数据在一个相对统一的尺度上具备可比性。

② 全局归一化。全局归一化是指实验不存在合适的内参蛋白，或想要对数据做更全局的平衡化处理的情况。它着眼于整块芯片的荧光强度统计特征，常见的做法是将芯片上所有蛋白质点的荧光强度值进行从小到大的排列，依据统计学原理，剔除掉一定比例的最高值和最低值，这些极值往往是受噪声、杂质影响严重的异常点。将剩余的中间范围蛋白质点再计算出新的均值、标准差等统计量，再运用线性或非线性的数学变换公式，将每个蛋白质点的原始荧光强度按新的统计基准进行缩放调整。这一方法不论芯片的批次及芯片所处的实验条件如何，其数据得到相同或相似的分布趋势，为跨芯片、跨实验的深度比较筑牢基础。

（3）差异分析与聚类分析

① 差异分析。统计分析对甄别不同样本间蛋白质表达差异是至关重要的。对于两组样品比较，如正常细胞与肿瘤细胞样本，常采用 t 检验。它通过两组样品相应蛋白质点荧光强度均值、方差等统计量，严格计算出一个 t 值，再根据预先设定的显著性水平阈值，通常为 0.05 或 0.01，判别该蛋白质点是否存在统计学差异。当涉及多组样本比较时，通常用方差分析（ANOVA），它考虑多个样本间的总方差、组内方差等，通过 F 检验来判断多个样本间是否存在蛋白质表达上的差异，从而进一步采用多重比较检验，如 Bonferroni 校正、HSD 检验等，对具体是哪些组间的差异进行严格鉴别。一旦鉴定出差异表达蛋白质，它们就成为深入研究疾病机制、药物靶点筛选的关键线索。

② 聚类分析。聚类算法通过蛋白质点在不同样本中表达的模式相似性来进行合并同类

项。层次聚类法是一种经典直观的聚类算法，开始时将各个蛋白质点作为单独的一个类，然后以一定的距离度量准则（例如欧氏距离、皮尔逊相关系数）不断合并距离最近的类别。通过一系列聚类的计算得出树形聚类图，该图形象直观地显示蛋白质点的逐步聚合结果，相似表达模式的蛋白质点在树形聚类图上紧密相邻，以此来帮助研究人员清楚地了解哪些蛋白质可能协同参与同一细胞过程。*k*-means 聚类也是一种比较常用的聚类算法。该算法需要事先设定聚类的数目 *k*，并根据事先随机选择的 *k* 个聚类中心，通过多次迭代对每个蛋白质点的所属进行调整，直至类内平方和达到最小，使得同一类内的蛋白质点在表达模式上最为相近，助力研究人员从繁杂数据中梳理出蛋白质功能模块。

（4）功能注释与通路分析

① 功能注释。将差异表达蛋白质与海量生物信息学数据库对接，是解锁其生物学功能的关键一步。基因本体论（Gene Ontology，GO）数据库从分子功能（MF）、细胞组分（CC）、生物过程（BP）三个维度对基因产物（包括蛋白质）进行分类注释。例如，某差异表达蛋白质经比对被标注具有“激酶活性”，属于“细胞质膜”的细胞组分，发生作用的生物过程为“细胞周期调控”的过程，这样精准的描述有助于研究人员勾勒出该蛋白质可能的作用场景。而利用 UniProt 数据库可以检索到包含的蛋白序列、结构、功能域、修饰位点等所有蛋白基本信息，通过检索匹配，能进一步细化对蛋白质特性的了解，为后续对该蛋白的深入研究奠定理论基础。

② 通路分析。KEGG（Kyoto Encyclopedia of Genes and Genomes）数据库可以看作是细胞内代谢通路和信号转导通路的鸟瞰图，把差异表达蛋白质标注到具体的通路中去，从而从宏观层面了解它们在细胞内的协调作用模式。例如，检测到许多差异表达蛋白质分布在“PI3K-Akt pathway”通路中，这就暗示该通路在特定疾病状态或实验条件下可能被激活或抑制，引导研究人员对该通路上下游分子展开针对性研究，挖掘潜在的治疗靶点、诊断标志物，从而促进生物医学向精准、深入方向发展。

三、蛋白质芯片技术特点

（1）高通量　蛋白质芯片可在一张芯片上同时检测大量的蛋白质分子，一次实验能够分析成百上千种蛋白质，大大提高了检测效率，省时省样。例如在疾病诊断中，可以同时检测多种疾病相关标志物，有助于快速准确地诊断疾病。

（2）高灵敏度　该技术通常采用荧光、化学发光等灵敏的检测方法，可检测到低丰度的蛋白质。某些高端蛋白质芯片技术可以检测到皮克级甚至更低水平的蛋白质表达量变化，可用来发现早期疾病或生理微小变化。

（3）特异性强　蛋白质芯片上的探针与目标蛋白质之间通过特异性的相互作用进行识别，如抗原与抗体、受体与配体等特异性结合，来准确地检测目标蛋白质，减少非特异性干扰，提高检测的精准度。

（4）微型化与自动化　蛋白质芯片将大量的生物化学反应集成在一个微小的芯片上，实现了检测系统的微型化。同时，其操作过程可以借助自动化仪器完成，如芯片制备、加样、孵育、洗涤以及检测等均可实现自动化处理，降低人为误差，提高实验重复性和可靠性。

（5）多参数分析　蛋白质芯片不仅可以用来测定蛋白质的表达水平，还可以同时分析蛋白质其他方面的信息，如蛋白质与蛋白质之间的互作、蛋白质的修饰情况等。对蛋白质进行多个参数的综合分析，可以更加全面地了解蛋白质在生物学进程中的功能及作用机制。

（6）样本用量少 由于芯片上的反应体系微小，只需少量的生物样本即可检测。这对于一些珍贵或不易获取的样本，例如临床穿刺样本、微量的细胞样本等十分适用，能够充分利用有限的样本资源获得丰富的信息。

四、蛋白质芯片技术未来的发展趋势

1. 技术创新与性能提升

① 提高检测灵敏度和特异性：通过改进芯片的表面修饰技术、优化探针设计以及采用更先进的信号检测方法，如纳米技术增强信号检测，可实现对更低丰度蛋白质的准确检测，并进一步提高检测的特异性，减少假阳性和假阴性结果。

② 增加芯片的通量：研制更高密度的蛋白质芯片，可在同一片芯片上检测更多种类的蛋白质，实现对生物样本中蛋白质组更全面的分析，有利于发现更多候选生物标志物及蛋白质相互作用的网络。

③ 缩短检测时间：结合微流控技术等，实现样本的快速处理和分析，减少孵育、洗涤等操作步骤的时间，使蛋白质芯片技术能够更快速地给出检测结果，满足临床快速诊断等应用的需求。

2. 与其他技术的融合

① 与人工智能和大数据结合：利用人工智能算法对蛋白质芯片产生的大量数据进行分析和挖掘，提升数据分析的准确性和效率，从复杂的数据中挖掘隐藏其中的内在规律及生物信息。例如，通过机器学习建立疾病诊断模型，实现对疾病的精准诊断和预后预测。

② 与微流控技术集成：蛋白质芯片联合微流控芯片，将样本制备、芯片检测等功能集成一个“芯片实验室”系统。在小芯片上完成生物样本预处理到蛋白质检测的工作，达到降低样本量与减少操作误差的目的，使检测自动化与便携化。

③ 与其他组学技术整合：蛋白质芯片技术将与基因组学、转录组学、代谢组学等其他组学技术相互补充和整合，从多个层面系统地研究生物体内的分子变化，全面揭示生命活动的规律和疾病的发生发展机制。

3. 应用领域拓展

① 个性化医疗：在疾病诊断方面，蛋白质芯片将能够更精准地检测个体疾病相关蛋白质标志物，实现疾病的早期诊断、精准分型和个性化治疗方案的制定。例如，通过检测患者肿瘤组织或血液中的蛋白质表达谱，为患者量身定制靶向治疗药物和免疫治疗方案。

② 药物研发：通过分析药物处理对蛋白质芯片上蛋白质表达、蛋白间相互作用的影响，加速药物靶点的发掘及验证，深入认识药物作用机制以及可能的毒副作用，提高药物研制成功率，降低药物研发费用。

③ 食品与环境领域：可应用于食品安全中，实现食品中有害物质、微生物、致敏物质的快速检测；在环境监测中，主要用于环境污染物对生物体内蛋白质表达效应、环境微生物群落结构变化的检测等。

4. 标准化与规范化

随着蛋白质芯片技术的发展，其数据的处理、分析、解读会越来越趋于标准化和规范化。建立统一的芯片制备标准、质量控制方法和数据分析流程，有利于不同实验室之间数据的比较和共享，推动该技术在临床诊断、药物研发等领域的广泛应用和认可。

5. 成本降低与普及化

开发更经济高效的芯片制备技术和检测方法，降低蛋白质芯片的生产与使用成本，使其能够在更多的实验室和临床机构中得到广泛应用，有助于蛋白质芯片技术的普及和推广，为生命科学研究和人类健康事业做出更大的贡献。

第三节　蛋白质检测技术的应用

蛋白质是构成生物体的重要组成部分，在细胞内部、细胞外部的许多生物过程中均有极其重要的功能。从细胞信号传递至代谢调控，从遗传信息表达至物质合成与降解，都离不开蛋白质，而且蛋白质功能正常与否直接影响着机体的状况。因此，探究蛋白质的功能不仅可揭开生命现象的本质，而且在生物医学、食品安全、农业及环境监测等多个领域起着极其重要的作用。

一、在生物医学研究上的应用

（一）疾病机制探究

生物医药领域的研究本质上是要对疾病的发病机制进行研究，从而实现疾病的治疗，维护人类的健康。蛋白质是生命活动的主要承担者，蛋白质表达水平、表达修饰变化以及与蛋白质的相互作用变化通常与疾病的产生和发展有必然联系。通过精准的蛋白质检测技术，研究上述变化背后的作用机制，为疾病的诊疗和预防开辟新的途径。

蛋白质检测技术广泛应用于癌症研究。例如，在胃癌研究中，利用蛋白质印迹法评价癌胚抗原在胃癌诊断中的治疗作用。癌胚抗原是一种在多种肿瘤中都可能出现异常表达的蛋白质。研究人员通过蛋白质印迹技术对胃癌患者和正常对照人群的相关样本进行检测，发现胃癌患者样本内的癌胚抗原表达与正常人群有显著性差异，为胃癌的诊断提供了重要的参考依据，有助于提高胃癌诊断的准确性，辅助医生进行疾病的判断和分期等。

神经退行性疾病，如阿尔茨海默病（AD）、帕金森病（PD）等，严重威胁着人类的神经系统健康和生活质量。目前，这些疾病的发病机制尚不明确，但大量研究表明，蛋白质的异常聚集和修饰在神经退行性疾病的发生发展中起着关键作用。通过蛋白质检测技术，如免疫印迹法（Western blotting）、酶联免疫吸附测定（ELISA）等，可以准确检测脑脊液或脑组织中 Aβ 和 tau 蛋白的含量及修饰状态，为 AD 的早期诊断和病情监测提供重要依据。此外，蛋白质组学技术的应用可揭示 AD 发病过程中蛋白质网络的异常变化，发现新的疾病相关蛋白质和信号通路，为开发新的治疗策略提供了潜在靶点。

（二）药物研发

药物研发是周期长、环节多的复杂过程。从发现药物靶点，到设计合成药物分子、药物临床前研究以及药物临床试验，蛋白质的检测贯穿整个周期，为加快新药开发进程、提高新药研发成功率起到了极为重要的作用。

在药物靶点的筛选与验证阶段，蛋白质检测技术能够帮助研究者发现致病性蛋白和潜在药物作用靶点，通过对疾病模型、临床样本等进行蛋白质组学检测和相关生物信息学技术的分析，筛选在疾病发生发展过程中表达异常或功能失常的蛋白质。这些蛋白质可能成为药物研发的潜在靶点，调控其功能或水平有可能实现治疗疾病的目的。确定潜在靶点后，需要进一步验证靶点与疾病的关联及作为药物靶点的有效性，通过蛋白质检测技术结合RNA干扰（RNAi）、基因敲除等技术降低或消除靶点蛋白质水平，观察其对疾病相关生物学过程的影响。

蛋白质的检测技术还可用于药物疗效的检测和安全性评价。在药物研发的临床前研究阶段，通过检测动物模型中与药物作用靶点相关的蛋白质表达水平和活性变化，以及药物对机体生理功能相关蛋白质的影响，可以初步评估药物的疗效和安全性。在临床试验阶段，利用蛋白质检测技术对患者体内的药物浓度、药物代谢产物、与临床疗效及安全性密切相关的药物代谢和功能蛋白进行检测有助于评价药物的疗效和副作用。

二、在食品安全检测上的应用

食品安全问题一直是社会关注的焦点，食品中的有害蛋白质对人类的健康有非常大的危害。食品中的有害蛋白质包括过敏原、细菌毒素等，可以诱发机体产生过敏反应、食物中毒等。因此，利用高效、准确的蛋白质检测技术，及时检测食品中的有害蛋白质，对于保障食品安全、预防食源性疾病的发生具有重要意义。

食物过敏原是一类能够引起人体免疫系统出现异常反应的蛋白质，常见的食物过敏原包括牛奶中的酪蛋白和乳清蛋白、鸡蛋中的卵清蛋白、花生中的花生蛋白等。对于过敏体质的人群，摄入含有过敏原的食物可能会引发一系列过敏症状，如皮肤瘙痒、呼吸困难、胃肠道不适等，严重时甚至会危及生命。为了保障过敏人群的饮食安全，需要对食品中的过敏原进行严格检测和标识。将常见的食品过敏原蛋白对应的抗体固定在芯片上，与食品提取液进行反应，若样本中存在相应过敏原，就会与芯片上的抗体结合产生信号，从而实现对食品中过敏原的快速筛查，有助于保障过敏人群的饮食安全。

细菌毒素是由细菌产生的一类具有毒性的蛋白质，如肉毒杆菌毒素、金黄色葡萄球菌肠毒素等。这些毒素在食品加工、储存和运输过程中产生，一旦被人体摄入，会引发严重的食物中毒症状，如呕吐、腹泻、神经系统症状等。因此，快速、准确地检测食品中的细菌毒素对于保障食品安全至关重要。可以将针对不同致病菌（如大肠杆菌、沙门氏菌、金黄色葡萄球菌等）的特异性抗体固定在蛋白质芯片上，当待测食品样本中的细菌与芯片上的抗体结合后，通过荧光标记或其他检测手段，能快速检测出样本中是否存在这些致病菌，并且可以同时检测多种致病菌，大大提高检测效率。

在肉类食品检测中，可利用蛋白质印迹技术检测特定的肌肉蛋白来判断是否存在掺假情况。对于一些可能使用了激素进行养殖的动物源性食品，如牛奶、肉类等，可以通过蛋白质印迹技术检测其中是否存在激素残留。

三、在农业科研领域的应用

（一）作物品质评估

在农业科研领域，作物品质评估是一项至关重要的工作，它直接关系到农作物的市场价值、营养价值以及农业生产的经济效益。蛋白质作为作物种子和植株中的重要组成成分，其含量和组成不仅反映了作物的营养品质，还与作物的加工品质、口感等密切相关。因此，通过精准的蛋白质检测技术，深入分析作物中蛋白质的含量和组成，对于科学评估作物品质、指导育种工作具有重要意义。

在粮食作物中，如小麦、水稻、玉米等，蛋白质含量是衡量其品质的重要指标之一。高蛋白质含量的粮食作物不仅具有更高的营养价值，还能在食品加工、饲料生产等领域发挥更大的作用。例如，小麦中的蛋白质含量直接影响面粉的烘焙品质，蛋白质含量高的小麦粉制成的面包体积大、质地松软、口感好。通过蛋白质检测技术，如凯氏定氮法、近红外光谱法等，可以准确测定小麦种子中的蛋白质含量，为小麦品种的选育和品质评价提供科学依据。同时，分析小麦蛋白质的组成，如面筋蛋白的含量和质量，对于了解小麦的加工品质和食品用途具有重要意义，为小麦品质改良和专用品种选育提供理论支持。

在油料作物中，如大豆、油菜等，蛋白质含量和组成同样对作物品质有着重要影响。大豆是世界上最重要的油料作物之一，其蛋白质含量丰富，是优质的植物蛋白来源。大豆蛋白质不仅在食品工业中被广泛应用，如制作豆腐、豆浆、豆奶粉等，还在饲料工业中发挥着重要作用。通过蛋白质检测技术，准确测定大豆种子中的蛋白质含量，筛选出高蛋白质含量的大豆品种，对于提高大豆的营养价值和经济价值具有重要意义。此外，研究大豆蛋白质的组成和氨基酸平衡，有助于优化大豆的品质，满足不同市场需求。例如，大豆中含硫氨基酸（蛋氨酸和胱氨酸）的含量相对较低，通过遗传育种手段提高大豆中含硫氨基酸的含量，改善蛋白质的氨基酸组成，能够提高大豆蛋白质的营养价值和利用效率。

（二）植物病害诊断

植物病害是影响农作物产量和品质的重要因素之一，每年给农业生产带来巨大的经济损失。及时、准确地诊断植物病害，对于采取有效的防治措施、减少病害损失至关重要。蛋白质检测技术作为一种快速、灵敏的检测手段，在植物病害诊断领域发挥着越来越重要的作用，为实现植物病害的早期预警和精准防治提供了有力支持。

许多植物病害的发生与病原菌分泌的蛋白质密切相关，这些蛋白质可以作为病害诊断的生物标志物。例如，在植物病原菌感染过程中，病原菌会分泌一些效应蛋白，这些蛋白能够干扰植物的正常生理功能，促进病原菌的侵染和定殖。通过检测植物组织中这些效应蛋白的存在或含量变化，可以判断植物是否受到病原菌的侵染以及病害的发生程度。利用免疫分析技术，如酶联免疫吸附测定（ELISA）、免疫荧光技术等，可以特异性地检测植物组织中的病原菌蛋白标志物。

植物在受到病原菌侵染后，自身也会产生一系列防御反应，其中包括一些防御相关蛋白质的表达变化。这些防御蛋白的表达水平可以作为植物病害发生的指示指标。例如，病程相关蛋白（PR 蛋白）是植物在受到病原菌侵染后诱导表达的一类蛋白质，它们在植物的抗病防御过程中发挥着重要作用。通过蛋白质检测技术，如蛋白质免疫印迹、实时荧光定量 PCR 等，可以检测植物组织中 PR 蛋白的表达水平，从而判断植物是否处于病害状态以及病害的严重程度。利用这些蛋白质检测技术，能够快速、准确地诊断植物病害，为制定科学合理的防治策略提供依据。

四、在环境监测上的应用

（一）水体污染监测

水体污染是全球面临的严峻环境问题之一，严重威胁着生态系统的健康和人类的生存安全。准确评估水体污染程度和生态健康状况，对于制定有效的水污染防治措施至关重要。蛋白质检测技术作为一种重要的环境监测手段，能够为水体污染监测提供有价值的信息，助力水环境的保护和治理。

许多有机污染物，例如有机氯农药、多环芳烃等，具有生物蓄积性，会在水生生物体内累积并干扰正常的蛋白质代谢。运用 Western blotting，从暴露于污染水体的生物体内提取总蛋白后，经过电泳与转膜，使用针对受有机污染物影响而发生修饰变化的蛋白质（如被氧化、磷酸化修饰的蛋白）的抗体进行检测。有机污染物可能促使某些蛋白发生异常修饰，这些修饰后的蛋白会被特异性抗体"揪出"。

在监测工业废水污染方面，蛋白质芯片展现出独特优势。许多工业废水中含有重金属离子，如汞、镉、铅等，这些重金属会对水生生物造成严重毒害，并通过食物链富集，威胁人类健康。基于蛋白质芯片技术，科研人员研发出了专门的重金属检测芯片。芯片表面固定了一系列对不同重金属离子具有高亲和力的蛋白质，例如金属硫蛋白家族成员。当芯片浸入工业废水样本时，废水中的重金属离子迅速与对应的蛋白质结合。这种结合会引发蛋白质的构象变化，进而通过精妙的荧光标记技术反映出来。芯片上的每个检测位点都相当于一个微小的"传感器"，一旦发生结合，预先标记在蛋白质上的荧光分子便会在特定波长的光照下发出荧光，且荧光强度与重金属离子的浓度紧密相关。通过高精度的荧光扫描仪对芯片进行扫描，就能快速、精准地获取废水中各种重金属离子的浓度信息，为及时评估工业废水污染程度提供了可靠依据。

（二）土壤质量评估

土壤作为农业生产的基础和生态系统的重要组成部分，其质量好坏直接影响着农作物的生长发育、农产品质量安全和生态环境稳定。蛋白质检测技术在土壤质量评估中发挥着独特的作用，通过检测土壤微生物蛋白质，能够深入了解土壤微生物群落结构和功能，为评估土壤质量提供科学依据，助力土壤生态系统的保护和可持续利用。

蛋白质检测技术作为生命科学领域的核心支撑技术，在过去的几十年间取得了令人瞩目的成就。从早期基于简单理化性质的检测方法，到如今融合多种前沿科技的复杂检测体系，每一次技术的革新都为我们打开了一扇通往蛋白质世界更深处的大门，让我们对生命的奥秘有了更深刻的认识。

蛋白质检测技术充满了无限的发展潜力和机遇。随着纳米技术、微流控技术、人工智能等新兴技术的不断涌现和深度融合，蛋白质检测技术有望实现质的飞跃。纳米技术的应用将进一步提高检测的灵敏度和特异性；微流控技术将推动检测设备的小型化和便携化，实现现场快速检测和即时诊断；而人工智能技术则能够对海量的检测数据进行高效分析和挖掘，为蛋白质研究提供更深入的见解。多组学联合分析的趋势将使我们能够从更全面的角度理解蛋白质的功能和生物过程，为揭示生命奥秘和攻克重大疾病提供更强大的技术支持。相信在众多科研人员的共同努力下，蛋白质检测技术将不断创新和完善，为生命科学研究、人类健康保障以及社会可持续发展做出更加卓越的贡献。

思考题

一、选择题

1. 在蛋白质印迹技术中，封闭的目的是（　　）

A. 防止蛋白变性　　B. 封闭膜上非特异性结合位点

C. 增强抗体与蛋白的结合　　D. 使蛋白更好地转移到膜上

2. 蛋白质芯片技术中常用的探针固定方法不包括（　　）
A. 物理吸附法　B. 化学偶联法　C. 原位合成法　D. 离心沉淀法
3. 在 Western blotting 中，显色反应常用的标记酶是（　　）
A. 辣根过氧化物酶（HRP）　B. DNA 聚合酶
C. RNA 酶　D. 脂肪酶
4. 蛋白质芯片技术中，属于光学检测技术的是（　　）
A. 质谱分析　B. 表面等离子体共振（SPR）
C. 电化学阻抗　D. 场效应晶体管（FET）

二、名词解释

1. 蛋白质印迹技术
2. 蛋白质芯片技术
3. 十二烷基硫酸钠-聚丙烯酰胺凝胶电泳（SDS-PAGE）
4. 等电聚焦（IEF）

三、简答题

1. 简述蛋白质印迹技术的实验流程。
2. 简述蛋白质芯片技术的基本原理。
3. 简述蛋白质芯片技术的特点。

第九章

质谱技术

第一节　质谱技术的原理和概念

质谱，又叫质谱法（mass spectrometry，MS），是一种与光谱并列的谱学方法。指采用一定手段使被测物质粒子（分子、原子）转化为带电荷的离子（离子化），利用电场和磁场将产生的离子按它们的质荷比（离子质量和电荷的比值，*m/z*）的大小依次分离，并记录每一个质荷比的离子强度大小，获得样品质谱图，从而对样品进行定性和定量分析的方法。用以进行质谱分析的仪器称为质谱仪。质量是物质的固有特性之一，不同的物质有不同的质谱（质量谱），利用这一特性可以进行定性分析；质谱峰的强度与它代表的化合物的含量有关，因此可以进行定量分析。在众多的分析测试方法中，质谱法被认为是一种同时具备高特异性和高灵敏度且得到了广泛应用的普适性方法。

质谱仪是一种测量带电粒子质荷比，利用带电粒子在电场和磁场中的运动（偏转、漂移、振荡）行为进行分离与测量的仪器。质谱仪是通过分析待测物质量获取其结构信息的仪器，主要由进样系统、离子源、质量分析器、检测器、数据处理系统五部分组成（图 9-1），其中重要的两个部分是离子源和质量分析器。

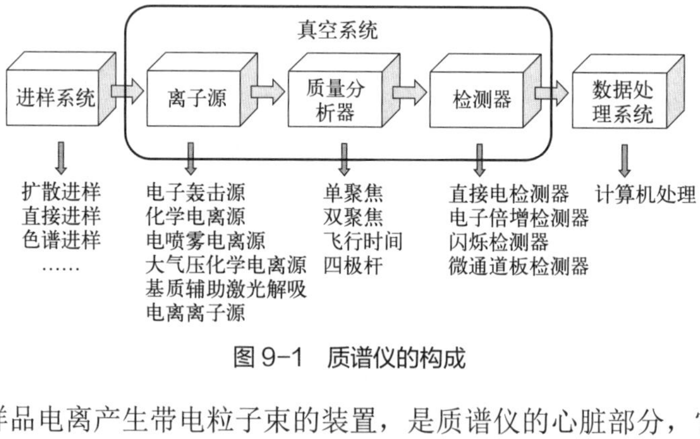

图 9-1　质谱仪的构成

离子源是使样品电离产生带电粒子束的装置，是质谱仪的心脏部分，它的性能直接影响质谱仪的灵敏度和分辨率。离子源的种类很多，在分析应用价值上各具独特之处，其中既包括传统离子源如电子轰击源（EI）和化学电离源（CI），也包括新兴并广泛应用的电喷雾电离源（ESI）、大气压化学电离源（APCI）与基质辅助激光解吸电离（MALDI）离子源等。通常称能给样本较大能量且伴有化学键断裂的电离方法为硬电离方法，如电子轰击源（EI）；而给样本较小能量，产生的碎片少，可得到准分子离子的电离方法为软电离方法，如电喷雾电离源（ESI），软电离方法适用于易破碎或易电离的样本。

质量分析器能把不同质荷比的离子分开。在离子源中产生的不同动能的正离子，在加速器中加速，增加能量后在质量分析器将带电离子根据其质荷比加以分离。质量范围、分辨率是质量分析器的两个主要性能指标。质量范围指质量分析器所能测定的质荷比的范围；分辨率表示质量分析器分辨相邻的、质量差异很小的峰的能力。分辨率可以通过多种方式定义和测量，包括 10% 峰谷比、50% 峰谷比和半峰宽等。不同的质量分析器均有其不同特性，可分为磁场式与电场式。

四极杆质量分析器是最常见的质谱仪质量分析器之一，可用于各种物质的质量分析和结构确认，它能够选择特定的质荷比值的离子进行分析，因此也被称为质量过滤器。在四极杆质量分析器的硬件中，通常的做法是调整射频工作频率（w）来选择离子的质量，调整直流分量（U）与射频分量的振幅（V）的比值来调整离子的通过率。一般，U 的值为 500～2000V，V 为 0～3000V。U/V 越大，离子的选择精度越高，仪器的解析能力越强，但是能稳定通过的离子数量减少；而 U/V 比值越小，离子通过的数量越多，但是解析能力下降。

根据质谱仪的组成，其检测的基本过程是将样品（气体、液体、固相）中各组分在极高的真空度（10^{-8}～10^{-5}Pa）和离子源中发生电离失掉一个电子形成分子离子 $[M]^+$，分子离子进一步裂解，还能生成较小质量的碎片离子和一些中性碎片。经加速电场的作用，形成离子束，进入质量分析器。在质量分析器中，再利用电场和磁场使离子发生相反的速度色散——离子束中速度较慢的离子通过电场后偏转大，速度快的偏转小；在磁场中离子发生角速度矢量相反的偏转，即速度慢的离子依然偏转大，速度快的偏转小；当两个场的偏转作用彼此补偿时，它们的轨道便相交于一点。与此同时，在磁场中还能发生质量的分离，这样就使具有同一质荷比而速度不同的离子聚焦在同一点上，不同质荷比的离子聚焦在不同的点上，将它们分别聚焦而得到质谱图，从而确定其质量（图 9-2）。

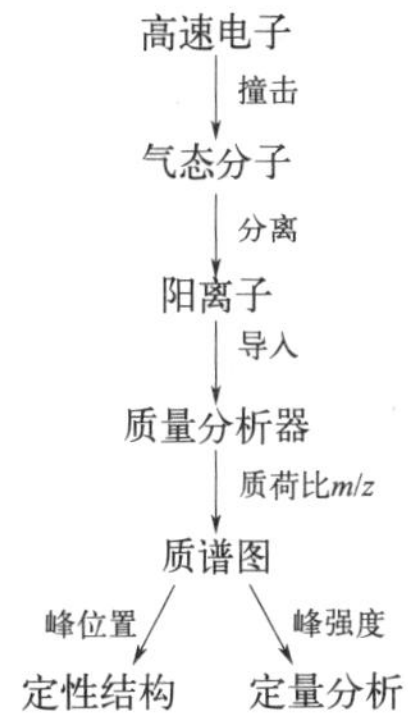

图 9-2　质谱法的基本过程

质谱组合方式主要包括串联质谱和色谱-质谱结合。串联质谱通常是指两个或以上的质谱分析器通过空间或时间上联结在一起所组成的分析方式，以增加结构信息的获取。一般而言，串联质谱分析法有两种不同的串联方式：一种为连接两个或多个实体的不同的质量分析器，两个分析器间有一个碰撞活化室，目的是将前级质谱仪选定的离子打碎，由后一级质谱仪分析，为空间上的串联；另一种则是在同一储存装置内进行一系列的离子选择、裂解与质量分析步骤，依时间先后顺序进行不同分析步骤，为时间上的串联。色谱是一种利用分析物在流动相与固定相的选择性分布的物理分离方法。若进一步搭配质谱仪，则可获得分析物分子量与该分析物碎片离子，从而得到灵敏与准确的定量与定性信息。目前主流的三种色谱-质谱联用技术为气相色谱-质谱（GC-MS）、液相色谱-质谱（LC-MS）与毛细管电泳-质谱（CE-MS）技术。

第二节　肽质量指纹图谱鉴定蛋白质技术

肽是由两个或两个以上氨基酸通过肽键连接而成的有机化合物，是蛋白质水解的中间产物，介于氨基酸和蛋白质之间，具有多种生物活性。一个氨基酸不能称为肽，必须是两个或两个以上氨基酸以肽键相连的化合物。由两个氨基酸分子脱水缩合而成的化合物叫做二肽，三个氨基酸相连称为三肽，以此类推。由三个或三个以上氨基酸分子组成的肽叫多肽。

肽质量指纹图谱（peptide mass fingerprinting，PMF）是一种用于蛋白质鉴定的质谱技术。这种方法通过酶解（通常使用胰蛋白酶）将未知蛋白质降解成肽段，然后利用质谱仪测量这些肽段的质量，并生成一个基于肽段质量的“指纹图谱”，随后与理论上的肽段质量数据库进行比对，以确定蛋白质的身份。

一种开发于1933年的蛋白质高通量分析方法，又称蛋白质指纹图谱，用于纯蛋白质样品的鉴定。理论上每个蛋白消化后有不同的肽段，这些肽段的质量（分子量）就是这个蛋白的肽指纹图谱。每种蛋白质都有自己专一的肽质量指纹图，因此，肽质量指纹图就成为鉴别蛋白质的有效手段，也是蛋白质组学分析常用的方法。

一、肽质量指纹图谱检测原理

每种蛋白质的氨基酸序列（一级结构）都不相同，蛋白质被酶水解后产生的肽片段序列也各不相同，其肽混合物质量亦具有特征性，所以称为指纹图谱。将纯蛋白质酶解成肽段，然后利用质谱精确测定每个肽段的质荷比，再与理论酶切肽段的质荷比进行对比分析，匹配分值最高的蛋白质即为目标蛋白质（图9-3）。与其他基于质谱的蛋白质组学分析技术一样，蛋白质鉴定的质量取决于质谱数据的质量、数据库的准确性以及所用搜索算法和软件的能力。

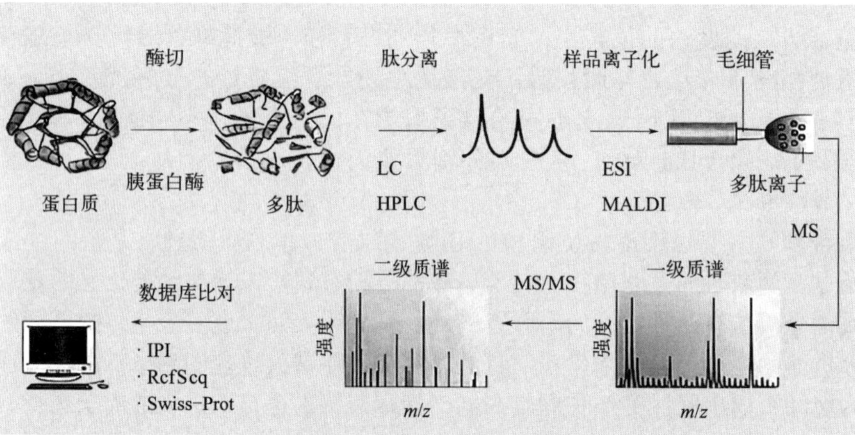

图9-3　肽质量指纹图谱鉴定蛋白质基本流程

蛋白质样品一般用十二烷基硫酸钠-聚丙烯酰胺凝胶电泳（SDS-PAGE）进行分离，并且可进行一定的化学修饰。在凝胶电泳分离时，蛋白质中的二硫键有可能被还原，半胱氨酸发生脲甲基化或丙烯酰胺化。利用蛋白质水解酶，如胰蛋白酶、胰凝乳蛋白酶或蛋白内切酶等，将凝胶电泳分离出的蛋白质切成多个肽段。例如，胰蛋白酶通过切割赖氨酸和精氨酸残基（除了脯氨酸旁边的残基），从而非常有选择性地切割蛋白质，对每种蛋白质的切割都产生特定数量、特定长度、特定序列，最重要的是特定质量的肽；只要收集到的每一个肽都与其来源的蛋白质和氨基酸序列位置相关联，蛋白质中的所有信息都将保持不变。当然，不必做实验，可以用计算机生成通过对数据库中的所有蛋白质进行虚拟切割而得到的肽，还可以将核苷酸序列信息转换成蛋白质序列信息，然后进行切割。理论上，一个完整的基因组序列可以产生一个完整的蛋白质（多肽）列表。常用的蛋白与蛋白酶的比例为50∶1，蛋白水解过程通常需要过夜处理。酶解得到的肽段混合物经萃取、浓缩、真空干燥后复溶等处理，进行质谱检测。在质谱检测前，常使用微量层析柱对样品进行纯化，以获得较好的检测信号。

水解后的蛋白质可以用不同类型的质谱仪进行分析，如电喷雾电离 - 飞行时间质谱仪（ESI-TOFMS）或基质辅助激光解吸电离飞行时间质谱仪（MALDI-TOFMS）等。MALDI-TOFMS 灵敏度高，能耐受适量的缓冲剂、盐，而且各个肽片段几乎都只产生单电荷离子，图谱简单，每个质谱峰代表一种肽。因此，MALDI-TOFMS 是肽质量指纹图谱分析的首选分析工具。MALDI-TOFMS 分析过程通常是将 1μL 或更少量的肽移取到基质辅助激光解吸电离靶板上，把用于辅助肽分子解吸的基质加入肽混合物中。基质辅助激光解吸电离靶板上，肽混合物分散在基质分子中形成共结晶体。将靶板送入基质辅助激光解吸离子源中，用脉冲激光束照射晶体，使肽段电离。电离后的肽段离子在电场作用下进入高真空环境下的飞行管内，通过检测器记录不同肽段离子在飞行管中的飞行时间，并转化成相应的质荷比（*m*/*z*），最终获得肽质量指纹图谱（图 9-4）。每个母离子峰代表一种肽段，其强度代表了肽段多少。二级质谱是挑选一级质谱中有代表性的母离子峰，以碰撞诱导解离（collision-induced dissociation，CID）方式打碎，形成肽段碎片指纹图谱（PFF）。然后，结合一级 PMF 和二级 PFF 数据，进行数据库搜索，获得蛋白质的具体鉴定信息。数据库检索程序根据输入的蛋白质酶解种类、分子量范围、肽质量指纹图谱数据和其他一些参数，在数据库中寻找与这些参数相匹配的蛋白质。肽质量指纹图谱比对数据库主要包括 Mascot、PepBank、SignalP、DBAASP 等。Mascot 是一款经典的蛋白鉴定数据库软件，利用 Mascot 软件进行检索时，需要根据样品及仪器的实际使用情况，设置相应的检索参数以限制检索范围。检索参数主要包括检索的数据库 Database、所使用的水解酶、未水解的酶切位点数、固定修饰、可变修饰、蛋白质分子质量上限以及肽分子质量误差范围等。数据库一般采用 NCBI 的非冗余数据库（NCBI NR）；肽分子质量误差范围值设置越小，检出的结果就越少，目标蛋白质的检索得分值与其他蛋白的得分值差距就越大。

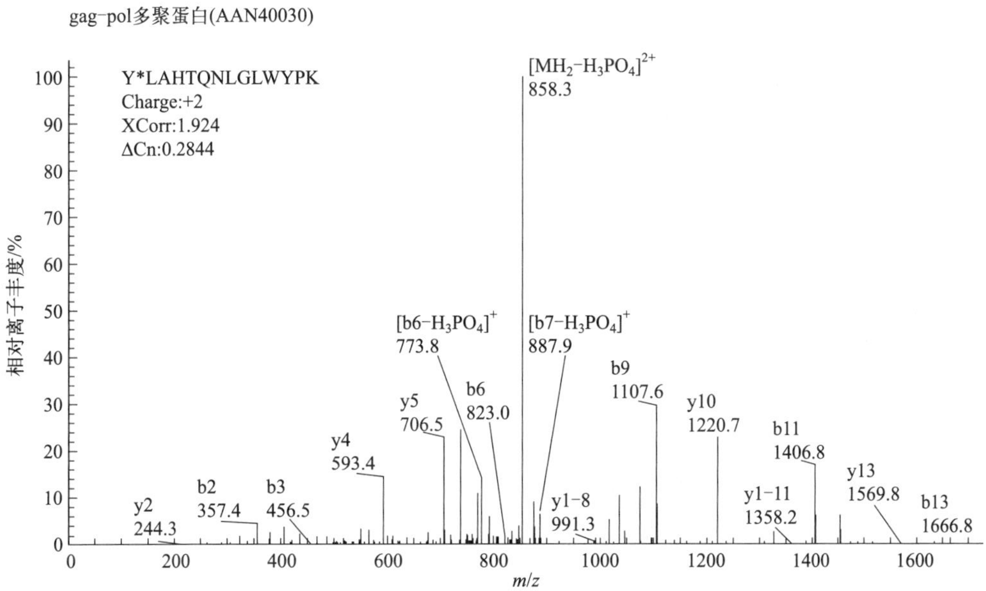

图 9-4　玉米种子萌发胚中鉴定的磷酸肽质谱图

然而，并不是所有的蛋白质都可以用肽质量指纹图谱方法鉴定。蛋白质可能存在的翻译后修饰，电泳过程中某些氨基酸的化学修饰，以及分子量较大蛋白质的酶解肽段过少等原因，都会导致水解肽段的实验值与理论值不符、检索结果不准确。肽质量指纹图谱的成功应用取决于现实情况的完美程度。因此，使用肽质量指纹图谱成功鉴定蛋白质有两个要素：第一，必须能够精确测量肽的质量；第二，必须有精确的蛋白质序列数据库作对照。

二、基质辅助激光解吸电离飞行时间质谱仪（MALDI-TOFMS）检测蛋白质

以 MALDI-TOFMS 为例介绍肽质量指纹图谱检测蛋白质。MALDI-TOFMS 的工作原理是将从 2-DE 胶中分离得到的或其他来源的蛋白质酶解成小肽段后与基质（主要是有机酸）混合，将样品混合物点到金属靶表面上并使之干燥结晶，然后用激光轰击，将呈离子化气体状态的待分析物从靶表面喷射出去。离子化的气体中每个分子带有一个或更多的正电荷，这些气体肽段在电场中被加速后到达检测器的时间由肽段的质量和其质荷比（*m*/*z*）决定。

（1）凝胶处理和消化　将 1mL 枪头在离尖端 5mm 处用刀片切除，做一个打孔器（切口直径 1～2mm），从 2-DE 胶挖取蛋白质凝胶点，并转移到离心管中。分别依次用 100μL 碳酸氢铵缓冲液、乙腈 / 碳酸氢铵缓冲液、HPLC 级乙腈清洗（振荡 15min）凝胶碎片，然后弃上清液。再用离心式蒸发器真空干燥凝胶碎片。经上述洗涤后，凝胶片段在−20℃可以贮存几个星期，可再用于凝胶消化。对于二维凝胶，在凝胶消化之前没有必要进行半胱氨酸残基的还原和烷基化。将凝胶碎片置于冰上，加入 8μL 冷却的消化缓冲液，20min 后，用少量碳酸氢铵缓冲液调整以覆盖凝胶。37℃温育 4h（或过夜）。对于凝胶处理和消化步骤，必须认真处理样品，尽量减少外源性角蛋白（如头发、皮肤、羊毛衣服等）的污染。

（2）多肽片段的提取、浓缩、脱盐　加入 20μL 三氟乙酸（TFA）溶液（超声 15min），提取胰蛋白酶消化产生的多肽片段。上清液保存在 500μL 离心管中，用 20μL 的 3∶2 乙腈 /TFA 液提取（超声 15min），收集上清液。通过真空离心机将上清液浓缩到大约 10μL 的体积。这一步去除乙腈（否则多肽片段将不能固定在疏水色谱介质），并减少体积至合适的范围以便能进行下一步的色谱操作。牢牢固定微量层析柱（ZipTip）在 10μL 的可调移液管上（背压可能很高），用 10μL 的 3∶2 乙腈 /TFA 溶液清洗 ZipTip 5 次，去除清洗液，用 10μL 的 TFA 溶液平衡 ZipTip 5 次，去除清洗液，不用抬高吸管尖头，慢慢吸出和分散 10μL 浓缩上清液 10 次，固定住肽片段。用 10μL TFA 溶液清洗固定的肽（脱盐）4 次。去除清洗液。用 2μL 的 1∶1 乙腈 /TFA 溶液洗脱多肽片段至 500μL 微量离心管中。

（3）MALDI-TOFMS 肽质量指纹图谱

① 目标样本沉积。使用经典干燥液滴法：将 *α*-氰基-4-羟基苯甲酸溶解在 300μL 1∶1 乙腈 /TFA 溶液（超声 10min），离心几秒钟得到上清液，然后取 200μL 上清液加到微量离心管中，并加入相同体积（200μL）的 1∶1 乙腈 /TFA 溶液，配制成获得半饱和的 *α*-氰基-4-羟基肉桂酸溶液。取 0.8μL 消化溶液和 0.8μL 半饱和的 *α*-氰基-4-羟基肉桂酸溶液（基质）加到微量离心管中，快速混合（避免在吸管尖结晶）。取 0.8μL 混合液滴到 MALDI 标基上，其余的 0.8μL 混合液可滴在 MALDI 标基的另一个位置。吸管尖头不要接触到标基。让混合液自然干燥并结晶出来。

② 光谱采集。将标基插入质谱仪中，并在真空中（低于 10^{-6} Torr）稳定。打开高压［最好等待 20min 让电压和温度恒定（焦耳效应）］。调整激光功率（衰减）和标基位置，以便在 700～4000Th 能得到好的信噪比和单一同位素分辨率。先激光发射 10 次，但所得图谱没有多大价值，因为它们通常是小质量分子（基质和 / 或盐）的嘈杂图。激光发射 80～200 次，

获取图谱并进行叠加。在 842.5099Th 和 2211.1046Th 处用水解胰蛋白酶得到离子进行质谱内部校正，保存图谱。

③ 图谱解析。对单一同位素质量可以进行自动指认，但建议应仔细检查这些解析。如果没有对图谱进行平滑处理，可以对所有的初次单一同位素肽段峰进行解析，除了已知的胰蛋白酶产生的峰。在 MALDI 过程中，样品通常与芳香有机物共结晶。这些有机物通常是酸性化合物（基质），主要性质是吸收紫外激发波长（一般为氮激光的 337nm 波长或三倍频率的 Nd: YAG 激光的 355nm 波长）。在解吸过程中，当紫外激光发射时，基质的芳香基团（大量存在，超过 10000∶1）吸收紫外能量，导致基质升华为气态，不使样品分解或解离。电离过程是发生在带电的基质离子和中性的肽片段之间（离子-分子反应）的高浓度、不停扩张和冷却的气相质子交换过程。一旦解吸和电离，TOF 管中的样品加速冲向探测器，它的速度（在固定长度飞行管的 TOF）与 *m/z* 的均方根成正比。用反射镜（静电镜）修正初始动能分布，能提高质量分辨率和质量准确度（具有较大动能的等压离子在反射镜中有更大的路径，在探测器聚焦平面以较低的动能）。延迟或脉冲离子的萃取会纠正初始空间分布，再次提高分辨率和质量准确度（根据离子从源头到分析仪提取开始时的位置，解吸室的等压离子将会加速空间分布）。MALDI-TOFMS 是 PMF 的首选，主要是因为 MALDI-TOFMS 具有一些优势特点：a. 软电离技术（在 MALDI 过程中肽片段能保持完整）；b. 电离方法也适合不同多肽混合物的分析，该方法较耐污染（缓冲液、盐、增塑剂等）；c. 方法灵敏度高（有 MALDI 过程和 TOF 质量分析仪）；d. 良好的分辨率，目前已经超过 15000[全宽，半质量（FWHM）]，在感兴趣的质量范围可检测单一同位素峰；e. TOF 质量分析仪具有很高的质量精度；f. 能快速得到实验数据（图 9-5）。

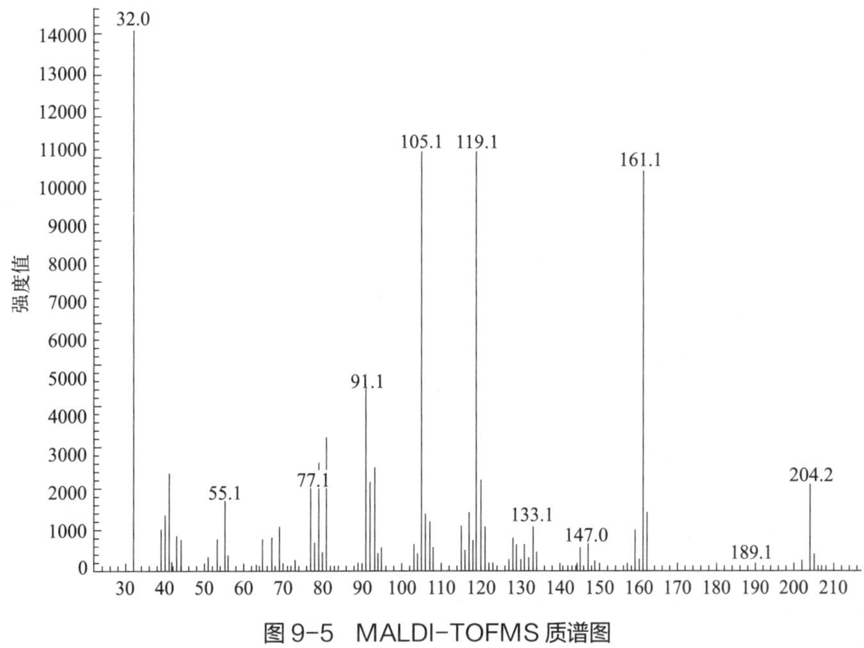

图 9-5 MALDI-TOFMS 质谱图

（4）Mascot 数据库搜索及结果的评价 Mascot（Matrix Science）是非常经典的蛋白鉴定软件，被 Frost & Sullivan 形容为“质谱数据检索的黄金标准”，更新维护速度很快。但是，它是商业软件，是收费的。虽然有在线版本，但仅支持少量谱图检索，只能体验一下。大规模的蛋白质组搜索必须使用它们的服务器。Mascot 数据库支持目前主流的三种检索算法，即

2D-PAGE + MALDI 的 PMF、LC-MS 或复杂 MALDI 的 MS/MS Ion Search，以及 Sequence Query 功能进行分子量和碎片离子信息联合搜索；特有的基于随机匹配概率的打分方法（另一种是经典的 SEQUEST 2 次打分算法），支持标准统计显著性检验分析；整合 FDR 阈值选项及 Percolator 大规模数据检索质量控制算法；可检索各种类型数据库，包括序列库和谱图库，也可自定义；支持几乎所有常用的质谱仪输出的数据格式；支持 Web 浏览器，给出概述性和详细的结果报告。

候选蛋白质的评价有以下几条标准：①分数优于重要临界值；②最优蛋白质与非相关的蛋白质之间差别较大；③所研究物种（或同源性很高的相近物种）的蛋白质为最优蛋白质第一级；④候选蛋白质的分子质量和等电点与二维凝胶数据兼容；⑤良好的质量准确度（最好）或不好的质量准确度（由于校准失败或错误校准问题），但在质量范围内与质量分散具有低的和线性分布的关联；⑥一个裂解的肽段对三个匹配肽段的最大化；⑦ 5 个匹配肽段的最小化；⑧在蛋白质序列和序列覆盖中匹配肽段同质定位。

当面对复杂的质谱数据，特别是当初始搜索未得到结果或存在多个无法匹配的峰时，这通常意味着样品中可能存在多种蛋白质或肽段。为了进一步分析这种情况，可以采取以下策略：①对原始数据进行去噪处理，以消除由于仪器噪音或其他非特异性因素导致的小峰；②基线校正，确保数据没有受到基线漂移的影响；③对数据进行归一化处理，以便不同样本间的数据可以比较；④修改搜索参数，扩大搜索的质量误差范围，考虑翻译后修饰，检查是否有可能遗漏的酶切位点；⑤使用不同的数据库，扩大搜索范围至其他相关物种或综合数据库；⑥多肽混合物分析，考虑使用专门针对复杂混合物的软件工具，如 MaxQuant 或 Proteome Discoverer，使用分馏技术物理分离样品中的不同成分，然后分别进行质谱分析；⑦靶向验证，通过选择性反应监测（SRM）或平行反应监测（PRM）等方法，对关键肽段进行靶向验证；⑧生物学重复，以确认观察到的结果不是由技术变异引起的。

对于那些仍然无法匹配的峰，可能需要更深入地了解它们的来源，比如是否来自污染、非特异性结合或者其他非目标蛋白。在报告结果时，透明地讨论所有假设和结论的局限性。总之，在处理复杂的质谱数据时，重要的是要有系统的方法来优化搜索参数、扩展数据库检索，并采用额外的实验验证步骤，这有助于提高鉴定的准确性和可靠性。

Mascot 数据库搜索结果的评价主要基于以下几个关键因素：①得分（score）；②显著性阈值（significance threshold）；③覆盖度（coverage）；④匹配肽段数量（number of matched peptides）；⑤误差（mass error or delta mass）；⑥其他因素。

在评价 Mascot 数据库搜索结果时，应综合考虑上述各项指标，并结合具体的实验设计和研究目的进行判断。此外，交叉验证多个独立实验的结果或与其他分析方法比较也可以提高结果的可信度。

实际应用中，通常有几十个 *m*/*z* 信号。肽质量指纹图谱软件通常可以将这些信号全部匹配到数据库中的某个条目。然而，考虑到 *m*/*z* 值测量的误差、样本污染以及不可预知的翻译后修饰的存在，并非所有的匹配都指向相同的蛋白质。那如何给配对成功项进行评分来确定哪种蛋白质与数据最相符呢？

最简单的方法是将最高分数分配给那些预测的胰蛋白酶肽与质谱数据中 *m*/*z* 信号配对数量最多的蛋白质。如果我们只搜索一个 *m*/*z* 值，那么可能出现几个蛋白质都会有同样好的匹配度。然而，当我们以更多的 *m*/*z* 值进行搜索时，更多的匹配会对应到某个特定的蛋白质，使该蛋白质的得分高于其他蛋白质。这种简单的方法在处理良好的质谱数据时很有效。不过，这种方法更倾向于将高分分配给更大的蛋白质。如前所述，较大的蛋白质能产生更多的肽，因此，对于较大的蛋白质来说，与其中一种相匹配的概率大于较小的蛋白质。

为了解决这些问题，一些可用的肽质量指纹图谱程序使用更复杂的评分算法。这些算法修正了由于蛋白质大小导致的评分偏差，即上面说到的较大的蛋白质能产生更多的肽。它们还使数据库中较小肽与搜索的 *m/z* 值有更多配对的机会。其中一些算法还基于概率统计来更好地定义蛋白质鉴定的重要性。

三、肽质量指纹图谱技术的优缺点

基于肽质量指纹图谱的蛋白质谱鉴定技术有很多值得推荐的地方。首先，它是蛋白质组学中最接近“高通量”的技术。借助于样品制备、质谱分析和数据简化的自动化，一个系统每天可以完成数百个蛋白质的质谱鉴定。过程中使用的仪器（通常用 MALDI-TOFMS）十分强大、灵敏，对用户很友好。蛋白质和核苷酸序列数据库的快速发展为数据库搜索算法提供了一个更加可靠的平台。搜索算法的改进和复杂统计方法的应用提高了蛋白质鉴定的可靠性。

然而，肽质量指纹图谱用于蛋白质谱鉴定仍有一些局限性。第一，人类和许多其他广泛研究的物种缺乏完整和准确注释的基因组和蛋白质序列数据库，这限制了匹配的质量，即使使用最优秀的质谱数据和软件也无法实现。这种情况日后肯定会得到改善，但在短期内仍然是一个重大限制。第二，高等生物中存在大量高度同源的蛋白质，使区分紧密相关的蛋白质的问题复杂化，这些蛋白质的肽谱高度相似，大大增加匹配的难度。第三，肽质量指纹图谱主要是一种蛋白质鉴定技术。在蛋白质组学的应用中，除了鉴定之外，有关肽序列和肽修饰位点的信息是必不可少的，而我们并不能从肽质量的测量中推断出这些信息。

尽管有这些局限性，肽质量指纹图谱仍然是蛋白质组学实验室中需要掌握的基本技能。基于 MALDI-TOFMS 的肽质量指纹图谱的许多局限性可以通过 ESI 串联质谱克服。

四、肽质量指纹图谱的应用

随着分析化学技术的发展，PMF 因其灵敏度高、稳定性好、样品损失小而被广泛应用于药品真实性鉴定、食品质量控制、人类疾病诊断等各个领域。世界卫生组织和国家药品监督管理局将 PMF 作为一种物质鉴别和过程控制技术，为质量评价提供客观指标。

① 蛋白质鉴定。这是 PMF 最直接的应用。通过对未知蛋白质样本进行胰蛋白酶消化后，使用质谱仪测量产生的肽段的质量，然后将这些质量值与数据库中的理论肽段质量进行对比，以确定蛋白质的身份。

② 蛋白质修饰分析。虽然 PMF 主要用于蛋白质鉴定，但它也可以用来检测一些特定的翻译后修饰（如磷酸化、糖基化等），这通常需要结合其他更详细的技术来确认具体的修饰位点。

③ 蛋白质表达水平的变化研究。在蛋白质组学研究中，PMF 可用于比较不同条件下或不同组织间蛋白质表达水平的差异，帮助理解疾病机制、药物作用机制等。

④ 微生物鉴定。由于其快速且相对简单的特性，PMF 也用于细菌和其他微生物的快速鉴定。通过对微生物蛋白质的特征性肽段进行质谱分析，可以实现快速分类和鉴定。

⑤ 食品科学。在食品科学领域，PMF 可用于验证食品成分的真实性、追踪食品来源以及检测潜在的食物过敏原等。

⑥ 法医鉴定。在法医学中，PMF 技术可用于识别体液或组织样本中的蛋白质，有助于犯罪现场证据的分析和处理。

第三节　质谱技术的应用

质谱技术（MS）作为一种用于分析物质的物理-化学分析方法，通过测量不同质量的离子在电磁场中的运动行为来确定物质的分子量和结构信息。质谱技术具有高灵敏度、高分辨率和快速分析等优点，在生物化学、医学、环境科学、食品安全、刑事科学、材料科学等多个领域中有着广泛的应用。

一、生物医学研究

质谱技术被广泛应用于蛋白质组学、代谢组学、脂质组学等领域。通过对生物样本（如血液、尿液等）进行分析，可以发现疾病标志物，有助于疾病的早期诊断和治疗监测。

① 蛋白质组学。质谱技术是蛋白质组学研究的核心工具之一，它能够对复杂的蛋白质混合物进行分析，识别和定量成千上万种不同的蛋白质。这有助于理解细胞功能、信号转导途径以及疾病状态下蛋白质表达的变化。例如，在癌症研究中，通过比较健康组织与肿瘤组织的蛋白质组差异，可以发现潜在的治疗靶点或生物标志物。

② 代谢组学。质谱技术用于检测生物样本（如血液、尿液等）中的小分子代谢产物，帮助科学家们了解细胞代谢过程及其中发生的改变。这对于研究疾病的病理机制、寻找早期诊断标志物以及评估药物治疗效果非常重要。例如，利用质谱技术可以分析糖尿病患者血液中的代谢产物变化，以揭示该病的发病机制。

③ 脂质组学。脂质作为生物膜的重要组成部分和细胞间信号传递的媒介，其在生理和病理过程中的作用越来越受到重视。质谱技术能够高效地分离和鉴定复杂生物样本中的脂质分子，为深入研究脂质代谢及其与疾病的关系提供了强有力的支持。

④ 蛋白质翻译后修饰的研究。许多蛋白质需要经过翻译后修饰（如磷酸化、乙酰化等）才能发挥其生物学功能。质谱技术可以通过特异性酶解和富集策略，精确地定位这些修饰位点，并量化不同状态下的修饰水平，这对于理解蛋白质的功能调控具有重要意义。

⑤ 生物标志物的发现与验证。通过对比正常与疾病状态下生物样本的质谱图，研究人员可以发现一些特定的分子标志物，这些标志物可能用于疾病的早期诊断、预后评估或疗效监测。

二、药物开发与药代动力学

质谱技术在药物研发过程中扮演重要角色，包括药物发现、药物代谢途径研究、药物动力学分析等。通过定量分析药物及其代谢产物在体内的浓度变化，帮助研究人员了解药物的作用机制和体内过程。

① 药物发现阶段。靶点验证和先导化合物筛选：质谱可以用于确定潜在的药物靶点，以及评估先导化合物对这些靶点的有效性。通过检测生物样本中的特定蛋白质或代谢产物的变化，研究人员能够快速筛选出具有潜力的药物候选物。

② 药物代谢研究。质谱技术可用于鉴定和定量分析药物及其代谢产物，帮助了解药物在体内的代谢途径。这对于优化药物设计、减少副作用非常重要。并且通过结合使用抑制剂或基因敲除技术，质谱可以帮助识别参与药物代谢的具体酶。

③ 药代动力学研究。吸收、分布、代谢、排泄（ADME）研究：质谱技术因其高灵敏

度和选择性，成为进行 ADME 研究的理想工具。它能够精确测量药物及其代谢产物在不同生物基质（如血液、尿液等）中的浓度变化，从而提供关于药物体内过程的关键信息。

④ 生物利用度和生物等效性测试。在新药研发过程中，质谱技术常被用来比较不同制剂的生物利用度，或者在仿制药开发时验证其与原研药的生物等效性。

⑤ 毒性研究。质谱技术能够检测和量化可能由药物引起的毒性反应相关的生物标志物，为评估药物的安全性提供科学依据。

⑥ 个性化医疗。随着精准医学的发展，质谱技术也被用于个性化治疗方案的设计。例如，通过分析患者的基因表达谱或代谢特征来预测药物响应情况，从而指导更有效的治疗策略。

⑦ 临床试验支持。在临床试验期间，质谱技术可用来监测药物暴露水平，确保剂量准确性和安全性，并支持疗效评价。

三、环境科学

质谱技术可用于检测和量化环境中存在的微量污染物，如农药残留、重金属、持久性有机污染物等。这有助于评估环境污染水平并采取相应的治理措施。

① 污染物监测。持久性有机污染物（POPs）包括多氯联苯（PCBs）、二噁英、呋喃等，这些物质由于其稳定性和生物累积性，对生态系统和人类健康构成威胁。质谱技术能够高灵敏度地检测这些化合物的存在。

② 农药残留。质谱可用于分析农产品、土壤和水体样本中的农药残留量，确保食品安全并评估环境污染程度。

③ 重金属和其他无机污染物。通过与原子吸收光谱或电感耦合等离子体质谱（ICP-MS）结合使用，可以准确测定样品中的金属浓度。

④ 空气质量管理。质谱技术可用于实时监控大气中的挥发性有机化合物（VOCs）、颗粒物成分以及其他有害气体，这对于了解空气污染源及其对人体健康的影响至关重要。

⑤ 水质分析。在水源保护和废水处理方面，质谱被用来检测水中微量的有机污染物、药物和个人护理产品（PPCPs），以及追踪新兴污染物如微塑料和纳米材料。

⑥ 土壤污染评估。用于评估土壤中有机污染物（如石油烃类、农药等）和重金属污染状况，有助于制定土壤修复策略。

⑦ 生态风险评估。质谱技术帮助科学家们研究污染物在生态系统中的迁移转化规律，评估它们对生物体及整个生态系统可能造成的危害。

⑧ 气候变化研究。在一些情况下，质谱还被应用于温室气体排放监测，以支持全球气候变化研究和政策制定。

四、食品安全

在食品行业，质谱技术用于检测食品中的添加剂、污染物、毒素，以及验证食品的真实性与来源。这对于保障公众健康和维护食品市场的诚信至关重要。

① 农药残留检测。质谱技术可以用于检测水果、蔬菜和其他农产品中的农药残留量。通过与气相色谱（GC）或液相色谱（LC）联用，能够精确测定多种农药的含量，保证其不超过安全标准。

② 兽药残留分析。对于肉类、奶制品等动物源性食品，质谱技术可用于检测抗生素、激素等兽药残留，以防止这些物质对人体健康造成潜在危害。

③ 霉菌毒素检测。一些真菌产生的有毒次级代谢产物如黄曲霉毒素等，可以通过质谱技术进行高效准确的检测，保障谷物、坚果等食品的安全。

④ 食品添加剂和污染物监测。包括非法添加物（如三聚氰胺）、重金属、多环芳烃（PAHs）、丙烯酰胺等有害成分的检测，都是质谱技术的重要应用场景。

⑤ 过敏原标识验证。对于需要标注过敏原信息的产品，质谱可以帮助确认标签信息是否准确反映了产品中实际存在的过敏原成分。

⑥ 食品真实性与溯源。利用稳定同位素质谱技术，可以对食品的地理来源、生产方式（有机 vs 常规）等进行鉴定，打击食品欺诈行为。例如，葡萄酒、蜂蜜、橄榄油等高端产品的真伪鉴别。

⑦ 营养成分分析。除了安全性评估外，质谱技术还能用于食品营养价值的研究，比如维生素、矿物质、脂肪酸等成分的定量分析。

⑧ 微生物污染检测。尽管传统上细菌和其他病原体主要通过培养方法来检测，但现代质谱技术如基质辅助激光解吸电离飞行时间质谱法（MALDI-TOF MS）已经能够在短时间内识别出复杂的微生物群落组成，为食品安全提供了新的工具。

五、材料科学

质谱技术也被应用于材料成分分析、表面分析和薄膜分析等方面，帮助科学家们深入理解材料的组成和性质，促进新材料的研发。

① 成分分析。质谱技术可以精确地确定材料的化学组成，包括元素种类和同位素比例。这对于了解材料的基本性质及其性能至关重要。例如，二次离子质谱（SIMS）能够提供样品表面及亚表面层的成分信息，对于半导体材料的研究特别有用。

② 表面分析与深度剖析。为了研究材料表面特性或进行涂层质量评估，质谱技术如X射线光电子能谱（XPS）结合氩离子刻蚀可实现对材料表面至深层的逐层成分分析。此外，飞行时间二次离子质谱（TOF-SIMS）能够提供高分辨率的表面成分图像，并且可以进行深度剖析以揭示成分随深度的变化情况。

③ 薄膜分析。在薄膜材料研究中，质谱技术被用来测定薄膜的厚度、均匀性及其成分。例如，在沉积过程中实时监控膜层生长速率和成分变化，有助于优化制备工艺参数，提高产品质量。

④ 气体分析与环境控制。在材料合成过程中，质谱技术可用于监测反应气氛中的气体成分及其浓度变化，确保反应条件的稳定性和重复性。特别是在高温高压条件下工作的材料研究中，如超硬材料、耐火材料等，了解气体环境对材料性能的影响是至关重要的。

⑤ 动态过程研究。通过原位质谱技术，可以在实际操作条件下观察材料内部发生的物理和化学变化，比如热处理、腐蚀过程、催化反应等。这有助于深入理解材料的行为机制，并指导新材料的设计与开发。

⑥ 同位素标记研究。利用特定同位素标记方法结合质谱分析，可以追踪材料内部原子或分子的迁移路径，研究扩散行为、相变过程等动力学现象。

⑦ 失效分析。当材料发生故障时，质谱技术可以帮助识别失效的原因，比如检测腐蚀产物、杂质含量或是由于制造缺陷引起的局部成分偏析等问题。

六、法医鉴定

在法医学领域，质谱技术可用于毒物分析、毒品检测、爆炸物残留分析等，为法律案件提供科学证据。

① 毒物和药物检测。质谱技术能够精确地识别和量化生物样本（如血液、尿液、组织）中的药物、毒物及其代谢产物。这对于确定死因是否与中毒或滥用药物有关至关重要。例如在怀疑药物过量致死的案件中，质谱可以用来确认是否存在致命剂量的特定药物。

② 爆炸物残留分析。在涉及爆炸事件的调查中，质谱可以帮助检测和分析现场收集到的样品中的爆炸物残留，为案件关联提供科学依据。气相色谱-质谱联用（GC-MS）等技术特别适合于这类复杂混合物的成分分析。

③ 火灾残留物分析。通过分析火灾现场采集的材料中的挥发性有机化合物，质谱技术有助于区分是意外火灾还是人为纵火。某些特定化学物质的存在可能指示使用了助燃剂。

④ 枪弹残留物分析。当涉及枪击案件时，质谱可用于分析从受害者或嫌疑人手上采集到的微小颗粒，以确定这些颗粒是否来自枪支发射后的残留物。

⑤ 身份鉴定。虽然 DNA 分析是目前最常用的身份鉴定方法，但在某些情况下，质谱也可以通过对蛋白质或多肽标记物的分析来辅助进行个体识别，特别是在处理高度降解或受损的生物样本时。

⑥ 法医病理学研究。质谱技术可用于研究疾病对身体的影响，帮助确定死亡原因，并为司法程序提供科学支持。比如，在一些慢性病导致死亡的案例中，质谱可以揭示体内异常代谢产物的积累情况。

思考题

一、选择题

1. 质谱仪的构成，主要有（　　）
   A. 进样系统　B. 离子源和质量分析器
   C. 检测器　D. 数据处理系统
2. 以下说法正确的是（　　）
   A. U/V 越大，离子的选择精度越高　B. U/V 越大，仪器的解析能力越弱
   C. U/V 越小，离子通过的数量越少　D. 调整 U/V 比值来选择离子的质量
3. 肽质谱指纹图谱的应用有（　　）
   A. 蛋白质鉴定　B. 微生物鉴定　C. 食品科学　D. 法医鉴定

二、名词解释

1. 串联质谱
2. 肽质量指纹图谱

三、简答题

1. 简述质谱技术的原理和概念。
2. 简述质谱法的基本过程。
3. 简述质谱仪的主要性能指标。
4. 简述肽质量指纹图谱技术的优缺点。

第十章

转基因及基因编辑的检测

知识目标 1. 掌握转基因及基因编辑检测技术。
2. 熟悉植物和动物的转基因技术以及基因编辑技术原理。
3. 了解细菌的转化技术及原理。

能力目标 1. 熟练规范操作主流转基因及基因编辑检测技术，掌握检测流程中的关键质控要点。
2. 根据样品类型（细菌/植物/动物）、检测需求（定性/定量、筛查/鉴定）选择适配的检测技术，精准解读检测数据与结果，具备初步排查检测过程中常见问题的能力。
3. 熟练掌握细菌转化技术和关键操作步骤。

思政目标 1. 立足粮食安全、生物医药等国家战略需求，结合转基因及基因编辑技术产业化发展背景，引导学生认识高效精准检测技术对规范产业发展、保障生物安全、维护国家知识产权的关键支撑作用，培养学生专业自信、创新意识与科技报国的家国情怀。
2. 围绕技术应用中的生物安全、生态风险与伦理规范等核心议题，培养学生辩证看待科技进步的理性思维，树立正确的科学观，强化技术应用中的合规意识与社会责任担当。
3. 结合我国在转基因及基因编辑检测领域的技术创新与产业实践，激发学生的专业自信与创新精神，引导其树立科技报国志向，助力我国在生物育种、生物医药等关键领域核心技术自主可控。

第一节 细菌的转化技术

作为转基因与基因编辑技术的基础核心操作，细菌转化技术为外源基因的克隆、扩增与功能验证搭建了关键平台，是分子检测领域不可或缺的入门技术。从早期的自然转化现象的发现，到如今标准化的人工转化流程，这一技术的发展直接推动了外源基因导入与后续检测体系的建立。

一、细菌转化的原理

细菌的转化主要指通过其细胞膜摄取周围供体的 DNA 片段，并将此外源 DNA 片段通过重组整合到自身基因组，从而获得了相应的遗传现象。细菌转化的第一步是使供体 DNA 与受体细胞接触并发生相互作用。该过程受很多因素的影响，比如供体 DNA 片段的大小、形态、浓度和受体细胞的生理状态等。

并非所有的外源 DNA 片段都适合细菌转化，研究表明只有双链，而且相当大的外源 DNA 片段才能够实现转化。对某一个特定基因来说，供体 DNA 分子数目与细胞转化率直接相关。研究表明，从一个抗链霉素细菌菌株中提取 DNA，转化链霉素敏感的细胞，若 DNA 分子数在 10 个以内，抗性转化子的数目与供体 DNA 分子数目成正比。这是由于在细菌的细胞壁或细胞膜上有一定数量的 DNA 接受位点，当它们达到饱和状态后，即便再提高 DNA 分子数目也不能再提高转化效率。此外，并非所有的细菌细胞都能实现转化过程，能够被转化的细菌必须在生理上处于感受态（competence），即必须具有表面蛋白（也称为感受态因子）。这种表面蛋白在摄取外源 DNA 的能量需求反应中与外源 DNA 片段相结合，细胞才能接受外源 DNA 片段，从而实现转化。

细菌的转化过程包括供体 DNA 与受体位点的结合（binding）、供体 DNA 由双链向单链的转变（conversion）、单链供体 DNA 的穿入（penetration）、单链供体 DNA 片段与受体染色体之间的联会（synapsis）与整合（integration）、被整合的供体基因在转化细胞中的表达（expression）。

（1）结合。当细菌处于感受态时，外源 DNA 分子可结合在受体细胞表面的受体位点上。最初的这种结合是可逆的，可被 DNA 酶降解或被冲洗掉，但这个可逆阶段时间很短，一般只有 4～5s。一旦受体细胞上的受体位点饱和后，将阻止其他外源 DNA 的结合。

（2）穿入。稳定结合在受体位点上的双链供体 DNA，由外切酶或 DNA 移位酶降解其中的一条，并利用降解这条链产生的能量，将另外一条 DNA 单链拉进细胞中，这个过程是不可逆的。此时，供体 DNA 不会再受到培养基中 DNA 酶的破坏。

（3）联会。供体的单链 DNA 片段一旦穿入细胞，即各个不同位点将与其相应的受体 DNA 片段联会。联会也可以发生在异种 DNA 之间，这主要取决于种间亲缘关系的远近。亲缘关系愈近，联会的可能性愈大，转化的可能性也大，反之则小。

（4）整合。整合是指单链的供体 DNA 与受体 DNA 对应位点的置换，从而稳定地渗入到受体 DNA 中，整合或 DNA 重组对同源 DNA 具有特异性。

二、细菌转化的方法与步骤

目前有很多细菌转化的方法，包括物理、化学和生物方法。这些方法通常涉及利用瞬时转化或稳定转染技术将外源 DNA 导入细胞中。

瞬时转化技术涉及将 DNA 引入细胞，但在该方法中，DNA 不与细胞染色体整合。该技术具有较高的转染效率，并且可在 1～4 天后分析基因转录。稳定转染技术涉及将转染的 DNA 整合到细胞染色体中或形成附加体。随后可以使用可选择标记鉴定稳定转染的细胞，这些标记包括二氢叶酸还原酶（DHFR）、潮霉素 B 磷酸转移酶（HPH）和腺苷脱氨酶（ADA）等。常用的转化方法包括 Ca^{2+} 诱导、电穿孔和病毒转化。另外，这些方法可用于共转化，将两种不同的核酸同时输送到同一细胞中，并且通常用于实现稳定转化。

1. Ca^{2+} 诱导的转化

在低温 $CaCl_2$ 低渗溶液中，Ca^{2+} 与细菌外膜磷脂形成液晶结构，促使细菌细胞外膜与内膜间隙的部分核酸酶解离开来，诱导大肠杆菌形成感受态。当42℃热激时，细胞膜的液晶结构发生剧烈扰动，胞膜出现间隙，为DNA分子进入细胞提供了通道。该技术操作简单，重复性较好，但影响因素也较多，很容易导致实验失败，如细菌的生长状态、热激的时间等。

2. 电穿孔转化

该方法将细胞膜暴露于高强度电脉冲，导致细胞的某些区域暂时失去稳定性，在这种瞬间失稳期间，细胞膜变得高度可渗透并允许各种外源分子进入。电穿孔是一种简单的非化学技术，可以在各种细胞类型中产生高转化效率。尽管该方法不改变靶细胞形态和功能，但如果不在最佳条件下进行转化，该方法可导致细胞死亡。

3. 病毒转化

该方法使用病毒载体将核酸输送到细胞中。诸如慢病毒、腺病毒和肿瘤逆转录病毒载体等病毒递送系统，即使在复杂细胞中，也可转化核酸。尽管病毒递送方法非常有效，但可能相当耗费人力。此外，大多数病毒需要控制和仔细监测生物安全水平。在进行病毒转染之前，考虑几种限制因素也很重要，例如病毒载体的裂解性质、细胞系包装和宿主细胞特异性。

第二节　植物的转化技术

植物转化技术是连接基因工程与作物改良的核心桥梁，更是转基因植物分子检测的重要前提。与细菌转化的便捷不同，植物细胞的细胞壁结构、分化特性等为外源基因的稳定导入与表达带来了独特挑战，也催生出多样化的转化技术体系。植物转化技术分为两大类：一类是间接转化法，主要指农杆菌介导转化法；另一类是直接转化法，包括基因枪转化法、电激法、花粉管通道法以及PEG转化法。

一、间接转化法——农杆菌介导转化法

根癌农杆菌介导的植物转化技术凭借其转化效率高、外源基因整合稳定等优势，成为转基因植物研发中应用最广泛的核心技术之一，也是应用成功案例最多的植物转基因方法，为后续转基因产品的分子检测提供了关键的技术基础。

1. 根癌农杆菌介导（ATMT）的转化原理

野生型根癌农杆菌能将自身含有激素合成基因的DNA，转入植物细胞并与其染色体整合完成转化。农杆菌能在一定条件下趋化性地感染植物的受伤部位，并诱导产生冠瘿瘤或发状根。根癌农杆菌和发根农杆菌中细胞中分别含有Ti质粒和Ri质粒，其上有一段T-RNA，农杆菌通过侵染植物伤口进入细胞后，可将T-DNA插入到植物基因组中，并且稳定地遗传给后代。

2. 根癌农杆菌介导（ATMT）转化的步骤

根癌农杆菌介导（ATMT）的转化操作步骤：①诱导目标植物外植体；②构建含有目的基因的质粒；③质粒导入合适的农杆菌菌株中及该菌株活化；④植物愈伤组织的微伤口处理及农杆菌浸染；⑤共培养及脱菌处理；⑥愈伤组织筛选、分化与植株再生；⑦再生植株及其

后代的外源基因及其表达产物的分子检测；⑧转基因 T1 代的目标性状鉴定。

3. 根癌农杆菌介导（ATMT）转化的特点

该方法操作简单、周期短、转化效率高、方法成熟可靠，且基因沉默现象少、转育周期短、转化片段较大且插入片段明显。但是农杆菌在自然条件下只侵染双子叶植物，限制了其在禾谷类植物中的应用，同时在实验设计阶段需要考虑的因素较多。

二、直接转化法

（一）基因枪法

又称微弹轰击法。基因枪法作为一种无宿主依赖性的物理转化技术，打破了农杆菌介导转化对受体植物的物种限制，成为单子叶植物、裸子植物等难转化物种转基因研发的核心手段，也为相关转基因产品的分子检测提供了独特的技术背景。

1. 基因枪法的原理

基因枪法是将外源 DNA 黏附在微小的金粒或钨粒表面，然后利用基因枪产生的高压动力冲击波将包裹外源 DNA 的重金属颗粒射穿植物细胞壁和细胞膜，微粒上的外源 DNA 进入细胞后，整合到植物染色体上，继而表达，从而实现基因的转化。基因枪技术已成功应用在烟草、水稻等许多农作物的品种改良上，并且该技术还被应用到瞬时表达研究和培育稳定的转基因植株等研究领域。

2. 基因枪法的步骤

利用基因枪法转化的操作步骤：①诱导目标植物外植体；②构建含有目的基因的表达质粒；③重金属颗粒包被；④植物愈伤组织的微伤口处理；⑤轰击；⑥愈伤组织筛选、分化与植株再生；⑦再生植株及其后代的外源基因及其表达产物的分子检测。

3. 基因枪法的特点

该方法操作简单、转化时间短、数量大，同时对受体植物几乎没有要求，可转化较大基因片段。但是基因枪法不利于外源 DNA 稳定表达和遗传，后代突变率高，转化率低，最重要的是设备昂贵。

（二）花粉管通道法

花粉管通道法是一种基于植物自然受精过程的原位转化技术，以其操作简便、无需复杂组织培养体系、能保持受体植物遗传背景稳定性等独特优势，在农作物转基因改良中占据重要地位，也为相关转基因产品的分子检测提供了特殊技术背景。

1. 花粉管通道法的原理

在植物授粉时的特定时期，将含目的基因的 DNA 溶液涂于柱头上，利用植物在开花、受精过程中形成的花粉管通道，将外源 DNA 导入受精卵，并进一步整合到受体细胞的基因组中，随着受精卵的发育而成为含转基因的新个体。

2. 花粉管通道法的步骤

利用花粉管通道法转化的步骤：①制备目的基因；②依据受精后，花粉管形成情况和精卵细胞融合时间，确定最佳时间，导入外源 DNA；③转化种子及其后代的外源基因及其表达产物的分子检测。

3. 基因枪法的特点

该方法数量大，对受体植物无种类要求，无组织培养过程，耗时短。但其受自然条件限制，可重复性较差。

（三）电激转化法

电激转化法作为一种高效的物理转化技术，凭借其无物种特异性、操作快速且外源基因片段大小限制宽松等优势，成为植物、微生物等多类受体的重要转化手段，也为相关转基因/基因编辑产品的分子检测提供了关键技术背景。

1. 电激转化法的原理

电激法是以原生质体或者完整的细胞为受体的转化方法，利用高压电脉冲作用，使受体细胞表面出现可逆的、一定时间内可以修复的瞬间通道，使外源 DNA 进入受体细胞从而完成转化。

2. 电激转化法的步骤

利用电激转化法转化的具体步骤：①利用纤维素酶和果胶酶处理植物细胞获得原生质体；②构建含有目的基因的表达质粒；③混合入电击缓冲液；④ 12kV，3～25uF 电击；⑤愈伤组织筛选、分化与植株再生；⑥再生植株及其后代的外源基因及其表达产物的分子检测。

3. 电激转化法的特点

该方法不受宿主限制，操作简单。但是周期太长、转化效率低，同时设备昂贵。此外，最大的问题是该方法仅限于由原生质体再生出植株的植物。

（四）PEG 介导转化法

PEG 介导转化法作为一种经典的化学转化技术，凭借操作温和、成本低廉、无需特殊仪器设备等优势，成为原生质体转化的核心手段，在植物基因工程及基因编辑研究中发挥着重要作用，也为相关产品的分子检测提供了关键技术背景。

1. PEG 介导转化法的原理

高浓度的 PEG 具有极强的亲水性，能够吸附溶液中的自由水分子，使细胞膜之间或 DNA 与细胞膜之间形成分子桥，促使相互间的接触和粘连从而导入外源基因。同时，由于其本身带有许多正电荷，可以引起膜表面电荷紊乱，干扰细胞识别，也有利于细胞膜间的融合和外源 DNA 进入原生质体。

2. PEG 介导转化法的步骤

PEG 介导转化法转化的具体步骤：① PEG 的配制；②原生质体制备；③调节质粒的浓度，加入原生质体和 PEG，室温放置；④加入 W5 solutio 稀释；⑤离心收集原生质体；⑥外源基因及其表达产物的分子检测。

3. PEG 介导转化法的特点

操作流程相对简便，无需复杂的细胞预处理或载体构建步骤，转化周期短，可快速实现基因导入，具有较高的应用前景。虽无宿主依赖性，但是其需要原生质体，所以对环境的要求高。存在一定局限性，如微弹可能对细胞或胚胎造成物理损伤，影响细胞存活或胚胎发育效率；外源基因整合随机性较强，可能导致表达不稳定或插入突变风险。

第三节　动物的转基因技术

动物转基因技术是基因工程与生物医药、农业育种、疾病模型构建等领域交叉融合的核心技术，不仅为基因功能研究、人类疾病机制解析提供了重要工具，也催生了转基因动物产品的研发与应用，同时对相关产品的分子检测提出了特异性要求。与植物转基因技术不同，动物转基因技术需适配动物细胞的生理特性、胚胎发育规律等独特特征，形成了逆转录病毒感染法、DNA 显微注射法、基因打靶技术、精子载体法、体细胞核移植等多样化技术体系。

一、逆转录病毒感染法

1. 逆转录病毒感染法的原理

逆转录病毒是 RNA 病毒，当其进入细胞后，会在逆转录酶的作用下，其单链 RNA 可以逆转录为双链 DNA，然后整合到宿主细胞的染色体上并长期稳定表达。逆转录病毒的长末端重复序列（LTRs）具有转录启动子的活性，将外源基因连接到 LTRs 下部，再包装为病毒颗粒，直接感染受精卵或注射到囊胚腔中，含有外源基因的逆转录病毒的 DNA 就可以被整合到宿主的染色体中。

2. 逆转录病毒感染法的特点

这种方法的优点是：逆转录病毒能感染分裂细胞和静止细胞，不易诱发宿主免疫反应；感染率和整合率高，对技术要求不高；外源基因多属单拷贝整合；宿主范围广等。但这种方法也有其缺点：逆转录病毒载体容量有限，要求导入的外源基因大小小于 10kb；同时逆转录病毒 DNA 可能随外源基因一起整合到宿主染色体上，干扰外源基因表达；逆转录病毒本身存在致癌作用，安全性有隐患；外源基因进入生殖系统较困难，得到的转基因动物大多为嵌合体。

二、DNA 显微注射法

1. DNA 显微注射法的原理

显微注射法是制备转基因动物最早使用的方法，该方法由 Gorden 等于 1980 年建立。利用 0.1～0.5μm 的玻璃微量注射针直接将外源重组 DNA 注射到受精卵原核中，使外源基因与宿主基因组发生融合，体外培养受精卵并将其移植到受体动物子宫内发育。研究人员用此方法成功制备转基因动物。

2. DNA 显微注射法的特点

这种方法的优点是：对于外源基因的大小没有特别限制；整合率较高。但这种方法仍存在缺点：首先，需要昂贵的精密设备，操作技术需要长时间的练习，以及每次只能注射有限的细胞；其次，显微注射技术存在一定难度，整合位点较随机，不利于研究基因的具体结构、功能和表达调控。

三、基因打靶技术

1. 基因打靶技术的原理

胚胎干细胞是从胚胎中分离得来的原始的未分化细胞，具有分化的多潜能性。胚胎干细胞被注射入囊胚后可以参与受体动物包括生殖腺在内的各种组织的嵌合体的形成，在体外改造胚胎干细胞基因组的过程中，可以使其直接或间接发育成整个个体。这种技术基于同源重组的原理，将外源 DNA 定点整合到靶细胞的特定基因座上，从而对动物基因组进行精细修饰和改造。

2. 基因打靶技术的特点

这种方法的优点是：整合位点专一性较强，能克服随机整合的盲目性；表达水平高；打靶后目的片段可以稳定遗传。但这种方法仍存在缺点：基因打靶的效率太低；产生的串联重复序列稳定性低，可能自发进行二次同源重组；某些基因被敲除后，会对动物产生不良影响，甚至致死；敲除的基因功能往往是未知的，要进一步考虑基因打靶技术优化；目前一些动物的干细胞系没有完全建立好，应用受到限制。

四、精子载体法

1. 精子载体法的原理

精子载体法在转基因过程中利用精子作为外源 DNA 导入受体细胞的载体。该方法先将成熟的精子与外源 DNA 进行培养，使精子获得携带外源 DNA 的能力，将外源 DNA 带入卵细胞中完成受精，将外源 DNA 整合到染色体中。

2. 精子载体法的特点

这种方法的优点是：精子与卵细胞之间的自然融合过程可减少人为机械操作而给胚胎带来的损伤；整合率较高；操作简便高效，无需复杂仪器设备或精细显微操作技术，可通过体外孵育、体内受精等简单流程实现基因递送，技术门槛低。但这种方法仍存在缺点：整合不够稳定，受精子活力、孵育条件等多种因素影响，不同物种、个体间的转化效率差异较大；不同体系的研究不够充分，适用范围存在局限；对精子质量要求较高，活力低下或受损的精子难以有效携带外源基因，且部分物种的精子对基因吸附能力较弱。

五、体细胞核移植法

1. 体细胞核移植的原理

体细胞核移植法是将外源基因导入动物体细胞而作为核供体，将核移植到去核未受精的成熟卵母细胞，对其进行激活，再将发育得来的胚胎移入代孕雌性动物进行转基因动物制备的方法。

2. 体细胞核移植的特点

这种方法的优点是：转基因动物制备效率高；得到的动物个体绝大多数与供核亲本一

致，可以保持亲本的优良性状。但这种方法仍存在缺点：体细胞的分化程度高，恢复全能性困难；过程复杂，对仪器设备要求高；细胞培养的代数有限；转基因家畜作为食品的安全性问题存在争议。

六、动物转基因技术的基本步骤

转基因动物的制备在技术上大体包括几个步骤：①载体的构建；②介质细胞的获得和培养；③ DNA 的导入；④正确重组细胞克隆的筛选；⑤将介质细胞参与个体发育，通过受精卵本身发育，或胚胎干细胞经显微操作技术注射进囊胚形成嵌合胚胎，或体细胞经显微操作技术进行核移植形成重构胚胎，然后移植进代孕动物子宫发育成个体；⑥个体的交配繁殖与稳定。不同方法的这些环节可能有不同。

第四节 基因编辑

在 20 世纪末期，科研人员首次观察到 DNA 双链断裂会激活细胞自身的修复机制。细胞主要通过两种途径修复这种损伤：同源重组修复（HDR）和非同源末端连接（NHEJ）修复。这些修复过程可以被利用来精确修改基因序列，包括引入特定碱基变化、替换基因片段或产生插入缺失突变。随着分子生物学的进步，科学家开发出了三类革命性的基因编辑工具：锌指核酸酶（ZFN）、转录激活因子样效应核酸酶（TALEN）以及 CRISPR/Cas 系统。

这些突破性的基因编辑工具都具有两个关键组成部分：能够切割 DNA 链的核酸酶和负责识别特定 DNA 序列的定位结构域。当这些工具在目标 DNA 位点制造双链断裂后，细胞会启动 NHEJ 或 HDR 修复机制。值得注意的是，不同编辑工具的序列识别方式各有特点：ZFN 和 TALEN 通过蛋白质结构域识别 DNA，而 CRISPR/Cas 系统则利用 RNA 与 DNA 的碱基配对原理实现精准定位。这些技术的出现显著提升了基因操作的精确度和效率。本节将详细探讨 DNA 修复的分子机制，并深入分析 ZFN、TALEN 和 CRISPR/Cas 三大基因编辑技术的结构特征、工作原理及其实际应用价值。

一、基因编辑与 DNA 的损伤修复

DNA 分子在多种内外因素作用下会发生结构损伤，包括细胞内代谢副产物（如活性氧自由基）以及外界环境因素（紫外线、电离辐射等）都可能引发 DNA 单链或双链的断裂。现代基因工程技术中的 ZFN、TALEN 和 CRISPR/Cas 系统正是通过在特定位置诱导双链断裂来实现精确的基因组修饰。为维持遗传信息的稳定性，细胞进化出了完善的修复系统，主要通过两种机制应对这种损伤。

在真核细胞中，非同源末端连接（NHEJ）是最常见的修复途径，这种机制通过直接连接断裂末端来完成修复。然而，这种修复方式往往不够精确，容易导致碱基的随机插入或缺失，甚至可能引发染色体结构变异。这些改变可能造成基因阅读框移位或转录提前终止等后果。相比之下，同源重组修复（HDR）则能实现更高保真度的修复。基于这一原理，研究人员设计了包含同源序列的外源 DNA 模板（单链或双链），当这些模板被导入细胞后，细胞会以其为参照进行精确修复，从而实现目标基因的替换、插入或敲除等定向修饰。这种利用

细胞自身修复机制实现基因编辑的技术，为精准基因组操作提供了重要手段。

二、基因编辑技术

（一）锌指核酸酶技术

1984 年科学家们在非洲爪蟾的转录因子中发现锌指蛋白，后来经过人工改造并连接上核酸内切酶后发展为基因工程编辑工具，即锌指核酸酶。

1. 锌指核酸酶的结构及作用机制

ZFN 由两部分组成：一部分是重复的锌指蛋白（zine finger protein，ZFP），用于识别和结合特定的基因序列；另一部分是 *Fok* Ⅰ核酸内切酶，可以通过二聚体化特异性地切割目的基因，并且可以切割真核基因组的任何识别序列。每个锌指（zinc finger，ZF）由 3～4 个锌指蛋白组成，可识别 9～12 个碱基，也可以由 4～6 个锌指蛋白构成识别 12～18 个碱基的序列，可高度特异性地识别人类基因组的任何基因序列。每一个锌指蛋白的识别区域由重复的 Cys2-His2 序列串联组成，每个锌指蛋白有 30 个氨基酸，形成 α-β-β 二级结构，其中 DNA 大沟的 3 个核苷酸可以与 α-螺旋表面的几个氨基酸结合。α-螺旋中的−1～+6 位的氨基酸决定了该锌指蛋白特异识别的三联子的序列，+4 位的氨基酸一般是亮氨酸（图 10-1）。

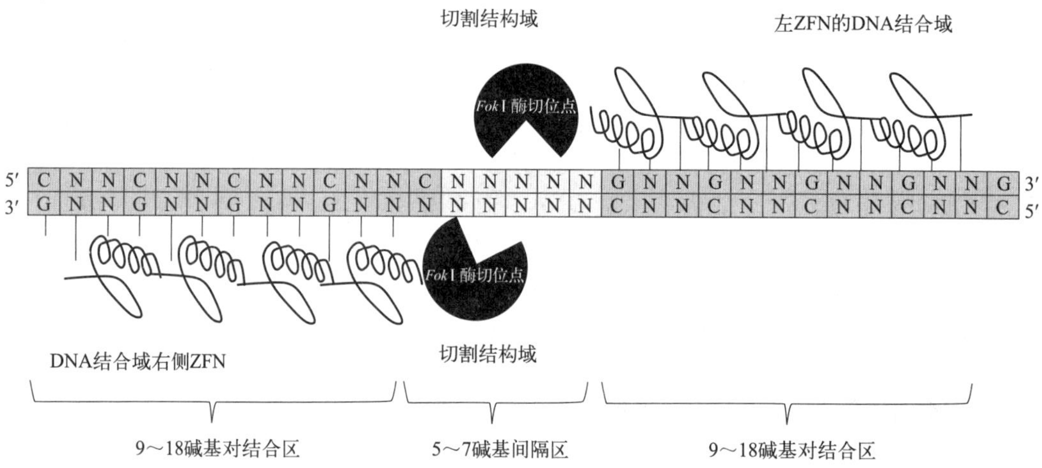

图 10-1　ZFN 的原理

锌指分子由一个锌指 DNA 结合结构域和 *Fok* Ⅰ核酸酶组成。一个 ZFP（锌指蛋白）可以识别三个核苷酸。两个 ZFN 以尾对尾方向与目标结构域结合，两个 *Fok* Ⅰ核酸酶产生 DSB

锌指核酸酶（ZFN）系统的核心组件包含两个功能域：DNA 识别域和核酸切割域。其中，切割域采用的是从海洋微生物 *Flavobacterium okeanokoites* 中分离得到的Ⅱ S 型限制性内切酶 *Fok* Ⅰ，该酶通过特定的连接肽与锌指蛋白（ZFP）的羧基端相融合。值得注意的是，单个锌指蛋白与 DNA 的亲和力较弱，因此需要两个锌指蛋白分别结合靶序列两侧的特定位点，且两者之间需保持 5～7 个碱基的最适间距。只有当两个 *Fok* Ⅰ酶形成二聚体时，才能有效切割 DNA 双链。这种二聚化的特性带来了多重优势：首先，它显著提高了系统的特异性，因为只有当两个锌指蛋白同时正确结合时才会激活切割功能；其次，这种设计大大降低了脱靶效应导致的细胞毒性风险。为了避免同源二聚体（如“左-左”或“右-右”组合）造成的非特异性切割，研究人员开发了异源二聚体形式的*Fok* Ⅰ变体，进一步提升了系统的精准度。在实际应用中，将编码 ZFN 的质粒导入细胞后，表达的融合蛋白会靶向结合特定 DNA 序列。*Fok* Ⅰ二聚体形成后产生双链断裂，随后细胞会启动 NHEJ 或 HDR 修复机制。通过这一过程，可以实现目标基因的精确修饰，包括碱基的缺失、替换或外源序列的插入，从而达到预期的基因编辑效果。

2. ZFN 的局限性及改进

锌指核酸酶（ZFN）技术面临的一个重要挑战是“序列环境效应”——即相邻锌指蛋白（ZFP）结构域之间的相互作用会影响其对特定 DNA 三联体的识别能力。这种相互干扰现象显著制约了 ZFN 技术的广泛应用。为突破这一限制，科研人员开发了多种优化策略。在分子构建方面，利用现代技术已制备识别 64 种不同 DNA 三联体的 ZFP 模块库。研究人员采用模块化组装策略，通过细菌双杂交系统（B2H）进行高通量筛选：首先检测各独立模块的结合活性，然后选择高亲和力模块进行组合，最后对组装完成的锌指阵列进行整体活性验证。这种分步筛选法显著提高了 ZFP 的识别特异性。

ZFN 及其改进 ZFN 还具有其他的限制。首先，人类基因组中可靶向的位点密度较低，平均每 500 个碱基对才能找到一个合适的识别位点，且常规构建的 ZFN 难以实现染色体水平的有效切割。此外，非特异性切割引发的细胞毒性问题也制约着该技术的发展。为突破这些限制，研究人员开发了多项创新性改良方案。其中，ZFN 切口酶变体的设计尤为关键，它通过产生单链切口而非双链断裂，引导细胞启动高保真的同源重组修复（HDR）机制，从而显著减少了错误修复和脱靶效应。培养条件的优化也取得进展，采用低温短时处理可显著提升内切酶活性。在递送系统方面，将 ZFN 与特异性核酸酶共转染，配合荧光标记筛选，可有效富集目标细胞。

值得注意的是，传统的 mRNA 递送方式存在效率低和副作用不可控等缺陷，而直接递送纯化蛋白则能大幅降低脱靶风险。由于 ZFN 分子量较小，可采用 DNA、RNA 或蛋白等多种形式进行递送。2017 年，Nishio 团队创新性地利用核酸适配体将 ZFN 与荧光蛋白偶联，并通过纳米管载体将其高效递送至 HEK293 细胞内部，实现了更精准的基因编辑。这些技术进步为 ZFN 的临床应用开辟了新途径。

（二）转录激活子样效应物核酸酶技术

2007 年，德国科学家在植物黄单胞菌中发现一种特殊的分泌蛋白质——转录激活因子样效应物（tanscription activator-like effector，TALE），该蛋白质可以结合植物宿主基因组并激活转录。2009 年，TALE 结合 DNA 的机制被阐明。随后在 2012 年，转录激活因子样效应物核酸酶（TALEN）技术出现，并逐渐取代了锌指核酸酶技术。

1. TALEN 的结构及其作用机制

与锌指核酸酶相似，TALEN 也由两部分组成：一部分是 DNA 的特异性识别和结合区域——TALE；另一部分是与 ZFN 相同的Ⅱ S 型的*Fok* Ⅰ核酸酶，通过二聚体化使目的片段产生双链的断裂。通过激活细胞内的修复机制，利用 NHEJ 通路修复损伤，可引入修复的 DNA 模板；通过高保真的同源重组修复来修复 DNA 的双链损伤，可在靶位点引入其他的基因或者沉默靶基因。其中，DNA 特异性识别结合结构域由高度保守的同源重复序列组成，每个重复序列对应识别 1 个碱基，共有 33～35 个氨基酸，其中第 12 和 13 位的氨基酸为重复序列可变的双氨基酸残基（repeat variable di-residues，RVD）。TALEN 能识别不同的碱基，是由不同的 RVD 决定的，NI 识别腺嘌呤，NH 识别鸟嘌呤，HD 识别胞嘧啶，NN 识别腺嘌呤或者鸟嘌呤，NG 识别胸腺嘧啶，NS 对 4 种碱基都可以识别。*Fok* Ⅰ核酸酶与 TALE 的 C 端相连（图 10-2）。在 TALEN 的实际应用中与 ZFN 相似，要设计 1 对 TALEN，在靶标序列的两侧相隔 14～20bp 处结合 TALEN，使 *Fok* Ⅰ核酸酶拥有一定的间隔区空间，同时距离又不会太远，足以发挥核酸酶的作用。

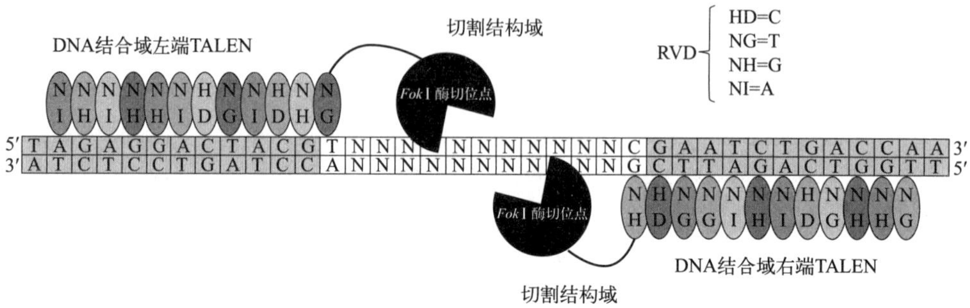

图10-2　TALEN 的原理

TALEN 由 DNA 结合结构域和 *Fok* Ⅰ核酸酶结构域组成。TALEN 结合靶标大沟中的 DNA 结构域和一对 TALEN 使 *Fok* Ⅰ二聚化能够产生 DSB

2. TALEN 的局限性及改进

转录激活因子样效应物核酸酶（TALEN）系统在早期应用中存在一个重要限制：其 DNA 结合域必须识别以胸腺嘧啶（T）开头的靶序列。这一局限通过金门克隆技术得以突破，该技术采用高效的无连接酶组装方法，实现了 TAL 效应蛋白的模块化构建。目前，科研人员已建立覆盖 18740 个人类蛋白编码基因的 TALEN 资源库，研究者可根据需要自由选择和组合不同模块，快速构建定制化的基因编辑工具。市场上也有多种经过优化的商业化 TALEN 试剂可供选择。

在技术改良方面，研究人员对传统 TALEN 系统进行了多方面创新。类似于 ZFN 的改造策略，可以将 *Fok* Ⅰ核酸酶替换为其他功能酶类，如高保真核酸酶、转录调控因子或位点特异性重组酶等。特别值得一提的是，通过将 TALE 结构域与转座酶或重组酶融合，开发出了新型基因操作工具。这类改良系统不依赖细胞的 DNA 修复机制，能在更广泛的细胞类型中发挥作用，但同时也面临着脱靶风险增加的问题。TALE-TF 是 TALEN 技术的重要衍生工具，它将 TALE 的 DNA 识别域与转录激活结构域相融合。当这种融合蛋白进入细胞后，能够精准定位到目标基因的启动子区域，通过募集转录因子来激活基因表达。这种设计为基因功能研究和疾病治疗提供了新的技术手段。

（三）CRISPR/Cas 系统

1987 年在大肠杆菌中发现 29 个核苷酸长度的重复序列中间被 32 个核苷酸长度的非重复序列间隔开。2002 年，Jansen 等将这种微生物基因组中发现的重复序列正式命名为 CRISPR（clustered regularly interspaced palindromic repeats）。2012 年 Jimek 等证实将分开作用的 crRNA 和 tracrRNA 通过一段接头连接在一起，形成一条单一指导 RNA(single-guide RNA，sgRNA)，这种 RNA 仍然能高效地介导 Cas9 蛋白对 DNA 的定点切割，从而将 CRISPR/Cas 系统简化为 Cas9/sgRNA 系统。

1. CRISPR/Cas 系统的结构及作用机制

CRISPR/Cas 系统作为一种革命性的基因编辑工具，其核心是由指导 RNA 和 Cas 蛋白组成的核酸蛋白复合物。自然界中存在至少 11 种不同的 CRISPR/Cas 系统，主要分为三大类。其中，Ⅰ型和Ⅲ型系统采用多亚基 Cas 蛋白与 crRNA 协同作用来识别和切割靶序列；而Ⅱ型系统因其仅需单一 Cas 蛋白亚基，更便于工程化改造，目前已成为基因编辑领域的研究热点。该系统包含两个关键组分：CRISPR 序列和 Cas 基因家族。CRISPR 序列由前导序列、保守的重复单元以及具有免疫记忆功能的间隔序列构成。前导序列富含 AT 碱基，长度通常在 300～500 个碱基对之间，负责启动 crRNA 前体的转录。

在实际应用中，Cas9 蛋白（由 1409 个氨基酸构成）是最常用的。其分子结构包含两个关键的催化结构域：RuvC 和 HNH。RuvC 结构域由三个亚单位组成，分布于蛋白的 N 端和中部区域，而 HNH 结构域则位于蛋白中段。HNH 结构域特异性切割与向导 RNA 配对的 DNA 链，切口位于 PAM 序列上游第 3 个碱基处；RuvC 结构域则切割非配对链，切口位置在 PAM 上游 3～8 个碱基处。值得注意的是，PAM 序列（位于靶 DNA 3′端的 3 碱基特征序列）对 Cas9 的功能发挥至关重要，它不仅是 DNA 识别起始位点，也是 RNA-DNA 杂交双链形成的必要条件。crRNA 和 tracrRNA 在 PAM 附近形成复合物，共同激活 Cas9 的核酸酶活性。图 10-3 展示了 CRISPR/Cas9 的工作原理。目前通常将 crRNA 和 tracrRNA 这两种 RNA，通过基因工程简化合成具有相同功能的 sgRNA。

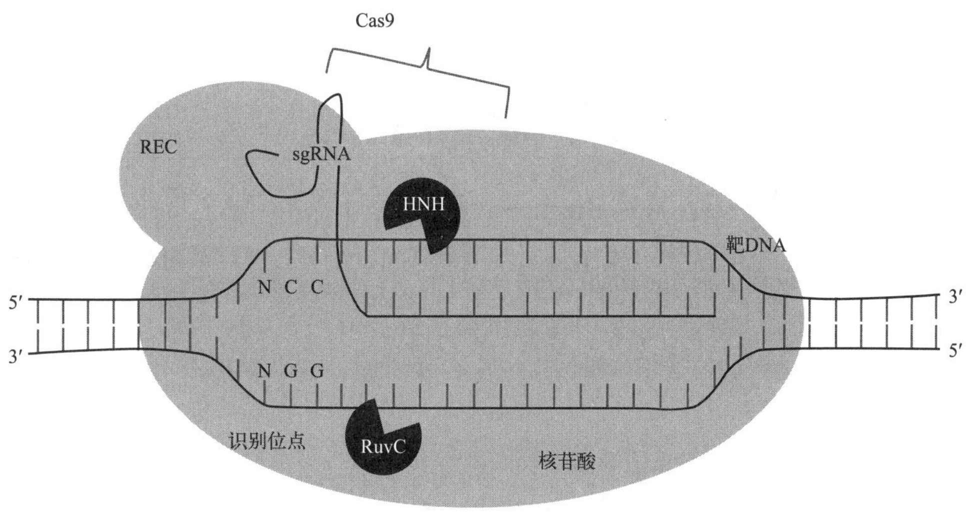

图 10-3 CRISPR/Cas9 的原理

gRNA 通过 Watson-Crick 碱基配对与目标 DNA 序列结合，然后 Cas9 结合 PAM 序列下游的 gRNA，Cas9 的 HNH 核酸酶结构域切割互补靶 DNA 链，而 RuvC 核酸酶结构域切割相反的链

2. CRISPR/Cas 系统的局限性及改进

CRISPR/Cas 基因编辑工具在应用方面也具有一定的局限性，主要是 PAM 序列的依赖性与脱靶效应。该系统要求靶 DNA 必须包含特定的 NGG 识别序列才能被 sgRNA 识别，这大大限制了可编辑位点的选择范围。研究人员正在开发能识别更多样 PAM 序列的 Cas 蛋白变体，以扩大系统的适用性。

在多细胞生物中，基因编辑常导致嵌合体现象。这是由于早期胚胎细胞分裂时，不同细胞可能获得不同的编辑结果，造成个体内同时存在编辑和未编辑细胞的情况。脱靶效应是另一个重要问题。当 sgRNA 与非目标序列部分匹配时，可能引发非特异性切割。为解决这一问题，科学家开发了多种改进方案：①使用“切口酶”版 Cas9，仅切割单链 DNA；②设计更短的 tru-gRNA（17～18nt），可大幅降低脱靶率；③开发杂合系统，将失活 Cas9 与 *Fok* Ⅰ 核酸酶融合。此外，2016 年发现的抗 CRISPR 蛋白（如 Acr ⅡA）能特异性抑制 Cas9 活性，为精确控制编辑过程提供了新工具。黄志伟团队在 2017 年阐明了这些抑制蛋白的作用机理，为优化编辑特异性提供了重要依据。

3. CRISPR 相关系统

传统 Cas9 蛋白在应用上存在一定局限性，特别是在体内递送方面。由于腺相关病毒（AAV）载体容量有限（约 4.5kb），难以容纳标准的 Cas9 系统。研究人员从嗜热链球菌和金黄色葡萄球菌中发现了更紧凑的 Cas9 变体（St1Cas9 和 SaCas9），这些小型化版本可以轻松包装进 AAV 载体，实现了体内基因编辑的应用突破。

在工具开发方面，Cpf1（现称 Cas12a）蛋白展现出独特优势：仅需单个向导 RNA 即可工作，且产生黏端，这比 Cas9 产生的平端更利于后续处理。此外，Cpf1 的切割位点远离识别区域，为编辑位点选择提供了更大灵活性。

基础编辑技术是一项重要突破。通过将失活 Cas9（dCas9）或切口酶 Cas9 与胞苷脱氨酶融合，研究人员开发出能够实现单碱基精确编辑的工具。在基因调控领域，CRISPRi 技术利用失活 Cas9 结合转录抑制因子实现基因沉默，而 CRISPRa 则通过连接转录激活因子来增强基因表达。这些创新极大拓展了 CRISPR 技术在基因功能研究和治疗开发中的应用范围。

第五节　转基因及基因编辑的检测技术

分子检测技术作为转基因及基因编辑产品监管与质量控制的核心手段，凭借其高特异性、高灵敏度及高准确性的优势，成为解析基因修饰特征、验证基因编辑效率、保障产品安全的关键技术支撑。本节将系统梳理转基因技术与基因编辑技术的核心原理及技术体系，聚焦两类技术介导的基因修饰分子特征，构建从靶点设计、方法建立到结果分析的完整检测逻辑链，详细阐释 PCR 技术、核酸杂交、测序技术等主流分子检测方法的适用场景、技术要点及优缺点。

一、转基因检测技术原理及特点

转基因技术的核心就是外源基因的转化技术，转化发生的唯一独特的标志物是受体基因组和插入 DNA 的连接区域。外源基因在受体生物基因组中插入位点检测，即转化事件特异性是通过扩增受体基因组和插入 DNA 的连接区域，鉴定含有相同外源 DNA 的不同转基因生物。

1. 聚合酶链反应（PCR）技术原理及特点

聚合酶链反应（PCR）技术是一种体外扩增特定 DNA 片段的技术，根据外源 DNA 序列设计特异性引物，并以转基因材料为模板，通过高温变性、引物退火和 DNA 延伸三个步骤的循环，从而扩增外源 DNA 序列。由于外源基因基本由载体携带进入宿主 DNA，因此也可以通过扩增过表达载体上的元件序列，如检测 CaMV35S 启动子、NOS 终止子等常用元件，从而可以确定外源基因 DNA 已转入到受体细胞染色体上。

该方法优点是高灵敏度、特异性强、操作简便且高效、适用范围广、成本可控；缺点是易受核酸质量影响，定量准确性受干扰因素多。

2. 实时荧光定量 PCR 技术的原理及特点

实时荧光定量 PCR 是在传统 PCR 体系中加入可与 DNA 双链结合的荧光染料或者荧光标记的特异性探针，染料或者探针的荧光强度随着 PCR 产物的积累而增强，可通过荧光信号的变化实时监测 PCR 产物的积累。qPCR 包括染料法和探针法，由于 TaqMan 探针设计相对简单，其应用更广泛。染料法所用的荧光染料与 dsDNA 的结合没有特异性，反应结束后要通过绘制熔解曲线，根据 PCR 产物的退火温度判断 PCR 产物的特异性；而探针法所用的探针只能与特异性目标序列结合后才能被切割，发出荧光信号，与普通定性 PCR 和染料法 qPCR 相比，具有更高的特异性。

该方法灵敏度高、特异性强、重复性好且检测效率高；但需已知转基因序列才能设计检测方案，样品中杂质易干扰检测结果，出现假阳性 / 阴性，需严格质控。

3. Southern blotting 的原理及特点

Southern blotting 是一种常用的检测外源基因拷贝数的标准方法，其基本原理是具有一定同源性的两条核酸单链在一定的条件下（适宜的温度及离子强度等）可按碱基互补形成双链。杂交的双方是待测核酸序列及探针，待测核酸序列可以是克隆的基因片段，也可以是未克隆化的基因组 DNA 和细胞总 RNA。核酸探针是指用放射性同位素、生物素或其他活性物质标记的、能与特定的核酸序列发生特异性互补的已知 DNA 或 RNA 片段。Southern 印迹通过用限制性内切核酸酶消化基因组或其他来源的 DNA，经过琼脂糖凝胶电泳按片段大小分离酶切所得的片段，随后 DNA 在原位发生变性并从凝胶转移到一固相支持物上。DNA 转移至固相支持物的过程中，各 DNA 的相对位置保持不变，用一定方法标记的 DNA 探针与固着在膜上的 DNA 杂交，经 X 射线自显影显现出与探针 DNA 互补的 DNA 电泳条带的位置。

该方法能分析外源基因整合的具体情况，如拷贝数，且特异性高，还能检测未知片段。但是操作烦琐耗时，灵敏度低，成本和技术门槛高。

4. 酶联免疫吸附法的原理及特点

酶联免疫吸附法（enzyme-linked immunosorbent，ELISA）是以免疫学反应为基础，将抗原、抗体的特异性反应与酶对底物的高效催化作用相结合的一种敏感性很高的实验技术。ELISA 的基础是抗原或抗体的固相化及抗原或抗体的酶标记，其基本原理有三条：①抗原或抗体能物理吸附于固相载体表面，可能是蛋白质和聚苯乙烯表面间的疏水性部分相互吸附，并保持其免疫学活性；②抗原或抗体可通过共价键与酶连接，形成酶结合物，而此种酶结合物仍能保持其免疫学和酶学活性；③酶结合物与相应抗原或抗体结合后，可根据加入底物的颜色反应来判定是否有免疫反应的存在，而且颜色反应的深浅是与标本中相应抗原或抗体的量成正比的，因此，可以按底物显色的程度显示实验结果。由于抗原、抗体的反应在一种固相载体——聚苯乙烯微量滴定板的孔中进行，每加入一种试剂孵育后，可通过洗涤除去多余的游离反应物，从而保证实验结果的特异性与稳定性。

该方法可根据颜色反应的深浅进行定性或定量分析。由于酶的催化效率很高，故可极大地放大反应效果，从而使测定方法达到很高的灵敏度。

5. 试纸条方法的原理及特点

试纸条方法采用双抗体夹心免疫测定原理，以硝酸纤维素膜为载体，利用微孔膜的毛细管作用，滴加在膜条一端的液体可以缓慢向另一端移动。在移动的过程中，会发生相应的抗原-抗体反应，形成 Ag-Ab-Ag-Au 复合物而富集在包被线上，形成红色沉淀线。同时在包被膜上还有一条质控线对照，故当有两条红线时，判为阳性；只有一条红线时，判为阴性。

此技术操作简单、快速、特异性强，特别适用于大田快速检测和口岸检测，将可与外源蛋白特异结合的抗体结合显色剂并固定在硝酸纤维素材料的试纸条上，当转基因植物组织提取液与试纸条接触时，外源蛋白就会与特异抗体相结合产生颜色反应。除简单的检测试纸条外，不需要其他仪器设备，几分钟即可用肉眼观察结果。试纸条可用于检测叶片、种子和谷粒中的转基因成分。

6. 蛋白质芯片技术的原理及特点

蛋白质芯片的基本原理是将各种蛋白质有序地固定于滴定板、滤膜和载玻片等各种载体上成为检测用的芯片，然后，用标记了特定荧光抗体的蛋白质或其他成分与芯片作用，经漂洗将未能与芯片上的蛋白质结合的成分洗去，再利用荧光扫描仪或激光共聚焦扫描技术，测定芯片上各点的荧光强度，通过荧光强度分析蛋白质与蛋白质之间相互作用的关系，由此达到测定各种蛋白质功能的目的。为了实现这个目的，首先必须通过一定的方法将蛋白质固定于合适的载体上，同时能够维持蛋白质天然构象，也就是必须防止其变性以维持其原有特定的生物活性。另外，由于生物细胞中蛋白质的多样性和功能的复杂性，开发和建立具有多样品并行处理能力、能够进行快速分析的高通量蛋白质芯片技术将有利于简化和加快蛋白质功能研究的进展。

该技术可检测外源蛋白表达，如直接靶向转基因产物，能反映外源基因是否真正表达，避免核酸检测中“有基因无蛋白”的误判；可高通量检测蛋白；操作相对便捷。但是该技术依赖特异性抗体，因此成本较高；同时易受样品基质干扰，导致假阴性结果。

综上所述，转基因检测技术多种多样，每种技术都有其独特的优势和适用范围。在实际应用中，应根据检测目的、样本类型、检测成本等因素综合考虑，选择合适的检测方法。同时，随着科学技术的不断进步，转基因检测技术也在不断更新。

二、基因编辑检测技术原理及特点

随着基因编辑产品，尤其是农作物基因编辑产品产业化进程的积极推进，如何高效准确检测是否为基因编辑产品及其编辑特征，是关系到基因编辑产品产业化利用和知识产权保护的重要问题。现阶段急需针对基因编辑产品的分子特征，开发适用于基因编辑产品的检测定量技术，为基因编辑产品的监管检测提供技术支撑。

1. PCR-电泳检测方法的原理及特点

基因编辑产品中通常携带少数碱基的 InDels 或替换等突变，这些突变会导致基因编辑产品与野生型相比，靶标片段的长度或酶切位点发生变化。在编辑位点两侧设计特异性引物，进行 PCR 扩增，通过电泳检测 PCR 产物的变化判断靶标基因是否被编辑，该方法称为 PCR-电泳检测方法。根据对 PCR 产物分辨率的不同，凝胶电泳分为琼脂糖凝胶电泳和聚丙烯酰胺凝胶电泳。基于核酸突变对酶切位点的影响，PCR 扩增后，用核酸酶酶切 PCR 产物，通过电泳观察 PCR 产物是否被酶切或酶切产物的迁移距离，可以判定目标基因是否被编辑或被编辑的频率。

该方法优点是高灵敏度、特异性强、操作简便且高效、适用范围广；但其易受核酸质量影响，定量准确性的干扰因素多。

2. 基于测序的检测方法的原理及特点

包括 Sanger 测序法、高通量测序法和焦磷酸测序技术。Sanger 测序法是先对基因编辑区域进行 PCR 扩增，然后对 PCR 产物进行 Sanger 测序，根据 PCR 产物的长度，通常分为 PCR 产物直接测序和 PCR 产物克隆后测序，通过分析测序后的核苷酸序列确定靶标序列是否被编辑以及编辑后的分子特征。与 PCR-电泳法相比，Sanger 测序法相对更耗时，但可以直接检测出编辑后的分子特征；而且用 PCR-电泳法检测到靶标序列被编辑的转化体，通常还需要对 PCR 产物进行 Sanger 测序，确定基因编辑产品的分子特征。因此，Sanger 测序法在基因编辑产品的检测中获得广泛应用。采用高通量测序技术对基因编辑产品进行全基因组测序在基因编辑产品的检测中应用得越来越广泛。基于 Illumina 等平台的二代、三代测序技术完成对基因组编辑产品全基因组的高通量测序后，对编辑后的基因组序列和参考基因组序列进行生物信息学分析，确定基因编辑产品中是否存在脱靶及载体骨架残留。焦磷酸测序技术是一种通过检测 DNA 延伸过程中释放的焦磷酸盐进行实时检测的技术。该技术被认为是一项可进行实时、定量分析 InDel/SNP 等变异的新型技术。由于焦磷酸测序过程中 dNTP 掺入和释放的光之间成正比，该技术不仅能够直接测定突变的类型和准确位置，还可用于定量分析，实现高通量自动化精准检测。

基于测序的检测方法定位精准，适用于对已知编辑区域或位点进行分析，而非全基因组范围的筛查，因此具有针对性强、灵敏度高、准确度高等特点。但是这几项技术都相对耗时、成本较高。

3. 基于实时荧光定量 PCR 的检测方法的原理及特点

实时荧光定量 PCR 被称为转基因检测的金标方法，随着基因编辑产品的研发，正被广泛用于基因编辑产品的检测。其原理与特点与其在转基因检测中应用一致。

4. 基于数字 PCR 的检测方法的原理及特点

数字 PCR 的基本原理是将 PCR 反应混合物分成多个微小反应单元，并在每个反应单元中进行独立的扩增反应。每个单独的反应单元要么包含目标分子，要么没有目标分子。然后，通过对所有反应单元的扩增结果进行统计分析，每个反应单元的 PCR 反应结果是“阳性”或“阴性”：如果该单元含有目标分子，则扩增产生信号；如果没有目标分子，则扩增失败。通过统计阳性反应单元的数量，可以根据泊松分布模型估算目标分子的初始数量。泊松分布的应用使该技术即使在低拷贝数的情况下也能够准确测量。

该方法高精度、高灵敏度、为绝对定量、不依赖于 PCR 扩增效率、能够分析稀有突变和拷贝数变异、高通量。但是其设备昂贵，耗时更长，对样本量要求较高。

5. 基于可编程内切酶的检测方法的原理及特点

可编程内切酶 Cas 具有高效的核酸识别能力和单碱基识别特性，根据 Cas 蛋白的作用机制不同分为两类。一类是利用可编程内切酶的核酸内切酶活性，通过核酸内切酶活性切割靶 DNA 序列，实现对不同基因型的检测。如 Cas9 无反式切割活性，利用 Cas9 和 sgRNA 复合物可特异性识别结合靶序列并切割靶标 dsDNA，后续结合琼脂糖凝胶电泳、恒温扩增、比色分析等手段检测靶标序列。该方法是将 CRISPR/Cas9 系统与 PCR 技术相结合，利用 CRISPR/Cas9 衍生的 RNA 引导的核酸内切酶（RGENs）对 PCR 产物进行限制性片段长度多态性（RFLP）分析的方法。该方法将重组 Cas9 蛋白与体外转录的与目标 DNA 序列互补的 sgRNA 组合制备 RGENs，它能特异性地切割野生型 dsDNA 序列，但不能切割突变后的 dsDNA 序列，切割后通过琼脂糖凝胶电泳判断基因编辑情况。另一类是利用可编程内切酶的反式切割活性，通过非特异性地切割体系中加入的 ssDNA 探针而释放信号，通过检测释放的信号分子，即可实现靶标检测。Cas12、Cas13 和 Cas14 蛋白在 sgRNA 引导下特异性结合并切割靶标序列，激活其反式切割活性，可非特异性地切割体系中加入的 ssDNA 或 ssRNA 报告探针，探针被切割后释放报告信号，通过检测反应体系中积累的报告信号，可实现 SNV 突变的检测。

基于可编程内切酶的检测方法可精准识别核酸位点，特异性高；应用范围广，适配不同实验设备条件。但其依赖 sgRNA 设计与 Cas 蛋白活性，因此需反复优化实验条件以保证检测稳定，技术门槛高。

6. 基于仪器的检测方法的原理及特点

基因编辑产品常常在靶标序列位置产生 SNV 突变，因此，也可用检测 SNP 位点的仪器法进行基因编辑产品的检测，如基因芯片法、变性高效液相色谱、质谱法等。

基因芯片法（gene chips）是基于固态介质进行分子杂交和荧光检测的一种高通量集成化的 SNP 分析方法。将根据已知 SNP 位点设计的探针固定在载体上，将待测 DNA 与已固定在芯片上的探针进行杂交，依据碱基互补配对原则，存在碱基错配的序列不能与探针杂交，通过杂交分子之间的荧光信号差异来检测 SNP 位点。基因芯片法可以实现快速、高通量的 SNP 检测。但该方法也存在一些不足，如 DNA 序列 GC 含量、序列复杂性会影响杂交的准确度，芯片造价昂贵检测成本高。

变性高效液相色谱法（denaturing high performance liquid chromatography，DHPLC）是基于单链构象多态分析和变性梯度凝胶电泳（denaturing gradient gel electrophoresis，DGGE）研发的一种新的 SNP 位点检测方法。检测过程中将存在 SNP 位点的 PCR 扩增产物变性退火形成同源或异源 dsDNA 分子，由于异源 dsDNA 的解旋温度较低，更易于解旋为单链，将温度调节至接近 DNA 解旋温度时，异源 dsDNA 会先解旋为单链从色谱柱中流出，与同源 dsDNA 分离，通过分析吸收峰峰型和峰的个数来检测 SNP。DHPLC 法检测效率高、准确率高，比较适合自动化筛选大量样本；但对于试剂和环境要求较高，且不能检测纯合突变。

质谱法根据不同的飞行时间质谱将变性的单链产物共价结合到芯片上，在芯片上进行引物的退火、延伸反应，由于编辑序列配对的碱基与正常配对碱基的质量不同，通过飞行时间质谱可检测出不同的峰值从而检测 SNP。

一种方法是否满足需求，不仅取决于方法的特异性和灵敏度等性能指标是否符合转基因分析方法的最低性能标准，还要与检测实验室现有的设备设施、环境条件和工作人员的专业知识相匹配。

思考题

一、选择题

1. 细菌转化过程中，感受态细胞的主要特征是（　　）。

A. 具有双链 DNA　　B. 表面存在感受态因子蛋白

C. 能自主合成外源 DNA　　D. 无需能量即可摄取 DNA

2. CRISPR/Cas9 系统中，PAM 序列的作用是（　　）。

A. 指导 Cas9 蛋白的翻译　　B. 作为 sgRNA 合成的模板

C. 帮助 Cas9 识别并结合靶 DNA　　D. 直接切割 DNA 双链

3. 以下哪种植物转基因技术对双子叶植物最有效（　　）。

A. 花粉管通道法　　B. 农杆菌介导转化法

C. 电激转化法　　D. PEG 介导转化法

4. 变性高效液相色谱法主要通过检测吸收峰的（　　）确定 SNP 位点。

A. 峰值　　B. 峰型　　C. 峰的数量　　D. 峰值和峰的数量

二、简答题

1. 简述细菌转化的四个关键步骤。
2. 比较 ZFN、TALEN 和 CRISPR/Cas9 三种基因编辑工具的靶向机制。
3. 列举两种检测转基因作物的方法，并说明其原理。
4. 为什么农杆菌介导法不适用于单子叶植物？如何解决这一问题？
5. CRISPR/Cas9 系统可能产生脱靶效应，有哪些改进策略？

第十一章

实验指导

实验一　利用分子标记技术进行基因型鉴定

一、实验目的

了解基因型分型的原理和实验应用，掌握利用多聚合酶链反应（PCR）的分子标记技术进行基因分型的基本技术和方法。

二、实验原理

等位基因是指位于一对同源染色体相同位置上的基因，能够控制同一性状的不同形态。等位基因包括显性基因和隐性基因，它们成对存在。等位基因中的两个位点能决定某个基因的基因型和表现型，即生物的表现型由等位基因的两个位点共同决定。等位基因分型是通过生物学实验检查个体的DNA序列或片段，将目标序列与另一个体的序列或参考序列或片段进行比较，以确定个体的遗传构成（基因型）差异的过程。这一过程揭示了个体从父母那里继承的等位基因。通过DNA提取、PCR扩增，聚丙烯酰胺凝胶电泳及显色、带型的读取，多态性判定完成基因型鉴定。

CTAB（cetyl trimethyl ammonium bromide，十六烷基三甲基溴化铵）是一种阳离子去污剂，可溶解细胞膜，能与核酸形成复合物，具有从低离子强度溶液中沉淀核酸的特性。在高离子强度的溶液中（> 0.7mol/L NaCl），CTAB与蛋白质和多糖形成复合物，但不会沉淀核酸。再通过有机溶剂抽提，去除蛋白质、多糖、酚类等杂质后，加入乙醇沉淀，即可使核酸分离出来。

三、实验仪器及材料

（一）仪器与器皿

高速冷冻离心机、电子天平、恒温水浴锅、液氮罐、PCR扩增仪、微量移液器、电泳仪、电泳槽、凝胶成像系统、微量进样器、烧杯、容量瓶、陶瓷研钵等。

（二）耗材与材料

离心管、移液器吸头、植物叶片等。

（三）试剂

1. 100mL CTAB溶液配方

CTAB 2.0g，Tris-HCl（1mol/L pH 8.0）10mL，EDTA（0.5mol/L pH 8.0）10mL，NaCl 8.2g，

PVP（聚乙烯吡咯烷酮）0.5g，ddH_2O 定容到 100mL。

① 1mol/L Tris-HCl（pH 8.0）：Tris（三羟甲基氨基甲烷）121.14g，浓 HCl 约 42mL，ddH_2O 定容到 1L。

② 0.5mol/L 的 EDTA · Na_2（pH 8.0）：EDTA · Na_2 186.12g，NaOH 约 20g，ddH_2O 定容至 1L。

③ TE 缓冲液（1L）：Tris-HCl（1mol/L pH 8.0）10mL，EDTA（0.5mol/L pH 8.0）2mL，ddH_2O 定容至 1L。

2. 凝胶电泳试剂配方

① 8% 聚丙烯酰胺（PAGE）胶（80mL）：30% 丙烯酰胺溶液 21.3mL，5×TBE 16mL，10% 过硫酸铵（AP）900μL，四甲基乙二胺（TEMED）50μL，ddH_2O 42.7mL。

② 30% 丙烯酰胺溶液（100mL）：丙烯酰胺 29 g，甲叉丙烯酰胺 1g，ddH_2O 定容至 100mL。

③ 5×TBE（1000mL）：Tris 碱 54g，HBO_3 27.5g，EDTA（0.5mol/L，pH 8.0）20mL，ddH_2O 定容至 1000mL。

④ Loading Buffer（250mL）：固体溴酚蓝 0.625g，二甲苯氰 0.625g，蔗糖 100g，ddH_2O 定容至 250mL。

⑤ 渗透液、显色液：渗透液（200mL）：0.1% 硝酸银 0.2g，ddH_2O 定容至 200mL；显色液（200mL）：NaOH 3.2g，甲醛（37%）2.16mL，ddH_2O 定容至 200mL。

四、实验步骤

（一）DNA 提取

（1）称取植物 1g 叶片置于研钵中，经液氮冷冻后研磨成粉末。

（2）将叶片粉末转移到 1.5mL 离心管中，加入 600μL 65℃预热的 2×CTAB 提取缓冲液和 20μL β-巯基乙醇，轻轻摇匀，使粉末充分散开。

（3）置于 65℃水浴锅中水浴 40～60min，间隔晃动数次。

（4）加等体积的氯仿 / 异戊醇（24∶1），温和摇匀 3min，静置 10min。

（5）室温下 10000r/min 离心 10min。

（6）取 400μL 上清液至一新离心管中，加等体积的氯仿 / 异戊醇（24∶1），温和摇匀 3min，静置 10min。

（7）4℃，10000r/min 离心 10min。

（8）取上清液至一新离心管中，加入 0.6 倍体积（240μL）异丙醇，温和摇动 10min。加入，摇匀后放−20℃中静置 3h 以上，沉淀 DNA。

（9）4℃，10000r/min 离心 10min，弃上清液。

（10）加入 70% 的乙醇洗涤 1～2 次，4℃，10000r/min 离心 5min，弃上清液，超净工作台中吹干。

（11）加入 100μL TE，4℃溶解 1 天，转入−20℃保存备用。

（二）SSR 标记分析

将上述所提取 DNA 稀释 30 倍后，以不同单株单独 DNA 作为模板，用同一对 SSR 引物扩增不同单株，获得同一位点的不同基因型片段。

1. 10μL 的反应体系（表 11-1）

表 11-1　PCR 反应体系

组分	用量
模板基因组 DNA	3.0μL
上下游引物（2μmol/L）	各 1.5μL
10×Buffer（100mmol/L Tris-HCl, pH 8.0，500 mmol/L KCl, 0.1% gelatin）	1.5μL
Mg^{2+}（25mmol/L）	0.8 μL
dNTP（2.5mmol/L）	0.24μL
Taq 酶（5U/μL）	0.12μL
ddH_2O 补足至	10μL

2. PCR 反应程序：

94℃预变性 5min
94℃变性 40s
50～62℃退火 50s
72℃延伸 60s
72℃保温 10min
12℃保存
35 个循环

PCR 扩增产物以 50bp DNA marker 作为分子量标准，同一个引物扩增获得的产物尽量在同一块 8% 的聚丙烯酰胺凝胶上电泳，便于比对。当点样缓冲液的二甲苯青电泳至凝胶尾端约 1cm 时停止电泳，银染显色观察，不同引物的退火温度不尽相同。

（三）聚丙烯酰胺凝胶电泳

（1）玻璃板的清洗及组装　将玻璃板浸泡水中并加入洗涤剂，30min 左右后反复擦洗玻璃板除去玻璃板表面异物及污垢，用纯净水冲洗。待玻璃板晾干后成对组装并固定到电泳槽上，用 1%的琼脂糖封胶。

（2）灌胶　向装有 8%的聚丙烯酰胺溶液的三角瓶中加入 10% 过硫酸铵（AP）和四甲基乙二胺（TEMED），混匀，静置 2min 左右。沿灌胶口将胶轻轻灌入成对玻璃板缝隙中，若胶中有气泡及时用细针将其挑出。插入梳子等待胶液凝固。

（3）点样和电泳　向电泳槽中加入 1×TBE 电泳缓冲液，拔出梳子。向 PCR 扩增产物中加入 2μL Loading Buffer（溴酚蓝缓冲液），轻轻吸打混匀。点样 3μL。点样时，胶两端的第一个孔不点，每胶板点 48 个孔，中间点分子量 marker，0.8μL。marker 量不宜太多，否则大分子量的条带不能分开。电泳采用恒定功率，10W/ 胶板。电泳 50～70min 即可。具体情况依扩增产物的分子量大小而定。

（4）卸胶和银染　电泳完毕后，倒出电泳缓冲液，卸胶。将凝胶剥离下来，加入渗透液，渗透 15min；然后用纯净水漂洗两次（第一次 50s，第二次 40s），加入显色液进行显色，以能清楚地看到条带为准，停止显色，用自来水冲洗干净。

（四）数据记录及品种鉴定判定方法

（1）将胶平放置灯箱上，用相机拍照，保存，记录结果。

（2）等位基因数据采集　样品每个 SSR 位点的等位基因大小用扩增片段大小表示。将待测样品扩增片段的带型与参照品种及不同待测样品带型进行比较。

（3）品种鉴定方法　品种鉴定采用 2 个品种同时进行检测（“直接比较”）和比对。获得待测品种在这些引物位点上的等位基因型数据，利用这些数据进行品种间比较。

品种间差异位点数≥ 2，判定为不同品种；品种间差异位点数 =1，判定为近似品种；品种间差异位点数 =0，判定为疑同品种。

思考题

1. CTAB 在抽提 DNA 过程中有哪几个作用？
2. 为什么异丙醇能够沉淀 DNA？
3. PCR 扩增对引物有什么要求？为什么？
4. 硝酸银和甲醛为什么能够使 DNA 显色？

实验二　利用 16S rDNA 测序进行菌种鉴定

一、实验目的

1. 掌握利用 16S rDNA 测序技术进行细菌菌种鉴定的基本流程。
2. 理解 16S rDNA 基因作为细菌分类和系统发育研究分子标记的原理。
3. 学习 PCR 扩增、测序及生物信息学分析技术的应用。
4. 培养无菌操作、实验设计及数据分析能力。

二、实验原理

16S rDNA 菌种鉴定是指利用细菌 16S rDNA 序列测序的方法对细菌进行种属鉴定。包括细菌基因组 DNA 提取、16S rDNA 特异性引物 PCR 扩增、扩增产物纯化、DNA 测序、序列比对等步骤。16S rDNA 菌种鉴定是一种快速获得细菌种属信息的方法。细菌核糖体 RNA 按沉降系数分为 3 种，分别为 5S、16S 和 23S rRNA。16S rDNA 是细菌染色体上编码 16S rRNA 相对应的 DNA 序列。16S rDNA 由于大小适中，约 1.5kb，既能体现不同菌属之间的差异，又能利用测序技术较容易地得到其序列。

在 16S rRNA 分子中，可变区序列因细菌不同而异，恒定区序列基本保守，所以可利用恒定区序列设计引物，将 16S rDNA 片段扩增出来，再利用可变区序列的差异来对不同菌属、菌种的细菌进行分类鉴定。16S rDNA 序列的前 500bp 序列变化较大，包含丰富的细菌种属的特异性信息，所以对于绝大多数菌株来说，只需要第一对引物测定前 500bp 序列即可鉴别出细菌的种属。针对前 500bp 无法鉴别的情况，需要进行 16S rDNA 的全序列扩增和测序，得到较为全面的 16S rDNA 的序列信息。由于测序仪一次反应最多只能测出 700bp 的有效序列，为了结果的可靠性，通常将 16S rDNA 全长序列分成两个反应进行测序。

三、实验仪器及材料

（一）菌株

待鉴定细菌菌株纯培养物、大肠杆菌（*Escherichia coli*）ATCC 25922 阳性对照菌株。

（二）仪器

移液器（1000μL、200μL、100μL、10μL）、涡旋振荡器、配有 1.5mL 角转子的微量台式离心机、掌上离心机、金属浴 / 恒温水浴锅、制冰机、低温冰箱、PCR 仪、电泳仪、凝胶成像仪。

（三）试剂

细菌基因组 DNA 快速提取试剂盒、琼脂糖、核酸染料、1×TAE 电泳缓冲液（40mmol/L Tris-醋酸、2mmol/L EDTA）、2×Taq Master Mix（Dye Plus）、ddH_2O、DNA marker 等。

（四）耗材

移液器吸头（1000μL、200μL、10μL）、离心管（1.5mL、200μL）。耗材使用前需要进行灭菌处理。

（五）引物（表 11-2）

表 11-2　16S 扩增的引物

名称	序列	扩增长度
正向引物 27F	5′-AGAGTTTGATCCTGGCTCAG-3′	1500bp 左右
反向引物 1492R	5′-TACGGYTACCTTGTTACGACTT-3′	

注：引物加入适量 ddH_2O 溶解稀释至 10μmol/L，−20℃避光保存。

四、实验步骤

（一）核酸提取

取 1.5～3mL 处于对数生长期的待测菌株纯培养物，12000r/min 离心 2min 后，弃上清液，按照 DNA 提取试剂盒说明书操作，提取细菌基因组 DNA，提取产物经核酸电泳验证后，作为 PCR 的模板 DNA或−20℃保存备用。

（二）基因扩增

1. PCR 反应体系（表 11-3）

表 11-3　PCR 扩增反应体系

组分	体积（20μL 体系）
2×Taq Master Mix（Dye Plus）	10μL
引物 27F（10μmol/L）	1μL

续表

组分	体积（20μL 体系）
引物 1492R（10μmol/L）	1μL
模板 DNA	2μL（10～100ng）
ddH_2O	6μL

DNA 模板量通常在 100ng 以下，必要时可进行梯度稀释，确定最佳的 DNA 模板使用量。PCR 反应体系应在冰上配制，然后置于冰箱中冷却 3～5min，最后放于 PCR 仪上进行反应，这种冷启动法可增强 PCR 扩增的特异性。设置阳性对照（大肠杆菌 ATCC 25922，已验证 16S rDNA 序列）和阴性对照（无模板 ddH_2O，用于检测污染）。

2. PCR 反应程序

94℃预变性 5min → 30 个循环（94℃变性 30s，55℃退火 30s，72℃延伸 1.5min）→ 72℃终延伸 10min → 4℃保存。

3. 电泳检测 PCR 产物

称取 1g 琼脂糖置于 100mL 1×TAE 电泳缓冲液中，加热融化，待温度降至 60℃左右时，加入核酸染料，均匀铺板，插入梳子，室温凝固 20min，制成 1% 的琼脂糖凝胶。PCR 反应结束后，取 5μL PCR 产物，点样于凝胶孔，100V 恒压电泳 20～30min 后，用凝胶成像仪观察条带，目标条带约 1.5kb，拍照，记录实验结果。

（三）PCR 产物测序

将含有目标条带的 PCR 产物（可纯化）送至测序公司，采用 Sanger 法进行双向测序。得到测序结果后，使用 Chromas 或 SnapGene 软件校正测序峰图，拼接双向序列。若测序结果杂峰多，需纯化 PCR 产物或优化扩增条件。

（四）生物信息学分析

1. 序列比对

在 NCBI BLAST 或 EzBioCloud 数据库中输入完整序列进行比对，筛选相似度＞97% 的参考菌株，得到菌种的属种信息。

2. 系统发育树构建

使用 MEGA 11 软件，选择 ClustalW 算法进行多序列比对后，截取约 1200bp 保守区，采用近邻相接法（neighbor-joining method）构建系统发育树，选择 bootstrap 值＞70% 支持可信分类，基于系统发育树确认菌种分类。

思考题

1. 为什么选择 16S rDNA 作为细菌分类的分子标记？其优势与局限性是什么？
2. PCR 扩增中若出现非特异性条带，可能的原因及解决方法有哪些？
3. 测序结果与数据库比对后，若相似度最高的菌株为 97%～99%，能否直接判定为同一种？为什么？

4. 实验过程中如何避免外源 DNA 污染？哪些步骤需设置阴性对照？
5. 若鉴定结果为未培养微生物，后续研究可采取哪些策略？

实验三 利用 18S rDNA 或 ITS 序列进行真核生物鉴定

一、实验目的

1. 掌握利用 18S rDNA 或 ITS 序列测序技术进行真核生物鉴定的基本流程。
2. 理解 18S rDNA 或 ITS 序列作为真核生物分类和系统发育研究分子标记的原理。
3. 学习 18S rDNA 和 ITS 序列 PCR 扩增、测序及生物信息学分析技术的应用。
4. 建立基于核酸序列的物种鉴定技术方法，理解分子系统发育树的构建原理。

二、实验原理

在真核生物体内包含四种核糖体编码基因，即 28S rDNA、5S rDNA、18S rDNA 和 5.8S rDNA。一般 18S、5.8S 和 28S rDNA 分别由内在转录间隔区（internal transcribed spacer，ITS）隔开而位于同一个转录单位上构成一个 rRNA 基因拷贝，多个 rRNA 基因拷贝串联形成 rDNA。rDNA 聚集在一起构成核仁组织区（nucleolar organizer region，NOR），成为核仁发生的位置。5S rRNA 基因除在少数真核生物（如酵母）中是和 18S、28S rRNA 基因位于同一个转录单位上外，一般是处在核仁以外的区域。18S、5.8S 和 28S rDNA 共同构成的转录单元在高等生物群体间的系统分析中显得尤为重要，因为这三个基因高度保守，为比较分析提供了有力的工具。

真菌是一类特殊的真核生物，它们拥有很高的物种以及种内多样性，而又有较高的序列保守性。在真菌测序中，ITS 和 18S rRNA 基因是两种常用的分子标记。ITS 位于 18S 和 28S rRNA 基因之间，包括 ITS1、5.8S rRNA 基因和 ITS2 三个部分。ITS 序列进化速度较快，具有较高的变异度，这使得它非常适合种内和种间的分类鉴定。ITS 常用于真菌鉴定，尤其是在区分相近种或种内变异时非常有效。它是真菌分子系统学中最广泛使用的标记之一。18S rRNA 基因编码核糖体小亚基的一部分，是真核生物中普遍存在的一种保守基因。18S rRNA 基因序列较为保守，进化速度较慢，适用于构建较远亲缘关系的系统发育树。18S rRNA 基因常用于构建较高层次的系统发育关系，如属级或更高级别的分类。但它在物种水平的分辨能力有限。ITS 在真菌物种鉴定和多样性研究中更为常用，而 18S rRNA 基因在构建跨物种的大规模系统发育树时更有优势。在真菌的分子生物学研究中，根据具体的研究目的和样本类型，选择合适的分子标记是非常重要的。对于需要高精度物种鉴定的情况，ITS 可能是更好的选择；而对于需要构建更大范围的系统发育框架，18S rRNA 基因则更为合适。

三、实验仪器及材料

（一）菌株

待鉴定真菌菌株纯培养物、酿酒酵母（*Saccharomyces cerevisiae*）阳性对照菌株。

（二）仪器

移液器（1000μL、200μL、100μL、10μL）、涡旋振荡器、配有1.5mL角转子的微量台式离心机、掌上离心机、金属浴/恒温水浴锅、制冰机、低温冰箱、PCR仪、电泳仪、凝胶成像仪等。

（三）试剂

真菌基因组DNA提取试剂盒、液氮、琼脂糖、核酸染料、1×TAE电泳缓冲液（40mmol/L Tris-醋酸、2mmol/L EDTA）、2×Taq Master Mix（Dye Plus）、ddH_2O、DNA marker等。

（四）耗材

移液器吸头（1000μL、200μL、10μL）、离心管（1.5mL、200μL）。耗材使用前需要进行灭菌处理。

（五）引物（表11-4）

表11-4 18S rDNA和ITS序列扩增引物

扩增序列	引物名称	引物序列	扩增长度
18S rDNA	正向引物NS1	5′-GTAGTCATATGCTTGTCTC-3′	1800bp左右
	反向引物NS8	5′-TCCGCAGGTTCACCTACGGA-3′	
rDNA-ITS	正向引物ITS1F	5′-CTTGGTCATTTAGAGGAAGTAA-3′	500～750bp
	反向引物ITS4	5′-TCCTCCGCTTATTGATATGC-3′	

注：引物加入适量ddH_2O溶解稀释至10μmol/L，−20℃避光保存。

四、实验步骤

（一）核酸提取

取适量新鲜真菌组织约100mg或干重组织约20mg，在液氮中充分研磨成细粉，转移细粉至1.5mL离心管中，按照DNA提取试剂盒说明书操作，提取真菌基因组DNA，提取产物经核酸电泳验证后，作为PCR的模板DNA或−20℃保存备用。

（二）基因扩增

1. PCR反应体系（表11-5、表11-6）

表11-5 18S rDNA基因的PCR反应体系

组分	体积（20μL体系）
2×Taq Master Mix（Dye Plus）	10μL
引物NS1（10μmol/L）	1μL
引物NS8（10μmol/L）	1μL
模板DNA	2μL（10～100ng）
ddH_2O	6μL

表 11-6　ITS 序列的 PCR 反应体系

组分	体积（20μL 体系）
2×Taq Master Mix（Dye Plus）	10μL
引物 ITS1F（10μmol/L）	1μL
引物 ITS4（10μmol/L）	1μL
模板 DNA	2μL（10～100ng）
ddH_2O	6μL

DNA 模板量通常在 100ng 以下，必要时可进行梯度稀释，确定最佳的 DNA 模板使用量。PCR 反应体系应在冰上配制，然后置于冰箱中冷却 3～5min，最后放于 PCR 仪上进行反应，这种冷启动法可增强 PCR 扩增的特异性。设置阳性对照（酿酒酵母，已验证 18S rDNA 和 ITS 序列）和阴性对照（无模板 ddH_2O，用于检测污染）。

2. PCR 反应程序

18S rDNA 基因的 PCR 反应程序：94℃预变性 5min → 30 个循环（94℃变性 30s，55℃退火 30s，72℃延伸 1.7min）→ 72℃终延伸 10min → 4℃保存。

ITS 序列的 PCR 反应程序：94℃预变性 5min → 30 个循环（94℃变性 30s，55℃退火 30s，72℃延伸 70s）→ 72℃终延伸 10min → 4℃保存。

3. 电泳检测 PCR 产物

称取 1g 琼脂糖置于 100mL 1×TAE 电泳缓冲液中，加热融化，待温度降至 60℃左右时，加入核酸染料，均匀铺板，插入梳子，室温凝固 20min，制成 1% 的琼脂糖凝胶。PCR 反应结束后，取 5μL PCR 产物，点样于凝胶孔，100V 恒压电泳 20～30min 后，用凝胶成像仪观察条带，目标条带约 1.8kb（18S rDNA 基因）或 500～750bp（ITS 序列），拍照，记录实验结果。

（三）PCR 产物测序

将含有目标条带的 PCR 产物（可纯化）送至测序公司，采用 Sanger 法进行双向测序。得到测序结果后，使用 Chromas 或 SnapGene 软件校正测序峰图，拼接双向序列。若测序结果杂峰多，需纯化 PCR 产物或优化扩增条件。

（四）生物信息学分析

1. 序列比对

在 NCBI BLAST 数据库中输入完整序列进行比对，筛选相似度＞ 97% 的参考菌株，得到菌种的属种信息。

2. 系统发育树构建

使用 MEGA 11 软件，选择 ClustalW 算法进行多序列比对后，两端截齐，采用近邻相接法（neighbor-joining method）构建系统发育树，选择 bootstrap 值＞ 70% 支持可信分类，基于系统发育树确认菌种分类。

思考题

1. 比较 18S rDNA 与 ITS 序列在真核生物鉴定应用中的优劣。
2. 为何真核生物 rDNA 基因存在多拷贝现象？这对 PCR 扩增会产生什么影响？
3. 分析退火温度对 ITS 区扩增特异性的影响机制。
4. 系统发育树 bootstrap 值 $< 70\%$ 时该如何处理数据？
5. 设计利用该技术监测水体真核微生物群落变化的方案。

实验四 Southern 印迹法

一、实验目的

了解 Southern 杂交的基本原理，掌握热激转化的技术和利用 PCR 鉴定转化子的方法。

二、实验原理

Southern 杂交即 Southern 印迹法，也被称为 DNA 印迹法，由英国生物学家 Edwin Southern 于 1975 年创建，因而被命名为“Southern blotting”。Southern 杂交利用 DNA 分子杂交的原理进行实验，即具有一定序列同源性的两条核酸单链在一定的条件下按碱基互补配对原则退火形成双链。用于检测的核酸单链就被称为探针，通常带有易于检测的信号基团，如同位素信号或者荧光信号；被检测的核酸单链称为模板链，通常是来自生物组织或细胞 DNA 经过分离、片段化和变性后的单链。在一定条件下，探针与模板链杂交形成双链，进而检测信号基团就可以判断所检测的目的基因在 DNA 样品中是否存在以及存在多少。

Southern 杂交的应用：基因定位：确定特定基因在染色体上的位置；突变检测：识别 DNA 中的突变或多态性；DNA 指纹：用于法医学和亲子鉴定；基因表达研究：分析特定 DNA 序列的存在和数量。

Southern 杂交基本流程如图 11-1 所示。

图 11-1 Southern 杂交基本流程图

三、实验仪器及材料

（一）仪器与器皿

高速冷冻离心机、电子天平、恒温水浴锅、PCR 扩增仪、微量移液器、电泳仪、电泳槽、凝胶成像系统、转印电泳槽。

（二）部分溶液配制

封闭液（100mL）：75mmol/L 马来酸（maleic acid）pH 7.5，200mmol/L NaCl，5% 脱脂奶粉；0.87g 马来酸、1.168g NaCl，5g 脱脂奶粉用水溶解后，定容到 100mL。

洗涤液（500mL）：75mmol/L maleic acid，200mmol/L NaCl，0.3% Tween 20；4.35g 马来酸、600μL Tween 20，使用 400mL 水溶解后，定容到 500mL

0.125mol/L HCl（1000mL）：取 11mL HCl（浓 HCl），加水定容到 1000mL，终浓度为 0.125mol/L HCl（保质期 1 个月）。

变性 buffer（1000mL）：取 NaCl 87.66g、NaOH 20g，加水溶解，定容到 1000mL。

中和 buffer（1000mL pH 7.5）：取 NaCl 87.66g、Tris 60.5g，加 700mL 水溶解，用浓 HCl 调节 pH 至 7.5，定容到 1000mL。

四、实验步骤

（一）DNA 的提取

DNA 提取详细步骤参考实验一。

（二）DNA 片段化

使用限制性内切酶或超声等手段将 DNA 切割成片段。此处限制性内切酶是使用 Fermentas 公司的 FastDigest 限制性内切酶，其他公司的酶亦可使用。此处以 *Hin*d Ⅲ 为例，并不是代表必须使用 *Hin*d Ⅲ，亦可使用其他的限制性内切酶。DNA 片段化的目的就是要充分酶切，让基因组 DNA 降解成一系列分子大小不同的条带，能够在电泳的时候在琼脂糖凝胶上有宽泛的分布。所以在正式实验前，都会使用几种常用的限制性内切酶分别酶切基因组 DNA，然后观察电泳结果，看看哪种处理后 DNA 分散较好，则选用哪种酶进行后续实验。

1. 配制酶切体系（表 11-7）

表 11-7　酶切反应体系

组分	体积
10× FastDigest green buffer	5μL
DNA	5μg（*X*μL）
*Hin*d Ⅲ 5U/μL	5μL
ddH_2O	补到 50μL

2. 实验注意事项

（1）37℃酶切 24h，取 2μL 使用 0.8% TAE 琼脂糖凝胶电泳检测（胶长度约 12cm），70V 电泳 2.5h，使用凝胶成像系统观察电泳结果，加样孔在上方，完全酶切的 DNA 应呈现一片弥散，没有主带，且亮度从上到下较为均匀，结果较好，可以进行后续实验

（2）如果结果不好，再次加入 1μL 的限制性内切酶，继续酶切 4～6h，再次检测。

（三）DNA 电泳

（1）制备凝胶　用 1×TAE 配制 1% 的琼脂糖凝胶，制备一块 12cm×12cm 的凝胶需要 90mL TAE 和 0.9g 琼脂糖。称取 0.9g 琼脂糖置于 250mL 三角瓶中，加入 90mL TAE，用记号笔在液面位置的瓶身做一标记，置于微波炉中使用中低火煮化琼脂糖（只要没有发生爆沸导致液体喷出就不怕）充分煮沸，观察液面，如果水分损失不多，就不用补水，否则补足水

分，再次加热至微沸。趁热取出，加入适量的核酸染料，倒入制胶模具，插上大孔梳子，静待凝胶成型。

转膜用的凝胶需要一定的强度，因此应使用质量较好的琼脂糖。

（2）清洗电泳槽 使用蒸馏水清洗电泳槽，换上新鲜配制的干净的 1×TAE 缓冲液。

（3）点样电泳 将余下的酶切样品全部点入加样孔，进行电泳，在琼脂糖凝胶的最左边点上 λ/*Hin*d Ⅲ marker，30V，24h。

（四）转膜

（1）清洗和切胶 电泳结束之后，将凝胶连同制胶板取出，用去离子水冲洗一下，取一块玻璃板，在其上均匀喷洒去离子水，用手轻轻地将凝胶从制胶板上推到玻璃板上，切去加样孔，根据尼龙膜的大小切掉凝胶多余部分，保证切割后的凝胶大小略小于膜的大小，待胶的大小确定之后，一般在右下角（最后一个样品）切个小角作为标记，以便胶翻面之后确定点样顺序。

（2）脱嘌呤处理 用铲胶板将胶移至玻璃盘中，置于水平摇床上，使用 0.125mol/L HCl 进行 10min 脱嘌呤处理，此时凝胶上的溴酚蓝染料会变黄色，结束后用去离子水漂洗一下。

注意：凝胶上小片段（0.5～1.5kb）DNA 容易转膜，而大 DNA 片段（比如大于 10kb）不易转移，脱嘌呤后可以大大地提高其转移效率。

（3）变性 倒入变性 buffer，浸没凝胶，室温处理 30min，结束后用去离子水漂洗一下。

（4）中和 倒入中和 buffer，浸没凝胶，室温处理 30min，结束后用去离子水漂洗一下。

（5）转膜 准备转膜缓冲液（1×TAE，预冷至 4℃），根据凝胶的尺寸裁剪转印膜和滤纸，并将转印膜、滤纸和纤维衬垫浸泡在转膜缓冲液中处理 30min，参考图 11-2 制备转印三明治，进行转膜操作。

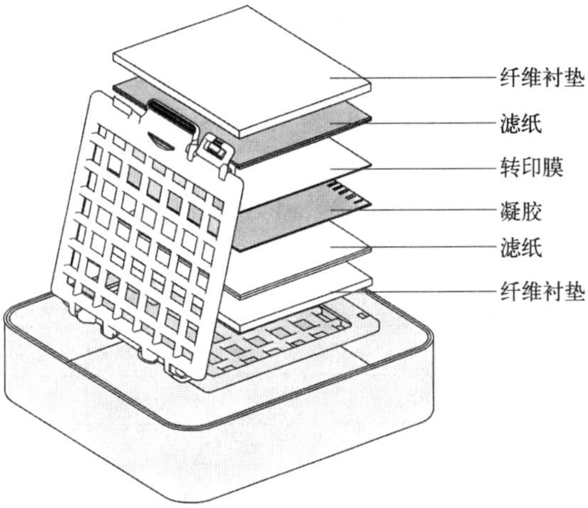

图 11-2 转膜示意图

① 将转印夹黑色一侧向下放置在洁净的工作台面上；

② 将预处理后的纤维衬垫平铺在转印夹的黑色一侧上；

③ 将预处理后的滤纸平铺在纤维衬垫上；

④ 将平衡后的凝胶平铺在滤纸上，请注意排出凝胶与滤纸之间的气泡；

⑤ 将预处理后的转印膜平铺在凝胶上，请注意排出转印膜与凝胶之间的气泡；

⑥ 将预处理后的滤纸平铺在转印膜上，请注意排出滤纸与转印膜之间的气泡；

⑦ 将预处理后的纤维衬垫平铺在滤纸上；

⑧ 合上转印夹并夹紧，注意请勿移动三明治结构，用白色滑块锁住转印夹；

⑨ 将装配好的转印芯装入缓冲液槽，并装入预先冷冻的冷却冰盒，灌入转膜缓冲液至标记水位；

⑩ 放入搅拌子帮助维持转膜缓冲液的温度和离子强度均匀，设定尽可能快的转速使离子分布均衡；

⑪ 盖上上盖，将电源线插入电泳电源按照 80V 500mA 的设定开始转膜电泳，持续 1h。

注意事项：将气泡完全排出是获得理想转印结果的关键，可使用玻璃棒轻轻滚动将气泡排出。

（五）杂交

（1）固定　转膜完毕之后，小心用镊子夹起膜，用两张比膜略大的滤纸包住，放入开口塑料袋中，置于 80℃真空烘膜 2h。

（2）判断转膜效果　将转完膜的胶置于核酸染料液体盘中染胶，然后使用凝胶成像系统观察凝胶，从而判断转膜效果。

（3）预先杂交　将膜放入一端封口的杂交袋（长约 30cm）中，膜靠近封口的一端，加入 65℃预热的杂交液，赶出气泡，用封口机封口，再将杂交袋装入一个完好的塑料自封袋中。然后置于杂交室的摇床内 65℃、120r/min 预杂交 6～12h。

（4）探针标记：利用 PCR 法进行探针标记（最好提前准备）。

① 根据目标基因设计引物，PCR 产物为 400～800bp，从引物合成公司订购引物。

② 使用 *Taq* 酶将目标基因区域扩增出来，切胶回收，测定浓度。

注意：制备探针时不推荐直接用基因组作为模板，而是建议使用常规 PCR 产物制备 DNA 片段，再以之为模板进行标记 PCR 反应。

③ 进行标记 PCR。体系见表 11-8。

表 11-8　标记 PCR 反应体系

组分	标记 PCR	常规 PCR（作为对照）
2×Taq Mix	25μL	25μL
Biotin-11-dUTP (1mmol/L, Nuclease free)	2.5μL	不加
dATP (10mmol/L)	1μL	1μL
dTTP (10mmol/L)	1μL	不加
dCTP (10mmol/L)	1μL	1μL
dGTP (10mmol/L)	1μL	1μL
10μmol/L 单侧引物	1μL	1μL
模板 100ng	*X*μL	*X*μL

注意：因为双链标记会在杂交时变性，变性的双链彼此还会复性，降低杂交效率，因此使用单链标记 PCR。

④ 以前面目标基因 PCR 模板制备时的 PCR 条件进行 PCR，循环数设置为 40 个循环，延伸时间增加 15s，退火温度降低 5℃。PCR 结束后，通过电泳检测分析，判断标记是否成功。

注意：本实验选择生物素进行探针标记。一旦标记生物素的 dUTP 掺入到 DNA，那么其 PCR 产物在琼脂糖凝胶电泳分析中必然滞后于对照组的 PCR 产物，从而能够判断是否标记成功。单链 PCR 标记产物可以不经过纯化直接加入到杂交液中，如果需要纯化探针 DNA，请使用乙酸铵 / 乙醇沉淀法纯化。

⑤ 杂交　将探针加入杂交液，使其浓度为 10～20ng/mL，然后加入杂交袋，与预杂交的操作一致，进行杂交处理。

（六）检测

化学发光法生物素标记核酸检测试剂盒进行检测。

（1）下面的检测过程中溶液的用量是用于一片10cm×10cm膜的量。如果膜较大或较小，各溶液的用量可以按比例放大或缩小。

（2）37～50℃水浴溶解封闭液和洗涤液。

注意：封闭液和洗涤液必须完全溶解后方可使用，封闭液和洗涤液可以在室温至50℃之间使用，但必须确保这两种溶液中均无沉淀产生，在冬天需特别注意。

（3）取一合适的容器加入15mL封闭液，再放入交联过的含有样品的尼龙膜。在侧摆摇床或水平摇床上缓慢摇动15min。

（4）取7.5μL streptavidin-HRP加入到15mL封闭液中（1∶2000稀释），混匀备用。

（5）去除封闭液，加入上一步中配制的15mL含有streptavidin-HRP的封闭液。在侧摆摇床或水平摇床上缓慢摇动15min。

（6）取25mL洗涤液（5×），加入100mL重蒸水或Milli-Q级纯水，混匀配制成125mL洗涤液。

（7）将尼龙膜转移至另一装有15～20mL洗涤液的容器内，漂洗1min。

（8）去除洗涤液，加入15～20mL洗涤液，在侧摆摇床或水平摇床上缓慢洗涤5min。

（9）重复步骤（8）三次（共洗涤四次），每次洗涤时间均约为5min。

（10）将尼龙膜转移至另一装有20～25mL检测平衡液的容器内，在侧摆摇床或水平摇床上缓慢摇动5min。

（11）取5mL BeyoECL Moon A液和5mL BeyoECL Moon B液混匀，配制成BeyoECL Moon工作液。注意：BeyoECL Moon工作液必须现配现用。从本步骤起操作方法和注意事项同Western实验的荧光检测。

（12）取出尼龙膜，用吸水纸吸去过多液体。立即将膜的样品面向上，放置到处于水平桌面上的洁净容器内或保鲜膜上。

（13）在尼龙膜的表面小心加上步骤（11）配制好的共10mL BeyoECL Moon工作液，使工作液完全覆盖尼龙膜。室温放置2～3min。

（14）取出尼龙膜，用吸水纸吸去过多液体。将尼龙膜放在两片保鲜膜或其他适当的透光薄膜中间，并固定于压片暗盒（也称片夹）内。

（15）用X光片压片1～5min。可以先压片1min，立即显影定影，然后根据结果再调整压片时间；也可以直接分别压片30s、1min、3min、5min或更长时间，然后一起显影定影观察结果。

思考题

1. Southern杂交的基本原理是什么？
2. 电转印法的基本原理是什么？

实验五　细菌感受态制备、转化及转化子的鉴定

一、实验目的

了解感受态制备和转化的基本原理，掌握热激转化的技术和利用PCR鉴定转化子的方法。

二、实验原理

在分子生物学和基因工程的范畴，转化（transformation）是指外源遗传物质进入受体细胞表达性状的过程，也是转基因操作中最基本的技术。根据受体细胞的不同可分为细菌转化、真菌转化、藻类转化、植物细胞转化和动物细胞转化。因为细胞性质的差异，所以转化和筛选的方法也有所差异。下面以大肠杆菌为代表介绍细菌感受态的制备和转化以及转化子的鉴定。

在大肠杆菌的遗传转化操作中，为了提高转化实验的效率，通常需要制备感受态细胞。感受态是指受体细胞最容易接受外源基因并将其转化的一种生理状态。通常使用理化方法对受体细胞进行处理，使其通透性发生暂时性的改变，从而便于外源 DNA 的进入。一般认为，新鲜幼嫩、生长旺盛的细胞转化成功率较高，所以感受态制备时通常选用对数生长期的细胞。

大肠杆菌感受态细胞主要分为化学感受态和电转感受态。化学感受态主要是采用低温冰浴的 $CaCl_2$ 低渗溶液处理对数生长期的细菌，由于氯化钙的低渗作用，细菌细胞膨胀成球形，低温也使得细菌细胞膜的流动性减弱，呈现晶格状，外源 DNA 吸附在膜上形成抗 DNase 的羟基-钙磷酸复合物，经过 42℃短时间热激处理，细胞膜瞬间出现裂缝促使细胞吸收 DNA 复合物，在丰富培养基中生长数小时后，球状细胞复原并分裂增殖，抗性基因得到表达，赋予转化子在筛选平板上生存的能力。$CaCl_2$ 处理的感受态细胞，其转化率一般能达到 5×10^6～2×10^7 转化子 /μg 质粒 DNA，可以满足一般的基因克隆试验。如在 Ca^{2+} 的基础上，联合其他的二价金属离子（如 Mn^{2+}、Co^{2+}）、DMSO 或还原剂等物质处理细菌，则可使转化率提高 100～1000 倍。此方法简单、快速、稳定、重复性好，菌株适用范围广，感受态细菌可以在-80℃保存，因此被广泛用于外源基因的转化。

电转感受态是使用电激的方法，通过瞬间的高压电流，在细胞上形成孔洞，使外源 DNA 进入胞内，从而实现细胞的转化。电激转化的效率往往比化学法高出 1 到 2 个数量级，达到 1×10^8 转化子 /μg DNA，甚至 1×10^9 转化子 /μg DNA，所以常用于文库构建时的转化或遗传筛选。电转化法需要昂贵的专用设备，一般的构建也不需要太高的转化率，所以很多实验室采用氯化钙法完成大肠杆菌的遗传转化。

下面以大肠杆菌 Top10 为例，介绍大肠杆菌氯化钙法感受态制备的具体操作，以质粒 pUC19 为例，介绍大肠杆菌的热激转化、筛选和重组子鉴定。

为了便于实验操作，实验室中所用的大肠杆菌通常是野生型大肠杆菌的突变株，即可能含有各种突变，因此在使用时必须清楚所用大肠杆菌菌株的背景信息，确保所用菌株与质粒 DNA 的适配性，否则会出现这样或者那样的差错。

TOP10 是非常经典的分子克隆菌株，具有链霉素抗性，生长速度较慢，生长至 1mm 直径菌落的时间＞ 14h，菌落边缘光滑。

pUC19 载体（图 11-3）是一种常用的大肠杆菌克隆质粒载体，载体长 2686bp，适用于 DNA 片段的克隆、进行 DNA 测序、对外源基因进行表达等。

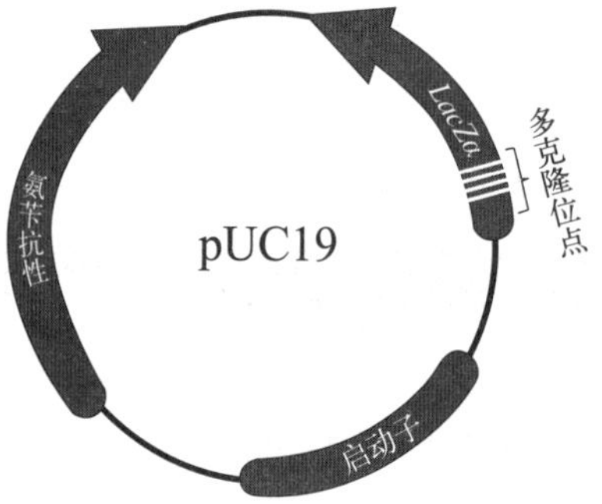

图 11-3　pUC19 载体

三、实验仪器及材料

（一）仪器与器皿

高速冷冻离心机、电子天平、恒温水浴锅、PCR 仪、微量移液器、电泳仪、电泳槽、凝胶成像系统。

（二）耗材与材料

离心管、PCR 反应管、移液器吸头、甘油、无水氯化钙或者二水氯化钙、蛋白胨、酵母提取物（粉剂）、氯化钠、氨苄青霉素（100mg/mL）、超纯水（后面用水均为超纯水）、琼脂粉、2×Taq Mix、DL2000、1×TAE、琼脂糖。

（三）溶液和平板配制

（1）30% 甘油 100mL：甘油比较黏稠，难以准确吸量，可以采用称重法，按照甘油的密度为 $1.261g/cm^3$ 计算 30% 甘油 100mL 需要 37.83g 的甘油。称取 37.83g 的甘油，然后加适量的水，配制到 100mL。

（2）200mmol/L $CaCl_2$ 100mL：称取 2.22g 无水氯化钙或者 2.94g 二水氯化钙，用水配制到 100mL。

（3）100mmol/L $CaCl_2$ 100mL：取 50mL 200mmol/L $CaCl_2$ 加入 50mL 水混匀即可，灭菌备用。

（4）100mmol/L $CaCl_2$ 15% 甘油：取 10mL 200mmol/L $CaCl_2$ 和 10mL 30% 甘油混合即可，灭菌备用。

（5）LB 液体培养基 200mL：蛋白胨 2g、酵母提取物 1g、NaCl 2g，补水至 200mL，使用 250ml 三角瓶分装，每瓶 100mL，灭菌备用。

（6）LB 固体培养基，取上述 1 瓶 250mL 三角瓶内含 100mL 培养基，加入 2g 琼脂粉，灭菌后在超净工作台上制作平板，待培养基冷却到 55℃时加入 100μL 100mg/mL 氨苄青霉素，倒平板 10 个，备用。

四、实验步骤

（一）感受态的制备

（1）从−80℃冰箱中取出 Top10 甘油菌，划线接种在无抗生素的 LB 固体平板培养基上，37℃培养过夜（12～16h）；

（2）挑单菌落接种于含 2mL LB 的玻璃试管（15mL）中，220r/min，37℃培养过夜；

（3）将 2mL 纯培养物接种于 250mL 锥形瓶中，添加 100mL LB 液体培养基，220r/min，37℃振荡培养 1.5～2h；

（4）定时监测菌液的 OD600 值（培养 1h 后每半小时测定一次）；

（5）当 OD600 值达到 0.4（此数值表明细菌刚进入对数生长期）时，从摇床中取出锥形瓶，置于冰上冷却 15min；

（6）冰浴后的菌液转移至 50mL 离心管，4℃、4000r/min 离心 10min，弃上清液；

（7）按比例加入 1/5 体积冰上预冷的 100mmol/L $CaCl_2$（原菌液体积为 50mL 此时用 10mL）用移液器轻柔吹打使菌体重悬；

（8）冰浴 30min 后，离心 10min，弃上清液；

（9）按比例加入 1/50 体积（原菌液体积为 50mL 此时用 1mL）的冰上预冷的 15% 甘油/100mmol/L $CaCl_2$，用移液器轻柔吹打重悬菌体；

（10）将细胞按 100μL 等份分装至 1.5～2mL 离心管（冰浴），冻存于−80℃，备用。

（二）热激转化

（1）取 1μL pUC19 质粒原液，稀释到 10ng/μL；

（2）从−80℃冰箱中取出 1 支感受态，置于手心捂化 1min 后置于冰上，以 50μL 每支分装到 2 支 1.5mL 的离心管中；

（3）取 1μL 10ng/μL 的 pUC19 质粒溶液到 50μL TOP10 感受态中，轻弹混匀，冰浴 30min；

（4）以不加质粒的 TOP10 感受态为对照，平行操作；

（5）42℃水浴热激 30s，然后迅速放回冰上静置 2min；

（6）向离心管中加入 450μL LB 液体培养基，220r/min、37℃振荡培养 1h；

（7）取 100μL 菌液涂氨苄抗性平板，待干燥后，封板，37℃倒置培养 12～16h。

（三）转化子鉴定

（1）结果观察　不加质粒的 TOP10 感受态在抗性平板上应不形成任何克隆或者有零星的克隆，而加质粒 pUC19 的 TOP10 感受态在抗性平板上应形成大量克隆。

（2）配制 PCR 反应体系　按照表 11-9 配制 10 管 PCR 反应体系，每管 20μL，也可每种试剂量取 10 倍体积，混匀后分装到 10 管中，每管 20μL，进行编号，从 1 到 10。

表 11-9　转化 PCR 反应体系

组分	体积
2×Taq Mix	10μL
M13 F	0.4μL
M13 R	0.4μL
ddH_2O	9.2 μL

然后取一块新的 LB 氨苄抗性平板，在其背面画上方格，编号 1 到 10，用 10μL 白枪头从 pUC19 转化的 TOP10 筛选平板上挑取单菌落，在一个新的 LB 氨苄抗性平板的方格中进行接种，然后在 1 号 PCR 管中的 PCR 反应液中吸吹几次，以便把残余的菌体接入，重复挑菌操作，随机挑取新的单克隆接种到余下的方格中和 PCR 管中，1 对 1 平行操作。

（3）PCR 反应　将配制好的 PCR 反应液置于 PCR 仪中，按照表 11-10 设定程序进行 PCR。

表 11-10　转化 PCR 反应程序

程序	循环数目
94℃ 10min	1 个循环
94℃ 20s	30 个循环
55℃ 15s	
72℃ 10s	
72℃ 5min	1 个循环

（4）琼脂糖凝胶电泳检测　使用 1×TAE 制备 1 块 11 孔的 1% 琼脂糖电泳凝胶，取 4μL PCR 产物进行检测，10 个 PCR 反应液对应 10 个泳道，剩下的一个孔点上 4μL 的 DNA marker DL2000，进行电泳，PCR 反应的预期条带为 103bp，在凝胶成像系统中对应 DL2000 的 100bp 条带处，各个 PCR 管所点的泳道上如果有明显的亮带，就代表那个克隆为阳性克隆。

思考题

1. 在化学法制备感受态中氯化钙的作用是什么？
2. 为什么菌落 PCR 可以用来鉴定阳性克隆？

参考文献

[1] 陈朝银 , 赵声兰 . 生物检测技术 . 1 版 . 北京 : 科学出版社 , 2013.

[2] 陈雅蕙 , 余瑞元 . 生物化学实验原理和方法 . 2 版 . 北京 : 北京大学出版社 , 2005.

[3] 樊绮诗 , 吕建新 . 分子生物学检验技术 . 2 版 . 北京 : 人民卫生出版社 , 2010.

[4] 府伟灵 , 黄君富 . 临床分子生物学检验 . 北京 : 高等教育出版社 , 2018.

[5] 郝岗平 . 生物化学与分子生物学 . 北京 : 中国医药科技出版社 , 2016.

[6] 国家药典委员会 . 中国药典 : 第一部 . 10 版 . 北京 : 中国医药科技出版社 , 2020.

[7] 金耀建 , 张丹丹 . 分子生物学检验技术 . 北京 : 中国医药科技出版社 , 2019.

[8] 李冠一 , 林栖风 , 朱锦天 , 等 . 核酸生物化学 . 北京 : 科学出版社 , 2007.

[9] 刘庆昌 , 等 . 遗传学 . 4 版 . 北京 : 科学出版社 , 2020.

[10] 吕建新 , 樊绮诗 . 临床分子生物学检验 . 3 版 . 北京 : 人民卫生出版社 , 2012.

[11] 吕建新 , 王晓春 . 临床分子生物学检验技术 . 北京 : 人民卫生出版社 , 2015.

[12] 梅乐和 . 生物工程生物技术系列：蛋白质化学与蛋白质工程基础 . 1 版 . 北京 : 化学工业出版社 , 2011.

[13] 欧芹 , 林雪松 . 生物化学与分子生物学实验教程 . 2 版 . 北京 : 北京大学医学出版社 , 2015.

[14] 钱晖 , 侯筱宇 , 何凤田 . 生物化学与分子生物学 . 5 版 . 北京 : 科学出版社 , 2023.

[15] 谭树华 . 药学分子生物学 . 北京 : 中国医药科技出版社 , 2017.

[16] 汪川 . 分子生物学检验技术 . 成都 : 四川大学出版社 , 2016.

[17] 汪世华 . 蛋白质工程 . 1 版 . 北京 : 科学出版社 , 2017.

[18] 王镜岩 . 生物化学 : 上册 . 3 版 . 北京 : 高等教育出版社 , 2007.

[19] 王玉明 . 生物化学与分子生物学 . 北京 : 科学出版社 , 2016.

[20] 徐克前 . 临床生物化学检验 . 2 版 . 北京 : 人民卫生出版社 , 2023.

[21] 邢婉丽 , 程京 . 生物芯片技术 . 北京 : 清华大学出版社 , 2004.

[22] 邢婉丽 , 程京 . 生物芯片技术实验教程 . 北京 : 清华大学出版社 , 2006.

[23] 张献龙 , 等 . 植物生物技术 . 3 版 . 北京 : 科学出版社 , 2023.

[24] 郑芳 , 陈昌杰 . 临床分子诊断学 . 武汉 : 华中科技大学出版社 , 2014.

[25] 周春燕 , 药立波 . 生物化学与分子生物学 . 9 版 . 北京 : 人民卫生出版社 , 2018.

[26] Gross J H. Mass Spectrometry: A Textbook. 3rd ed. Springer, 2017.

[27] Quezada G D Á, Ijaz S, Malik R. Genetic Transformation in Plants: Methods and Applications. Springer, 2024.

[28] 高晗 , 钟蓓 , 等 . 转基因技术和转基因动物的发展与应用 . 现代畜牧科技 , 2020(6): 5.

[29] 李文 , 曹俊国 , 曹满园 , 等 . 基因编辑技术的发展及其应用 . 特产研究 , 2019, 41(1): 5.

[30] 秦丽丽 . 基于 Crisper cas9 基因编辑技术的发展及前景 . 亚洲临床医学杂志 , 2021, 3(8): 60.

[31] 权莹 , 张晓娟 , 赵辉 , 等 . Crisper/cas9 系统在植物基因组定点修饰及作物遗传育种中的应用研究进展 . 中国农学通报 , 2022, 38(26): 6.

[32] 宋艳斌 , 马文丽 , 郑文岭 . DNA 测序中常见影响因素的研究 . 生物技术通报 , 2005, 1: 44-46.

[33] 王百惠 , 白亦敏 , 彭佳惠 , 等 . 利用和频振动光谱探索蛋白质与多肽界面结构的最新研究进展（英文）. Chinese Journal of Chemical Physics, 2024, 37(3): 398-410.

[34] Aebersold R, Mann M. Mass-spectrometric exploration of proteome structure and function. Nature, 2016, 537(7620):347-355.

[35] Ferreira M M, Marins-Gonçalves L, De Souza D. An integrative review of analytical techniques used in food authentication: A detailed description for milk and dairy products. Food Chemistry, 2024, 457:140206.

[36] Gant M S, Chamot-Rooke J. Present and future perspectives on mass spectrometry for clinical microbiology. Microbes and Infection, 2024, 26(7):105296.

[37] Hall D A, Ptacek J, Snyder M. Protein microarray technology. Mechanisms of Ageing and Development, 2007, 128(1):161-167.

[38] Holčapek M, Jirásko R, Lísa M. Recent developments in liquid chromatography–mass spectrometry and related techniques. Journal of Chromatography A, 2012, 1259:3-15.

[39] Kebarle P. A brief overview of the present status of the mechanisms involved in electrospray mass spectrometry. Journal of Mass Spectrometry, 2000, 35(7):804-817.

[40] Koren S, Walenz B P, Berlin K, et al. Canu: scalable and accurate long-read assembly via adaptive k-mer weighting and repeat separation. Genome Research, 2017, 27:722-736.

[41] Lee J Y, Kim S K, Lee K, et al. The application of mass spectrometry in drug metabolism and pharmacokinetics. Advances in Experimental Medicine and Biology, 2021, 1310:533-550.

[42] Lieberman-Aiden E, Berkum N V V, Williams L, et al. Comprehensive mapping of long-range interactions reveals folding principles of the human genome. Science, 2009, 326:289-293.

[43] Li H, Richard D. Fast and accurate short read alignment with Burrows–Wheeler transform. Bioinformatics, 2009, 25(14):1754-1760.

[44] Liu Z Q, Mahmood T, Yang P C. Western blot: Technique, theory and trouble shooting. North American Journal of Medical Sciences, 2014, 6(3):160.

[45] Lu H, Giordano F, Ning Z. Oxford Nanopore MinION sequencing and genome assembly. Genomics, Proteomics & Bioinformatics, 2016, 14(5):265-279.

[46] Mann M, Jensen O N. Proteomic analysis of post-translational modifications. Nature Biotechnology, 2003, 21(3):255-261.

[47] Mann M, Aebersold R. Mass-spectrometric exploration of proteome structure and function. Nature, 2016, 537(7620):347-355.

[48] Olsen J V, Mann M. Status of large-scale analysis of post-translational modifications by mass spectrometry. Molecular & Cellular Proteomics, 2013, 12(12):3444-3452.

[49] Parra G, Bradnam K, Korf I. CEGMA: a pipeline to accurately annotate core genes in eukaryotic genomes. Bioinformatics, 2007, 23:1061-1067.

[50] Rao S S P, Huntley M H, Durand N C, et al. A 3D map of the human genome at kilobase resolution reveals principles of chromatin looping. Cell, 2014, 159(7):1665-1680.

[51] Rhoads A, Au K F. PacBio sequencing and its applications. Genomics, Proteomics & Bioinformatics, 2015, 13(5):278-289.

[52] Schwarzenbach R P, Escher B I, Fenner K, et al. The challenge of micropollutants in aquatic systems. Science, 2006, 313(5790):1072-1077.

[53] Su W, Xu M, Radain Y, Yang L. Technological development and application of plant genetic transformation. International Journal of Molecular Sciences, 2023, 24:10646.

[54] Taussig M. Proteomics: from protein sequence to function. Briefings in Functional Genomics & Proteomics, 2002, 1(2):213-214.

[55] Vaser R, Sović I, Nagarajan N, et al. Fast and accurate de novo genome assembly from long uncorrected reads. Genome Research, 2017, 27:737-746.

[56] Wang Z, Wilkop T, Xu D, et al. Surface plasmon resonance imaging for affinity analysis of aptamer-protein interactions with PDMS microfluidic chips. Analytical & Bioanalytical Chemistry, 2007, 389(3):819.

[57] Zhang W, Ramautar R. CE-MS for metabolomics: developments and applications in the period 2018-2020. Electrophoresis, 2021, 42(4):381-401.

[58] Zhang Z, Qu Y, Dovichi N J. Capillary zone electrophoresis-mass spectrometry for bottom-up proteomics. TrAC Trends in Analytical Chemistry, 2018, 108:23-37.

[59] Zhu H, Snyder M. Protein chip technology. Current Opinion in Chemical Biology, 2003, 1:7.

附录

部分溶液配方：

1. 2×CTAB 提取液（100mL）：2% CTAB，100 mmol/L Tris-HCl pH 8.0，20 mmol/L EDTA，1.4mol/L NaCl。配制体系见附表 1-1。

附表 1-1　2×CTAB 提取液配制体系

试剂	用量
CTAB	2 g
1mol/L Tris-HCl pH8.0	10 mL
0.5mol/L EDTA	4 mL
NaCl	8.181 g

取 60mL 水搅拌加热溶解 CTAB 和氯化钠，然后定容到 100 mL。

2. 苯酚 / 氯仿 / 异戊醇（25∶24∶1）200 mL：首先配制 Tris-平衡酚（pH ＞ 7.8）。

① 从冰箱取出新购的重蒸酚（100 g），平衡至室温后，68℃水浴溶化；

② 加 8-羟基喹啉至 0.1%和 β-巯基乙醇至 0.2%，混匀，溶液呈现黄色，倒入烧杯；

③ 加入等体积的 1mol/L Tris（pH 8.0），磁力搅拌混匀 15 min，静置分层，吸去上层水相；

④ 向酚液中加固体 Tris 粉末，按照 100 mL 酚 1g Tris 的比例添加，磁力搅拌混匀 15 min 静置分层，吸去上层水相；

⑤ 再次向酚液中加入等体积的 0.1mol/L Tris（pH 8.0），磁力搅拌混匀 15 min，静置分层，吸去上层水相；

⑥ 重复步骤⑤；

⑦ 稍微残留部分上层水相，使用 pH 试纸确认酚液的 pH ＞ 7.8，即可将其置于棕色玻璃瓶中 4℃避光保存。

注意：苯酚腐蚀性极强，并可引起严重灼伤，操作时应戴手套及防护镜等。所有操作均应在通风橱中进行，与苯酚接触过的皮肤部位应用大量水清洗，并用肥皂和水洗涤，忌用乙醇。

新购的液化苯酚是清亮无色的，无需重蒸馏便可用于分子生物学实验。但有些液化苯酚呈粉红色或黄色，应避免使用，结晶苯酚必须在 160℃对其进行重蒸馏，除去诸如醌等氧化产物，这些氧化产物可引起磷酸二酯键的断裂或导致 RNA 和 DNA 的交联等。因此，苯酚的质量对 DNA、RNA 的提取极为重要，推荐使用高质量的苯酚进行分子生物学实验。配制 Tris-平衡酚应选择新购的重蒸酚，避光储存于冰箱中，如嫌费事，亦可直接购买商用的 Tris-平衡酚。

然后配制苯酚 / 氯仿 / 异戊醇（25∶24∶1），体系见附表 1-2。

附表 1–2 苯酚 / 氯仿 / 异戊醇配制体系

试剂	用量
Tris-HCl 平衡酚	100 mL
氯仿	96 mL
异戊醇	4 mL

混合均匀后，移入棕色玻璃瓶中 4℃保存。

3. 氯仿 / 异戊醇 24∶1（100mL）：配制体系见附表 1-3。

附表 1–3 氯仿 / 异戊醇 24 ∶ 1 配制体系

试剂	用量
氯仿	96 mL
异戊醇	4 mL

混合均匀后，移入棕色玻璃瓶中 4℃保存。

4. 10% CTAB（100 mL）：见附表 1-4。

附表 1–4 10% CTAB 配制体系

试剂	用量
CTAB	10 g
NaCl	4.095g

定容到 100 mL，搅拌溶解过夜，使用前 65 ℃水浴预热。

5. 1mol/L NaCl (100 mL)：称取 NaCl 5.844 g，加水溶解，定容 100 mL，分装后灭菌。

6. TE buffer l (500 mL)：见附表 1-5。

附表 1–5 TE buffer 1 配制体系

试剂	用量
1 mol/L Tris-HCl, pH 8.0	5 mL
0.5 mol/L EDTA, pH 8.0	1 mL

加水溶解，定容至 500 mL，分装后灭菌。

7. 封闭液（100mL）：75 mmol/L maleic acid pH 7.5，200 mmol/L NaCl，5% 脱脂奶粉。见附表 1-6。

附表 1–6 封闭液配制体系

试剂	用量
马来酸	0.87 g
NaCl	1.168 g
脱脂奶粉	5 g

使用 80mL 水溶解后，定容到 100mL。

8. 洗涤液（500 mL）：75mmol/L maleic acid，200mmol/L NaCl，0.3% Tween 20。配制体系见附表 1-7。

附表 1-7　洗涤液配制体系

试剂	用量
马来酸	4.35 g
NaCl	5.84 g
Tween 20	600 μL

使用 400mL 水溶解后，定容到 500mL。

实验耗材购买可参考附表 1-8。

附表 1-8　部分耗材采购参考

试剂	公司
辣根过氧化物酶标记 Streptavidin	国产任何公司均可
BeyoECL Moon (极超敏 ECL 化学发光试剂盒)	碧云天
X 光片	国产任何公司均可